RESEARCH ON WATER RESOURCES ANALYSIS AND
REASONABLE ALLOCATION IN
XI'AN HEIHE WATER DIVERSION SYSTEM

西安黑河引水系统水资源量分析及合理配置研究

刘玎玎◎著

经济管理出版社
ECONOMY & MANAGEMENT PUBLISHING HOUSE

图书在版编目（CIP）数据

西安黑河引水系统水资源量分析及合理配置研究/刘玒玒著．—北京：经济管理出版社，2017.3

ISBN 978-7-5096-4936-7

Ⅰ.①西… Ⅱ.①刘… Ⅲ.①引水—水利工程—研究—西安 Ⅳ.①TV67

中国版本图书馆 CIP 数据核字(2017)第 025203 号

组稿编辑：胡　茜
责任编辑：王格格
责任印制：黄章平
责任校对：超　凡

出版发行：经济管理出版社
（北京市海淀区北蜂窝 8 号中雅大厦 A 座 11 层　100038）
网　　址：www. E-mp. com. cn
电　　话：（010）51915602
印　　刷：北京玺诚印务有限公司
经　　销：新华书店
开　　本：720mm×1000mm/16
印　　张：16
字　　数：305 千字
版　　次：2018 年 1 月第 1 版　　2018 年 1 月第 1 次印刷
书　　号：ISBN 978-7-5096-4936-7
定　　价：59.00 元

前　言

水乃万物生命之源泉，九曲黄河孕育了上下五千年的华夏文明，八水绕长安成就了西安十三朝古都的美誉。但是，随着城市化进程的加快，水资源的供需矛盾却成为西安经济和社会发展的“瓶颈”。西安市黑河引水工程是一项以城区供水为主，兼顾农田灌溉、水力发电及防洪等综合效益，跨流域引水、综合利用的大型工程。该工程解决了西安城市饮水、农田用水及工业用水等水资源短缺的问题。随着西安市经济发展及城市规模的扩大，城市用水量急剧增长，需要更深入地从配置、节约及保护等方面开展研究，综合提升水资源科学管理水平。本书从水资源的实际情况出发，分析和掌握西安的水资源条件，充分挖掘黑河引水系统潜力，计算水资源可利用量，并建立水资源合理配置模型，以实现水资源合理配置，确定合理的城区供水量，完善对黑河引水系统的科学管理。本书的主要内容和结论如下：

（1）收集整理西安市水资源状况相关资料，并重点分析调查西安市城市供水的生命线工程——黑河引水工程现状及规划情况下的可利用水源，包含如下河流：石头河、西骆峪河、黑河、就峪河、田峪河、耿峪河、甘峪河、涝峪河、太平峪河、高冠峪河、沣峪河、石砭峪河，以及引湑济黑和引乾济石调水工程。

（2）在总结了水资源可利用量及城市供水传统计算方法的基础上，提出了考虑非汛期基流量、汛期弃水量及水权的水资源可利用量估算方法，综合考虑水资源、生态环境和社会经济发展三方面因素，对黑河引水系统各水源的水资源可利用量进行估算分析。为了充分挖掘黑河引水系统向城市供水的供水潜力，城市供水量采用不计管道约束及渗漏损失的方法进行计算。

（3）结合黑河引水系统规划水源工程分析了未来可供水量，以此为基础，进行一次、二次、三次供需平衡分析，并对此进行数学表述。建立以区域可持续发展思想为指导的水资源合理配置模型，该模型为包括水量分析模型、经济分析模型、生态环境分析模型的多目标模型。为了求解这一大系统多目标模型，提出改进蚁群算法，该算法能够克服收敛速度慢且易陷入局部极值的弊端。将该模型应用于黑河引水系统，以期通过对该系统各水源的合理配置解决西安市供需水矛盾，提高经济、社会效益，并加强生态环境保护。

（4）市场及水价在水资源配置中具有举足轻重的作用。笔者首先对水资源价值计算方法进行了综述，针对水资源的多元特性建立了包括水资源自然资源价值和环境资源价值在内的水资源价值的核算模型，其中选取物元分析法和旅行费用法分别计算水资源的自然价值和环境价值，最终计算得到现状水资源总价值为 16.22×10^4 万元，水价为 2.27 元/立方米，与实际情况基本一致。

（5）目前，应急备用水源已成为城市供水安全的主要问题。本书系统分析了西安市旱灾特点，在综合分析西安市干旱典型年水资源供需平衡情况的基础上，探讨了干旱所带来的影响。对西安市现状年及规划年供水安全进行评估，可知规划水平年发生特大干旱时，全市城乡生活用水的保障程度仅达到 94% 左右，约有 80 万人饮水困难，需加强对应急水源建设的重视，并针对实际情况介绍了应急备用水源工程的实施情况。

（6）计算黑河引水系统水资源总量及可供水量（包括多年平均量，50%、75%、95% 等不同频率量），其中对调水工程（引乾济石、引湑济黑）分析计算其所在河流上水文站控制流域的径流量，引水断面以上控制流域径流量及可调水总量（包括多年平均径流量，50%、75%、95% 等不同频率量）。对多配置方案进行分析确定，其中：在现状及规划水源情况下，黑河引水系统合理城市可供水量分别为 71409.32 万立方米和 78890.27 万立方米；考虑输水渠道约束后，在现状及规划水源情况下，黑河引水系统城市可供水量分别为 36219.27 万立方米和 38346.07 万立方米。

目　录

第一章　绪论

第一节　问题的提出

水资源对城市的发展起着至关重要的作用，自古以来几乎所有的城市都处于水资源较为丰富的地区，大多与江河相依。随着城市规模的扩大及工业的发展，城区人口密度增大、饮用水及工业用水需求过度集中，城市逐渐发展为水问题最多、水管理最难的区域。进行水资源可利用量的估算能够为充分利用当地水资源，分析研究水资源开发利用潜力及承载能力提供基础依据，为科学管理、合理配置、高效利用以及节约保护水资源提供决策前提，以便实现水资源的持续利用以及社会、经济的持续发展。

西安市水资源十分匮乏，境内地表水年均径流量为24.87亿立方米，地下水资源量为16.90亿立方米，水资源总量为31.40亿立方米，人均占有地表水量为384立方米，为全国人均占有量的1/6，全世界人均占有量的1/24，远小于国际公认的维持一个地区经济社会及环境必需的人均500～1000立方米的临界值。一直以来，西安市水资源供需形势严峻，已成为制约社会、经济的发展的主要因素。

黑河引水系统是一项跨流域引水、综合利用的大型水利工程。该工程以西安市城市供水为主，兼有农田灌溉、发电、防洪等综合效益，由黑河（金盆水库）城市引水渠道工程、石头河水库补充水源渠道工程、石砭峪水库备用水源渠道工程、沣峪河径流引水工程、田峪河径流引水工程、甘峪水库和就峪河径流引水工程共7处组成，黑河引水系统运行多年以来，为西安市的发展做出了巨大贡献，从根本上缓解了西安市用水短缺的问题。伴随西安市社会经济的快速发展，城市规模不断扩大，需水量迅速增长，还要更深入地开展研究，从配置、节约、保护等多方面入手，全面提升科学管理水平。本书从水资源的实际情况出发，分析和掌握水资源条件，充分挖掘黑河引水系统潜力，计算水资源可利用量，并建立水资源合理配置模型，实现水资源合理配置，确定合理城区供水量，实行城市供水的科学调度，完善对黑河引水系统的科学管理。

第二节　水资源可利用量综述

水资源这个词出现得比较早，随着时代的进步，该词的内涵在不断丰富和发展。然而，水资源的概念却既简单又复杂，其复杂的内涵表现为：水类型很多，且具有运动特性，各类型水体能够相互转化；水可以广泛用于不同的目的，对其量与质均有不同的要求；水资源所涵盖的"量"与"质"在特定条件下能够发生变化。所以，从不同视角进行认识和体会，能够产生对"水资源"一词不同的理解。与水资源可利用量相关的概念更是繁多，归因于水资源的开发利用受经济技术、社会及环境条件的制约，水资源可利用量的理论体系尚未成熟完善，不同的学者和专家在对水资源可利用量进行研究时方法和途径差异较大，概念明确且易于操作的计算模型尚未建立等。

一、国内研究综述

在水资源可利用量概念提出之前，国内水资源配置时主要考虑社会经济发展对水资源的需求。国内研究水量的分配开始相对较晚，发展速度却很快。20 世纪 60 年代，水库优化调度研究开创了水资源分配研究的先河。80 年代初，以华士乾教授为首的科研小组（1988）对水资源利用系统工程方法展开研究，该项研究综合考虑了水量的分配、水资源利用率、水利工程建设顺序以及水资源开发利用对国民经济的作用等方面，成为水资源系统中有关水量分配的最初形式。后来，该模型被应用于北京和海河以北的区域。

"八五"期间，中国水科院、清华大学与航天工业总公司 710 研究所（1994）合作，在国家"八五"攻关和一些重大国际合作项目中对之前的研究方法和经验进行了全面总结，把系统方法、宏观经济与区域水资源规划实践结合起来，形成了以宏观经济为基础的水资源优化配置理论，并以该理论为指导，提出了多层次、多目标、群决策方法，将其应用于华北水资源专题研究。这一时期，国内首次提出了水资源可利用量这个概念，随后在 1999 年、2002 年和 2003 年的相应研究中都提出了可利用量的概念，但由于研究问题的侧重点不同，其外延均不同。综观国内学者对水资源可利用量的研究，可以归纳为四个主要的研究阶段。

第一阶段：1993 年“华北水资源研究”提出水资源可利用量含义及估算途径，此次提出的水资源可利用量的含义是，在经济合理、技术可能及生态环境允许的前提下，通过各种工程措施可以控制并利用的不重复的一次性水量。随着科技水平的提升和经济实力的增强，水资源的开发利用措施和手段不断更新和增多，得到的可利用量也会产生变化。

这次提出的可利用量与供需分析中的可供水量在概念上有所区别。同时，因受当地水资源条件和研究深度的限制，在可利用量计算中虽然强调了生态环境的约束条件，但没有对其进行划分，更没有考虑河道内生态需求的最低限度需水量。同时，对工程控制利用的水量是当地水量，抑或是外调水量没有明确表述。

第二阶段：1999 年“水资源评价导则”提出水资源可利用量含义及估算途径，此次提出的地表水资源可利用量是指以经济合理、技术可行及河道内生态基流以及下游用水为前提，通过各类地表水工程措施能够控制并利用的河道外一次性最大水量。地表水可利用量应小于等于当地河川径流与入境水量之和再减去出境水量之差。

这次对可利用量的计算采取扣除法，该方法估算水资源利用总量时扣除地下水可开采量本身的重复利用量以及地表水可利用量与地下水可开采量之间的重复利用量。在水资源可利用量的估算中尽管强调了河道内用水，但并未交代河道外生态用水的归属问题，更没有细化河道内生态用水的组成。同样，没有明确表述工程控制利用的水量是当地水量还是外调水量。

第三阶段：2002 年“全国水资源综合规划技术细则”提出水资源可利用量含义及估算途径，此次提出的水资源可利用总量是指在可预见期内，以综合考虑生活、生产和生态环境用水为基础，通过经济合理、技术可行的措施在当地水资源中可一次性利用的最大水量。既包括地表水资源可利用量又包括地下水资源可开采量。

这次在估算水资源可利用量时，没有明确说明生态环境用水是河道内还是河道外用水，但首次提出工程控制利用的一次性水量是当地水量。

第四阶段：2003 年南京水文所提出水资源可利用量含义和估算途径，本次提出地表水资源可利用量是指在可预见期内，以综合考虑河道内生态环境和其他用水为基础，通过经济合理、技术可行的措施，能够提供河道外生活、生产一次性利用的最大水量（不包括回归水的重复利用）。

地下水资源可开采量即地下水可利用量，是指在可预见期内，通过经济合理、技术可行的措施，以不引起生态环境恶化为前提，允许从含水层中获取的最大水量。

这次提出的水资源可利用量包括两个部分，一部分是地表水资源可利用量，另一部分是地下水资源可开采量。此定义明确表述了河道内生态环境用水不包含在水资源可利用量中，但没有明确表述河道外生态环境用水是否计入水资源可利用量中。

综上所述，对水资源可利用量的研究，各阶段的主要分歧在于河道内、外生态环境耗水量的归属问题。值得注意的是，每个阶段对水资源可利用量的界定只是对“水量”的界定，对“水质”并未强调。

二、国外研究综述

笔者查阅了大量的国外有关水资源规划、管理、开发、利用的文献，关于水资源可利用量的研究很少，但有很多流域水量分配方面的研究，这一概念与我国提出的可利用量概念非常相似。

20 世纪 40 年代，Mases 提出的“水库优化调度模型”成为国外水量分配研究的开始，但由于计算手段的制约，对水资源系统内部关系以及人为影响因素很难表述。50 年代后，引入了系统分析理论和优化技术，尤其是 60 年代随着计算机技术的发展，人们对水资源系统内部关系的研究逐步深入，提出了“水资源模拟模型”，它解决了 Mases 的优化模型无法解决的水资源系统内部关系以及人为影响因素，为水资源宏观规划和实际调度提供科学依据。最早的“水资源模拟模型”由美国陆军工程师兵团（USACE）（1953）设计，其目的是研究美国密苏里河流域 6 座水库的运行调度问题。其后，Emergy 和 Meek（1960）构建了专门的模拟模型，其目的在于解决尼罗河流域水库的规模及其运行调度问题。最成功和具有影响力的例子是美国麻省理工学院（MIT）（1979）完成的 Rio Colorado 流域的水资源开发规划，它利用仿真模型研究流域水资源量的利用，提出了多目标规划理论以及水资源规划的数学建模方法，并开始应用。

N. 伯拉斯所著的《水资源科学分配》（1983），是早期对水资源分配理论及方法进行全面研究的一部专著。该书对 20 世纪 60 ~ 70 年代兴起的水资源系统工程学内容进行了简要的论述，较全面地阐述了水资源开发利用的合理方法，针对如何设计和应用水资源系统这一核心问题，重点介绍了运筹学方法以及计算机技术在水资源工程中的应用。对这些方法进行研究能够初步筛选系统方案，对方案做一步分析；然后，对这些方案进行详细分析，得到一个或几个优化设计。然而，正如笔者所说，这本书是“数学分析应用于水资源工程中的研究成果及其推广的结果”。

20 世纪 90 年代，“可持续发展”观点被人类社会广泛接受，世界各国政府针对如何使社会、经济、资源与环境协调发展这一问题做了大量工作。同时，每年联合国及其所属组织针对“环境与可持续发展”问题出版大量书籍和刊物，使全球范围的可持续发展研究取得了极大的进展。于是，人们当前所面临的挑战是：在已经控制和利用水的基础上，学习怎样与水维持平衡，并在这一平衡下和谐地生存和发展。在此形势下，各种以可持续发展为研究目标的研究理论和方法屡屡见诸报端。

对水资源量如何分配，国外目前也未出现新的计算方法，大多数仍沿用 20 世纪 60 ~70 年代兴起的“水资源系统工程学”理论和方法。但从查阅的资料中能够看到个别研究者用博弈论的思想在某一流域把出山径流沿河道纵向按行政区进行水量分配研究，主要解决各用水户的初始水权问题。

第三节　水资源可利用量计算方法综述

一、国内研究综述

由于国内对水资源可利用量的概念仍不统一，因此存在多种计算方法。例如：郭周亭（2001）分析了水资源开发利用程度及其发展状况，对区域进行划分，按各类型分别估算地表水资源可利用量，针对不同开发利用条件分别提出地表水资源可利用量估算方法。冯尚友等（1999）探讨了水资源可利用量的计算方法，详细说明了水资源可利用量的计算程序、主要影响因素以及计算方法。燕华云等（2005）基于湟水水资源的特点，采用经验法、分项估算法、切割法等方法分析计算河道内生态环境需水量、汛期弃水量等，对湟水的水资源可利用量进行了定量评价。王建生（2006）、高建芳等（2004）认为，水资源可利用总量为地表水资源可利用量与浅层地下水可开采量之和再扣除二者间的重复计算量。

二、国外研究综述

国外学者在水资源可利用量的概念以及计算方法方面的研究成果同国内学者存在一定的差异，例如：Upall Amarasinghe（2000）将地表水资源潜在的可利用量定义为通过各种物理和经济途径能够被首次使用和下游再次重复使用的那部分水资源，包括回归水的利用。美国（2001、2005）提出了基于优先水权的德克萨斯州水资源可利用量模型系统。墨西哥（1996、1997）以水量与水质综合评价方法为基础，提出了综合考虑水量和水质的水资源可利用量 AI 指数法。

综上，国内外对于水资源可利用量的研究均处于起步和发展阶段，对水资源可利用量的概念的界定，国内外都还没有形成统一的认识。计算水资源的可利用量，国内外也都没有呈现出成熟的方法，在不同地区使用不同的方法，没有固定的计算模式。国内研究水资源可利用量时，大多数情况下单独从水量方面考虑，对水质和水权因素的考虑存在不足之处；对水资源可利用量的研究区域存在局限性，主要集中在西北、华北等干旱、半干旱，水资源相对匮乏的地区。

第四节　水资源配置综述

一、国内研究综述

1. 配置方法的研究

随着水资源的供需矛盾日益突出，水资源利用造成生态环境日益恶化，水资源开发利用的有效性、公平性、可持续性越来越受到人们的普遍关注，水资源的合理配置将成为缓解水资源供求矛盾、解决各类水问题、消除水危机的重要手段。所以，经过国内外相关领域的专家学者的研究与实践，研究方法从仿真技术和常规优化算法发展到优化技术与仿真技术相结合、模糊优化、随机规划、智能规划方法、神经网络、复杂系统理论等技术。

（1）20 世纪 60 ~ 80 年代。20 世纪 60 年代，水库优化调度研究开创了水资源分配研究的先河，最初研究是以发电为主的水库优化调度。80 年代后，由于社会需求的增长和计算机技术的发展，开始增加对区域水量调配和水资源系统模拟方面的研究。以华士乾教授为首的科研小组在 80 年代初对水资源利用系统工程方法展开研究，该项研究综合考虑了水量的分配、水资源利用率、水利工程建设顺序以及水资源开发利用对国民经济的作用等方面，成为水资源系统中有关水量分配的最初形式。后来，该模型被应用于北京和海河以北的区域。

（2）20 世纪 90 年代。国内学者开展从经济发展和生态环境保护角度出发的水资源研究，并把宏观经济和系统方法与区域水资源规划实践结合起来，形成了宏观经济下的水资源优化配置理论，并以该理论为指导提出了多目标、多层次、群决策方法。“八五”期间，许新宜等创建了以宏观经济为基础的水资源优化配置理论技术体系。1983 年，刘健民等运用大系统递阶分析方法创建了将模拟和优化结合于一体的三层递阶水资源供水模拟模型，并将该模型应用于京津唐地区的供水规划和优化调度。1994 年，唐德善以多目标规划为思路，创建了黄河流域水资源多目标分析模型，并提出大系统多目标规划的求解方法；沈佩君等针对区域性多水源联合优化调度的问题，结合具体区域水资源系统运行特点，创建了涵盖分区管理调度和统一调度模型的大系统分析协调模型，以历史系列资料进行计算、以人工系列资料做风险分析的方法提出区域性水利建设方案。1995 年，翁文斌等从宏观经济角度提出了区域水资源系统概念，以水资源作为经济活动的约束因子，建立区域水资源规划多目标集成系统。伴随计算机技术的发展，以月为时段进行的长系列的仿真计算得以应用，“水资源配置”也逐渐成为一个专门的研究方向，开创了以流域或区域水资源配置为主的研究方向。1996 年，方创琳应用灰色计算模型，动态模拟河西走廊生态系统现状，并对其前景进行预测分析，认为适度投入与产出的可持续发展方案是确保河西走廊经济持续发展、生态环境良性循环的最佳方案。1997 年，中国水科院等单位对曾经的工作经验进行系统总结，把系统方法和宏观经济与区域水资源规划实践结合起来，开发了基于宏观经济的水资源优化配置模型，开辟了大系统水资源配置研究的新道路。1998 年，黄河水利委员会开展了“黄河流域水资源合理分配及优化调度研究”，对经济发展、生态环境保护以及水资源条件进行了综合分析，是我国首例对整个流域进行的水资源配置研究，成为将模型软件应用于大流域水资源配置的典范。

（3）21 世纪初。2001 年，王浩等著《黄淮海水资源合理配置研究》，该书提出水资源“三次平衡”的配置理念，系统阐述了流域水资源可持续利用的配置方法。2002 年，尹明万等以河南省水资源综合规划试点项目为依据，遵循国家新的治水方针和“三先三后”的原则，首次建立考虑河道内与河道外生态环境需水量的水资源动态配置仿真模型，为科学制定各类水资源配置方案提供了有力的技术支撑；贺北方等提出了基于遗传算法的区域水资源优化配置模型，采用大系统分解协调技术，将模型分解为二级递阶结构，并论述了多目标遗传算法在区域水资源二级递阶优化模型中的应用。2003 年，左其亭等提出了基于可持续发展的水资源管理量化模型，包含水量—水质—生态耦合系统模型、社会经济系统模型以及水量—水质—生态系统与社会经济系统的耦合系统模型，并将该模型应用于博斯藤湖，对其进行了可持续水资源管理应用研究。2004 年，赵丹等基于系统分析的思想，创建了南阳渠灌区面向生态和节水的水资源优化配置模拟模型，提出了涵盖水权、节水以及生态环境等因素的多目标多情景模拟算法。2005年，裴源生等针对我国相对丰水区水质型缺水以及生态环境恶化等问题，通过预测污染物排放量及入河量，进行了水体纳污能力计算，得出河道最小需求流量，然后再引入水资源合理配置模型中，进行水量水质统一调度。2006 年，彭祥以黄河流域水资源配置为例，通过建立水资源配置博弈模型，运用非合作博弈论，论证了因制度缺陷和个体理性的存在，开放式用水依然是流域各省区的自主选择；并结合流域用水的合作潜力，运用合作博弈的理论对将来黄河水资源配置做出初步安排。2007 年，王德智等针对在供水库群优化调度问题中，动态规划法存在“维数灾”且难以获得真正最优解的缺点，在遗传算法中，嵌入局部搜索，以加速全局寻优能力，并将改进后的算法应用于供水库群的水资源优化配置之中。2008 年，甘治国等在对北京市水资源利用现状进行分析之后，开发了基于规则控制的北京市水资源配置模拟模型，通过控制水利工程运行规则、渠道过水能力以及用水户受水优先顺序等变量，实现对北京市水资源的综合配置。2009 年，屈吉鸿等运用投影寻踪技术对决策问题进行降维处理，并运用粒子群算法优化投影指标函数，创建了粒子群与投影寻踪耦合的水资源配置模型，通过最佳投影方向计算方案的最佳投影值，实现在低维空间进行水资源配置。

2. 配置类型的研究

20 世纪 90 年代以来，我国水资源配置的研究进入了一个飞速发展的时期，尤其在水资源合理配置的相关概念、优化目标、平衡关系、供需管理、水质管理、市场体制、决策机制以及各类主要模型的数学描述等方面均取得了新的研究成果。针对问题的特点、水资源优化配置范围、对象及规模的不同，水资源配置主要包括如下几个类型。

（1）仅以水量为主的水资源配置。水资源合理配置研究开始于水量配置方面的研究，最初有关水资源科学分配方面的研究始于 20 世纪 60 年代，以水库优化调度研究作为先导。例如，1960 年，吴仓浦提出了年调节水库最优运用的 DP 模型。20 世纪 70 年代，数学规划和模拟技术发展起来并应用于水资源领域，水资源配置的研究成果逐渐增加。

（2）考虑水质因素的水资源配置。进入 20 世纪 80 年代后期，伴随水资源研究中心技术的不断出现以及水资源量与质统一管理研究的不断深化，关于水资源量与质方面的研究有了较大的进步，尤其是模拟优化模型技术、决策支持技术以及资源价值量化方法等的应用为水资源量与质管理方法的研究增添了很多的活力。20 世纪 90 年代以来，水污染和水危机不断加剧，以供水量极大和经济效益极大作为目标的水资源配置模式已经无法满足社会发展的需求，此时，国外的水资源配置开始注重水质的约束、水资源环境效益以及可持续利用方面的研究。

（3）以水利工程为控制单元的水资源配置。20 世纪 60 年代，我国就开展了以水库优化调度为先导的水资源分配研究，在这个时期，水资源配置研究主要以单一的防洪、灌溉、发电等水利工程作为对象，以实现工程最大经济效益作为研究目标。水资源配置的基本单元是水利工程，由于其结构简单，影响和制约因素也较少，怎样使水利工程控制的水资源量产生的效益最大，是我国学者较早涉及的研究领域。1982 年，张勇传等在动态规划中引入变向探索法，并将该法应用到水库优化调度研究中。1983 年，董子敖等对改变约束法在水电站优化调度中的应用进行了研究。1986 年，马光文等运用大系统递阶控制原理和方法，以水电站群保证出力最大为准则，供水期出力相等为关联，运用关联平衡法进行分解，通过上下级反复协调迭代求解原问题的最优解。1989 年，曾赛星等运用非线性规划模型确定徐州市某灌区农作物的最优种植模式以及各水源的供水量比例。他们的研究成果丰富和完善了水利工程单元的水量优化配置模型及方法，加快了以有限水量达到最优收益的思路在水利工程管理中的应用速度。

（4）区域水资源配置研究。区域作为社会经济活动中相对独立的管理单位，它的经济发展具有显著的区域特性。区域水资源系统是一个结构复杂的大系统，各用水部门间存在突出的用水矛盾，科研成果大部分是以大系统优化技术和多目标作为研究方法，在确定可供水量及需水量的情况下，建立区域有限的水量在各分区和用水部门间的优化配置模型，求解模型获得水量优化配置方案。

1988 年，吴泽宁等将经济区社会经济效益最大作为目标，创建了经济区水资源优化配置的大系统多目标模型及其二阶分解协调模型，并运用层次分析法间接考虑水资源配置的生态环境效益，并将该模型应用于三门峡市，对其进行验证。1997 年，许新宜、王浩等提出了从宏观经济角度出发的水资源合理配置理论及方法，涵盖了水资源配置的定义、内涵、决策机制、多目标分析模型、宏观经济分析模型、仿真模型以及多目标、多层次、群决策计算方法等。卢华友等（1997）、黄强（1999）、聂相田等（1999）和辛玉深等（2000）分别将义乌市、西安市、宁陵县和长春市水资源系统作为研究对象，创建多水源、多目标水资源配置模型，并提出相应的解法，得到了水资源系统有限水量在不同用水户间的优化配置方案。

2001 年，方创琳等将柴达木盆地作为研究对象，将定性决策方法和定量决策方法相结合，得出水资源优化配置标准方案。2002 年，贺北方等运用大系统分解协调技术，建立区域水资源优化配置模型，并对采用多目标遗传算法求解区域水资源二级递阶优化模型的优缺点展开讨论。2003 年，谢新民等结合珠海市水资源开发利用存在的问题以及水资源管理中出现的新状况，创建了将原水、净化水混合配置的多目标递阶控制模型。2004 年，赵斌等在考虑需水量的情况下，综合考虑各用水部门对水质的不同要求，提出了分质供水的思路及模型。

（5）流域水资源配置研究。流域水资源合理配置是以流域水资源可持续利用策略为指导，遵守自然规律和经济规律，通过工程措施和非工程措施，依靠先进的决策理论和计算机技术，干预水资源的时间和空间分布，对常规水源和非常规水源进行统一调配，以合理的费用适时保证不同用水部门的水量和水质需求，将流域水资源的社会功能和生态功能充分发挥出来，促进流域及区域经济和生态系统的持续健康稳定发展。流域是一个复合系统，兼具层次结构和整体功能，由社会经济系统、水资源系统及生态环境系统构成，是体现水资源综合特征和功能的基本单元。

国内已取得了很多流域水资源合理配置方面的成果。1994 年，唐德善将多目标规划的思想应用于黄河流域，创建了水资源多目标分析模型，并提出了大系统多目标规划的求解方法。2002 年，阎战友运用综合开发治理措施，综合考虑时间和空间，合理配置水资源，对海河流域生态环境改善和恢复进行研究；陈晓宏等应用逐步宽容约束法和递阶分析法，以东江流域为实例，创建水资源优化调配模型及方法，对该流域特枯年份水量的供需平衡进行重点分析，并进行优化配置；王雁林将实现流域水资源可持续利用作为目标，对陕西省渭河流域面向生态的水资源合理配置与调控模式的内涵进行了分析，提出了该流域水资源优化配置与调控方案。2004 年，王浩等提出了基于可持续发展的水资源配置合理性评价主要应包含社会合理性、经济合理性、生态合理性以及效率合理性四个方面，并讨论了评价标准。

（6）跨流域水资源配置研究。针对我国水资源分布不均衡这一特点，跨流域水资源优化配置研究成为我国学者的一个研究重点。1998 年，解建仓等为了解决跨流域水库群补偿调节问题，创建了多目标模型，同时对如何简化求解和应用于实际进行了分析，通过引入决策者交互方式及大系统递阶协调方法，最终实现综合的决策支持（DSS）算法。2001 年，王劲峰等为了解决我国水资源供需平衡在空间上的差异而带来的区际调水需求，提出了水资源在时间、空间以及部门的三维优化分配理论模型系统，该系统包含三个相互联系的模块，分别为水资源供给模块、总量时空优化模块以及经济发展目标模块，用户可以通过该决策系统找出研究区域经济发展与水资源相协调的方案。2004 年，王

慧敏等在对南水北调东线水资源配置与调度问提进行研究时，通过引入供应链理论与方法、技术思想、信息、契约设计，对南水北调东线水资源配置与调度供应链的概念模型和运作模式进行了分析。

二、国外研究综述

对水资源进行合理配置是一项多目标决策应用研究。采取多目标理论解决了水资源合理配置问题，将水资源的研究水平提升到一个新的高度。20 世纪 60 ~ 70 年代，国外便已经开始研究以水资源为约束条件的经济问题，已形成比较完善的宏观经济水资源系统集成研究的理论和方法。

（1）20 世纪 50 年代以前的起步阶段。20 世纪 40 年代，Masse 开展水库优化调度研究，这是国际上以水资源优化配置为目的、水资源系统分析为手段的实践探索的开端。1950 年之后，计算机技术不断发展，在研究中引入了系统分析理论以及优化技术，使水资源系统仿真模型得到快速发展和应用。鉴于水资源系统的复杂性和诸多非技术性等因素，单一运用某些优化技术无法取得预期效果，而模拟模型技术能够更为详尽地表达水资源系统内部的复杂关系，并通过分析计算得到满意的结果，为水资源规划及运行调度提供充实的依据。1953 年，美国陆军工程师兵团设计出了最早的水资源模拟模型，其目的是解决美国密苏里河流域 6 座水库的运行调度问题。

（2）20 世纪 60 ~ 80 年代的发展阶段。1960 年，科罗拉多的几所大学对如何计算计划需水量以及寻找满足未来需水量的途径进行研究。之后，在尼罗河流域构造模拟模型，其目的在于确定水库的规模，为其制定合理的运行调度方案。1971 年，D. H. Marks 提出了水资源系统线性决策规划，使得数学模型更加广泛地用于表达水资源系统。伴随计算机技术的不断发展，在研究中引入了系统分析理论以及优化技术，水资源系统优化模型和模拟模型的建立、求解和运行的研究和应用水平不断提高。例如，1972 年，Bura 所著《水资源科学分配》，该书对线性规划和动态规划在水资源配置中的应用进行了系统的研究，提出水资源系统仿真的一些想法。1973 年，Smith 将线性规划模型应用于灌区用水优化配置中；同年，Dudley 等应用动态规划法对灌溉水库进行水资源管理，采用马尔科夫链的转移概率对递推动态方程加权。1974 年，L. Becker 等开展了水资源多目标问题研究。1975 年，Y. Y. Haimes 应用多层次管理技术研究地表水、地下水的联合调度问题，使模拟模型技术取得了新的进展。1976 年，Rgers 在对印度南部卡弗里河进行规划时，将流域上游区域农作物总净效益最大和灌溉面积最大作为目标函数，建立多目标优化模型配置水资源。1977 年，Haimes 等采用层次分析法和大系统分解原理建立水资源配置模型，把流域大系统划分为多个相互独立的子系统，运用优化技术分别求各子系统的最优解，之后由全局变量将各子系统的最优解反馈给流域大系统优化模型，获得全流域的最优解。1978 年，J. M. Shafer 等提出了流域管理模型。

20 世纪 80 年代后，水资源配置的研究范围不断扩大，深度不断加深。1982 年，美国召开“水资源多目标分析”会议，促进了水资源管理多目标决策技术的研究和应用。Krzysztofowicz 等开展水资源多目标分析中的群决策问题研究。1982 年，Pearson 等利用多个水库的控制曲线，将最大产值、输送能力以及预测的需水量作为约束，运用二次规划法对英国 Nawwa 区域的水量分配问题进行研究。1983 年，D. P. Sheer 将优化和模拟相结合，在华盛顿特区建立了城市配水系统。1987 年，R. Willis 等运用线性规划法解决了地表水库与地下水联合运行的问题，并用 SUMT 法求解了水库与地下水的联合管理问题。

（3）20 世纪 90 年代至今的不断完善阶段。1990 年，Y. Y. Haimes 等提出了多层次分解协调结构模型。1992 年，Vedula 和 Mujumdar 以水库调度模型为基础，创建了简化的动态随机规划模型，并将其应用于最小化干旱条件下的粮食减产问题。1995 年，Tejada - Guibert 等建立了重点考虑在不确定的径流和需求面前最大化水力发电的优化模型。1996 年，Ponnambalam 等用多级准优化动态模型对多个水库进行优化调度。Faisal 等将综合的水资源系统仿真优化模型应用于地下水流域。Lee 等构建了科罗拉多河流域的水盐平衡模型。Mukherjee 建立了流域 CGE 模型，并将其用于对部门间的水资源配置进行分析。

地理信息系统被广泛应用之后，基于地理信息系统的决策支持系统逐渐普及，1997 年，Abbot M. B. 基于 DHI 等模型，开发了面向水资源综合管理和规划的通用模型 MIKE BASIN，用网络和节点的形式对河流进行概化，并连接到地理信息系统，能够分析每个模拟时段内各水库和灌区的情况，包括缺水量、缺水频率以及各节点的水量平衡情况。欧洲水文系统（SHE）是集中了法国、丹麦以及英国的模型，形成欧洲一体的 MIKE SHE 模型系统，该模型被应用于很多大学、研究机构以及咨询公司。

20 世纪 90 年代以来新的优化算法，如遗传算法、模拟退火算法等，被应用于水资源优化配置。1995 年，Rao Venmuri V. 对基于排挤小环境的适于多峰搜索的遗传算法进行了研究。Henderson 等建立了博弈模型，用来模拟内在的集体行为过程。1998 年，Wang M. 采用遗传算法和模拟退火算法建立了地下水多阶段模拟优化混合模型。2000 年，Morshed 等分析了遗传算法在非线性、非凸、非连续问题中的应用，并探讨了遗传算法的可能改进方面。

第五节　研究内容及框架

一、研究内容

黑河引水系统是西安市的主要水源来源，本书从水资源的实际情况出发，从以下几个方面开展研究：

（1）对西安市水资源状况进行调查分析，重点分析黑河引水系统组成，确定其现状及规划可供水量计算单元。

（2）提出了考虑非汛期基流量、汛期弃水量及水权的水资源可利用量估算方法，对黑河引水系统各水源的水资源可利用量进行估算分析，将河道内生态环境需水量作为分析重点。

（3）建立以区域可持续发展思想为指导的水资源合理配置模型，该模型为包括水量分析模型、经济分析模型、生态环境分析模型的多目标模型，将水资源综合利用效益最大作为总系统的目标函数，并提出改进蚁群算法求解这一大系统多目标模型。

（4）针对市场及水价在水资源配置中的重要作用，对黑河引水系统的水资源价值进行核算，对水资源价值计算方法进行综述，而后针对水资源的多元特性，建立包含了水资源自然资源价值和环境资源价值的水资源价值核算模型，其中采用物元分析法和旅行费用法分别计算水资源的自然价值和环境价值，汇总后得到总价值。

（5）深入分析西安市旱灾特点，研究干旱典型年水资源供需平衡情况，探讨由干旱带来的影响，对西安市现状年及规划年供水安全进行评估，并针对实际情况介绍了抗旱应急备用水源工程的实施情况。

（6）计算黑河引水系统水资源总量及可供水量（包括多年平均量，50%、75%、95%等不同频率量），其中对调水工程（引乾济石、引湑济黑）分析计算其所在河流上水文站控制流域的径流量，引水断面以上控制流域径流量及可调水总量（包括多年平均径流量，50%、75%、95%等不同频率量）。对黑河引水系统多水源配置方案进行分析，确定现状及规划水源情况下黑河引水系统合理可供水量；考虑输水渠道约束后，确定现状及规划水源情况下黑河引水系统供水量。

二、研究框架

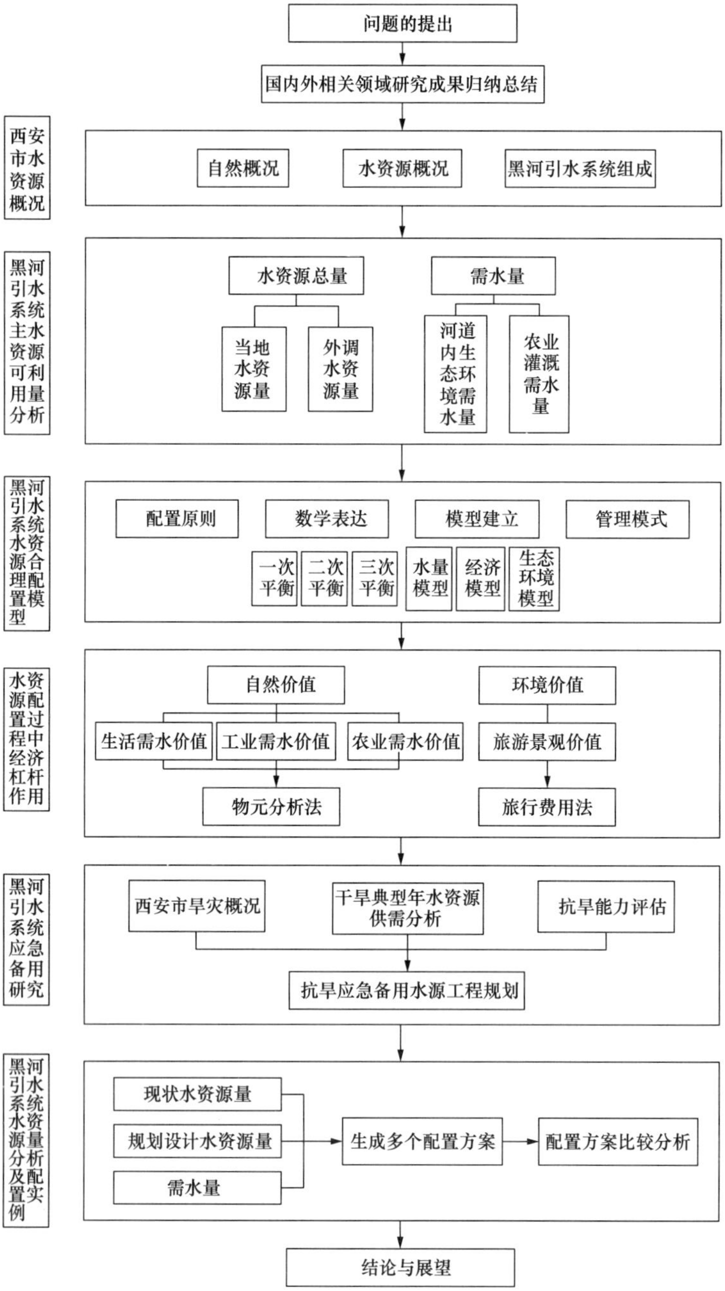

问题的提出

国内外相关领域研究成果归纳总结

西安市水资源概况：自然概况；水资源概况；黑河引水系统组成

黑河引水系统主水资源可利用量分析：水资源总量（当地水资源量；外调水资源量）；需水量（河道内生态环境需水量；农业灌溉需水量）

黑河引水系统水资源合理配置模型：配置原则；数学表达（一次平衡；二次平衡；三次平衡）；模型建立（水量模型；经济模型；生态环境模型）；管理模式

水资源配置过程中经济杠杆作用：自然价值（生活需水价值；工业需水价值；农业需水价值）→物元分析法；环境价值（旅游景观价值）→旅行费用法

黑河引水系统应急备用研究：西安市旱灾概况；干旱典型年水资源供需分析；抗旱能力评估→抗旱应急备用水源工程规划

黑河引水系统水资源量分析及配置实例：现状水资源量；规划设计水资源量；需水量→生成多个配置方案→配置方案比较分析

结论与展望

图1－1　本书研究框架

第二章　西安市水资源概况

第一节　自然概况

一、自然地理

西安市位于陕西省中心，黄河流域中部关中盆地，东经 107.40°~109.49°和北纬 33.42°~34.45°。东以零河和灞源山地为界，与华县、渭南市、商州市、洛南县相接；西以太白山地及青化黄土台塬为界，与眉县、太白县接壤；南至北秦岭主脊，与佛坪县、宁陕县、柞水县分界；北至渭河，东北跨渭河，与咸阳市区、杨凌区和三原、泾阳、兴平、武功、扶风、富平等县（市）相邻。辖境东西长约 204km，南北宽约 116km。面积 9983km^2，其中，市区面积 1066km^2。

二、气象特征

西安市属于暖温带半湿润大陆性季风气候，冷、暖、干、湿四季分明，冬季寒冷、少雨雪，夏季炎热多雨、伏旱突出，春季温暖、干燥、多风、气候多变，秋季凉爽、气温速降、秋淋明显。西安年均气温 13.3~13.7℃，最冷为 1 月平均气温 -1.2~0.0℃，最热为 7 月，平均气温 26.3~26.6℃，年极端最低气温 -21.2℃（蓝田，1991 年 12 月 28 日），年极端最高气温 43.4℃（长安 1966 年 6 月 19 日）。

年降水量 522.4~719.5mm，由北向南递增。7 月、9 月为两个明显降水高峰月。年日照时数 1646.1~2114.9 小时，年主导风向各地有差异，西安市区为东北风，周至、户县为西风，高陵、临潼为东北风，长安为东南风，蓝田为西北风。气象灾害有干旱、连阴雨、暴雨、洪涝、城市内涝、冰雹、大风、干热风、高温、雷电、沙尘、大雾、霾、寒潮、低温冻害。根据历史资料统计分析，

1470~1990年，西安市共出现中旱及大旱灾害187年次，年率36%，共出现大旱灾害10年次，约50年发生一次。进入20世纪后期，西安发生旱灾的频率明显增加，新中国成立后的40年间统计呈现10年一大旱，3年一小旱，每年都有旱情的规律。充分说明：旱灾是西安市主要的自然灾害。

三、河流水系

西安市境内河流，除秦岭南部汉江支流湑水河上游132km²、旬河上游25km²汇入汉江以及南洛河上游蓝田县境内的14km²直接入黄河外，大部分属黄河一级支流渭河水系，计有渭、泾、灞、浐、沣、潏、涝、黑、石川等40条河流（集水面积在50km²以上），其中集水面积超过1000km²的有6条，渭河、泾河、清河、石川河为过境河流，其余河流均发源于秦岭北麓和骊山丘陵区，是西安市地表水的主要来源。西安市境内主要河流见表2-1和图2-1。

表2-1 西安市主要河流基本情况

河名	水系	发源地	流域面积（km²）	河长（km）	河床比降（‰）
灞河	渭河	蓝田县	2581	104.1	6
浐河	渭河	蓝田县	752.8	64	8.9
沣河	渭河	长安区	1386	78	8.2
涝河	渭河	户县	665	86	10.2
黑河	渭河	周至县	2258	125.8	19.3
石川河	渭河	耀州区	4478	137	4.6
泾河	渭河	宁夏泾源县	45421	455.1	2.47
渭河	黄河	甘肃渭源县	134766	818	3.6

（1）灞河：渭河一级支流，发源于秦岭北坡蓝田县灞源镇麻家坡以北，主要支流有浐河、清峪河、流峪河、辋峪河，自东向西入西安市灞桥区境，东西横穿区境，在光泰庙与浐河交汇后向北至兰家庄注入渭河。全河长109km，流域面积2581km²。

（2）浐河：渭河二级支流，灞河最大一级支流，发源于秦岭北麓的蓝田县西南秦岭北坡汤峪乡，流经长安区、雁塔区、灞桥区和未央区，沿途有库峪河、岱峪河、荆峪沟汇入，在西安浐灞生态区谭家乡广大门汇入灞河。全河长64km，全流域面积752.8km²。

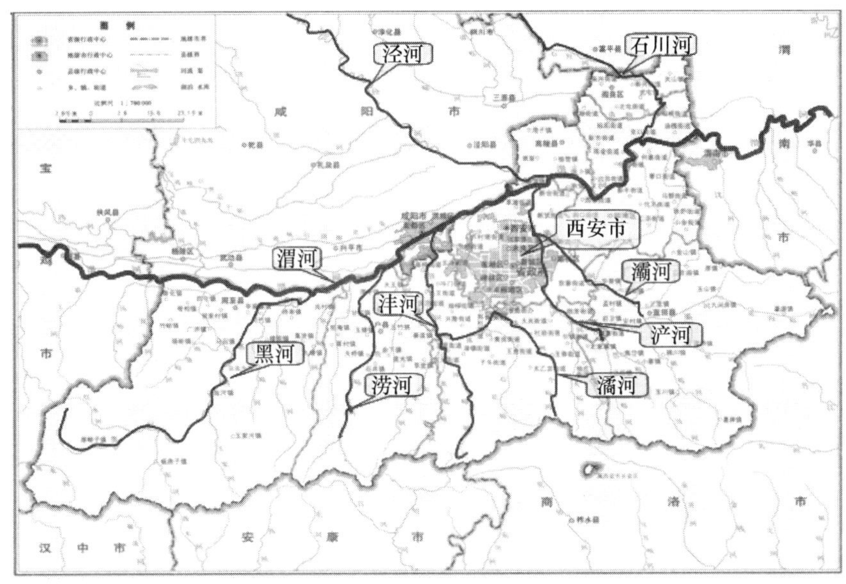

图 2－1 西安市主要河流示意图

（3）沣河：渭河一级支流，正源沣峪河源出西安市长安区西南秦岭北坡南研子沟，流经喂子坪，出沣峪口。先后有高冠、太平、潏河汇入，北行经沣惠、灵沼至高桥入咸阳市境，与渭河平行东流，在草滩农场西注入渭河。全河长78km，流域面积 1386km^2。

（4）涝河：渭河一级支流，主要流域在陕西省户县境内，发源于秦岭梁的静峪脑，源出涝峪，向北流经西（安）宝（鸡）公路桥，经三过村、元村十二户东北流，由原甘河（又名小青河）汇入后，向东北投入渭河。全河长 43.8km，流域面积 665km^2。

（5）黑河：渭河一级支流，流域全在周至县境内，西安重要的水源地。源头在太白山东南坡二爷海，出峪后接纳田峪河、就峪河、赤峪河等，至尚村镇马村梁家滩注入渭河。全河长 125.8km，流域面积 2258km^2。

（6）渭河：为西安市境内最大的过境河流，黄河最大的支流，发源于今甘肃省定西市渭源县鸟鼠山，主要流经今甘肃天水、陕西关中平原的宝鸡、咸阳、西安、渭南等地，至渭南市潼关县汇入黄河。全河长 818km，流域面积 134766km^2。由周至县青化乡进入西安市内至临潼油槐乡出境，市境内长度为 141km，流域面积 9937km^2。

（7）泾河：渭河一级支流，为过境河流，源于宁夏六盘山东麓，南源出于泾源县老龙潭，北源出于固原大湾镇，至平凉八里桥汇合，向东流经平凉、泾川于杨家坪进入陕西长武县，再经政平、亭口、彬县、泾阳等，于高陵县陈家滩注入渭河。全河长455.1km，流域面积45421km^2，市境内长度为8.5km，流域面积计入渭河流域面积。

（8）石川河：渭河一级支流，为过境河流，发源于陕西省铜川市焦坪北山和耀县（铜川市耀州区）瑶曲镇的北山，自西北向东南走向，流经铜川市王益区、耀州区，渭南市富平县，西安市阎良区、临潼区，最后于西安市临潼区的交口镇（街道办）流入渭河。全河长137km，流域面积4478km^2，市境内长度为30km，流域面积计入渭河流域面积。

四、地质地貌

西安市地势总体特征是西高东低、南高北低。地貌可划分为三个单元：南部为秦岭、骊山、高中低山地，中部的灞桥区、临潼区、蓝田县以及周至县分布着黄土丘陵和沟梁相间的破碎地带，北部为冲积平原。南部秦岭山地面积占总面积的48%，约4908.4km^2；中东和西南部丘陵地占总面积的6.4%，约651.6km^2；北部冲积平原区以及渭河以南的冲积平原、黄土台塬和秦岭山前洪积扇区占总面积的45%，约为4548.0km^2。地貌界线清晰分明，由南至北依次排列有高、中、低山地，丘陵沟壑区，山前洪积扇，黄土台塬，渭河阶地和冲积平原。其海拔高程分别为：秦岭高、中山区海拔通常在2000m以上，太白山主峰作为最高峰，海拔高达3767m，是我国南方与北方重要的地理分界线；低山和丘陵区海拔在500～1000m之间；山前洪积扇海拔在400～650m之间；黄土台塬主要包括白鹿塬、少陵塬、神禾塬等，海拔在680～780m之间；渭河阶地和冲积平原区海拔在400～500m之间，西安城区主要位于渭河二级阶地上。

五、土壤植被

由1980～1986年土壤普查可知，西安境内分布有12种土类。由于境内农耕史久远，生产活动已对土壤的形成和发展产生了深远的影响，由人工培养而成的农业土壤分布范围广泛。潮土、塿土以及水稻土均是褐土或黄土经过天然淋溶黏化作用以及几千年耕作熟化之后而成的农业土壤。

全市植被分为两种类型：天然植被和栽培植被，二者在区域分布上存在分明的界线。秦岭山区基本上属于天然植被，骊山丘陵、渭河平原以及黄土台塬属于栽培植被。天然植被分布随海拔高度而变化，体现出明显而严格的垂直分布规律。栽培植被主要有蔬菜、果园、农作物、城市农村绿化带等类型。

第二节　水资源概况

一、地表水资源

西安市素有“八水绕长安”的美誉，市境内有渭、浐、灞、涝、沣、黑、石川等54条较大的河流，除渭河、清河、石川河及泾河为过境河流外，其他大多发源于秦岭北麓和骊山丘陵，是渭河的一级或二级支流，是全市地表水的主要来源。全市年均地表水资源量为19.73亿立方米，其中主城区地表水资源量为3.8亿立方米。在降水频率分别为20%、50%、75%及95%的4个代表年，西安市的年径流量分别为26.63亿立方米、18.00亿立方米、12.75亿立方米及8.02亿立方米。除秦岭南部的南洛河和滑水河等属于长江流域外，其余多数河流均属于黄河流域渭河水系。在黄河流域，地表水北枯南丰，西部多于东部，其中渭河南岸地表水资源量为19.46亿立方米，渭河北岸地表水资源量仅为0.27亿立方米，秦岭山区面积约5000km^2，产水量约17.6亿立方米是西安市的主要产水区。

二、地下水资源

西安市平原区松散岩类空隙水的分布较广。依据地下水的水动力特性及埋藏条件，并结合地下水开发的实际状况，将全市300m深度之内的含水岩组划分为潜水和承压水两个含水岩组。渭河南北的冲洪积平原分布有广泛且连续的含水层，地下水补给较好，水量较丰沛，其中以渭河漫滩、一级阶地、二级阶地以及秦岭山区前洪积扇裙含水层厚、颗粒粗、富水性强，而渭河高阶地和黄土台塬富水性较差，单井涌水量较少。

西安市平原区地下水资源量10.79亿立方米，山丘区地下水资源量5.2亿立方米，平原区与山丘区重复计算量1.67亿立方米，全市地下水资源总量14.32亿立方米，其中主城区地下水资源量为4.02亿立方米。

三、非常规水资源

西安市位于我国内陆西北地区，能够利用的非常规水源主要有雨水资源和再生水资源。

再生水是指废水或雨水经适当处理后，达到一定的水质指标，满足某种使用要求，可以进行有益使用的水。再生水利用的主要方式为集中式和分散式。针对再生水的集中式利用，西安市现已建成纺织城、邓家村及北石桥3座污水再生利用工程，生产能力达到16万立方米/天。针对再生水的分散式利用，西安市的许多单位相继建成了污水再生利用设施，将再生水主要用在工业冷却、冲厕、洗车、景观、绿化等方面，降低了新鲜水的取水量以及污水的排放量，节约水资源的同时，对水环境起到了保护作用。

西安市年均降水量为740.4mm，折算成降水量为74.84亿立方米。对西安市长系列降水资料进行分析，发现西安市雨水资源特点为：径流量大、污染轻，因此，收集利用雨水能够有效补充水资源、减少洪涝灾害。

第三节　黑河引水系统组成

一、黑河引水系统现状

黑河引水系统是一项跨流域引水、综合利用的大型水利工程，已建成运行的黑河引水工程成了西安市城市供水的生命线工程。该引水系统以西安市城市供水为主，兼具农田灌溉、防洪及发电等综合效益。黑河引水系统由黑河城市引水渠道工程、石头河水库补充水源渠道工程、石砭峪水库备用水源渠道工程、沣河径流引水工程、田峪河径流引水工程、甘峪水库和就峪河径流引水工程共7处组成，最远引水距离143km。

1. 黑河城市引水渠道工程

黑河金盆水库为引湑济黑调水工程受水方，该水库以城市供水为主，兼具灌溉、防洪及发电等综合效益，是一座大（2）型水库。引湑济黑调水工程调水量参与金盆水库调节利用，在满足黑河金盆水库原设计的各用水部门的供水保证率下，通过水利调节计算确定黑河水库调节水量。

黑河金盆水库位于黑河峪口以上约1.5km处，距西安市86km。水库总库容2亿立方米，汛限水位591.0m，相应库容17465万立方米，正常蓄水位594.0m，兴利库容17740万立方米，死水位为520.0m，死库容为1000万立方米，水库水位—面积、水位—库容关系曲线如图2－2所示。水库按百年一遇洪水标准（$Q=3600$立方米）设计，两千年一遇洪水标准（$Q=6400\mathrm{m}^3/\mathrm{s}$）校核。引水洞设计引水流量$30.3\mathrm{m}^3/\mathrm{s}$，加大引水流量$34.1\mathrm{m}^3/\mathrm{s}$。

黑河城市引水渠道自蒲家湾汇流池起，由西向东依次经过周至、户县、长安

至西安市南郊曲江池净水厂，长度为86km。渠首汇流池引水高程510.2m，渠末出口高程460.5m，输水方式为重力自流输水。渠线沿途横跨就峪河、田峪河、涝峪河、沣河等河流，长度约为26.86km。

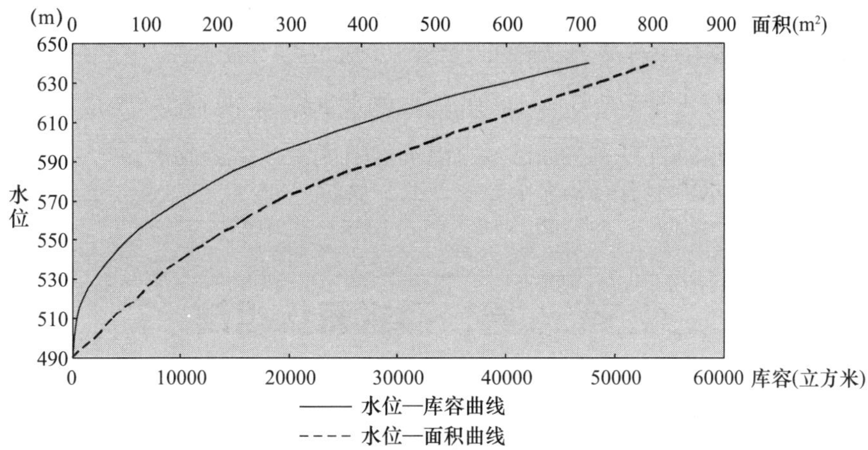

图2-2 金盆水库水位—库容、水位—面积关系曲线

在工程建设过程中，由于加入了石头河水库作为补充水源，对金盆水库的规模进行了调整，致使整个输水暗渠各段断面面积即输水能力均不相同。由金盆水库与石头河来水汇合的蔺家湾汇流池至见子河分流池出口段长70km，设计流量14~15m³/s。由见子河分流池出口至曲江池水厂段全长16.18km。其中，见子河分流池出口至甫店汇流池段全长1.88km，设计流量10.3m³/s；从见子河分流池至南郊净水厂输水渠道全长21.67km，设计输水流量3.7m³/s，加大引水流量5.2m³/s。石砭峪水库备用水源渠道在甫店汇流池处与黑河引水渠道汇合；甫店汇流池至曲江池水厂段为双线暗渠，全长14.3km，设计流量为2×5.8m³/s。

2. 石头河水库补充水源渠道工程

石头河水库位于岐山、眉县、太白县三县交界处，位于西安市以西约143km处，距黑河峪口约60km。依据西安市与石头河水库管理局签署的供水协议，石头河水库每年向西安市的供水量为9500万立方米。石头河补充水源渠道工程由汤峪渡槽出口至黑河峪口蔺家湾汇流池与黑河供水水源衔接，全长32.79km，沿线主要建筑物87座。其中，隧洞16座，长23.83km；倒虹12座，长3.2km；渡槽3座，长0.1km；箱涵长5.38km，其断面尺寸宽1.8m、高2.0m。渠道设计最大引水流量 6.0m³/s。

3. 石砭峪水库备用水源渠道工程

石砭峪水库位于长安区境内，距西安市以南 35km，坝址以上控制流域面积 $132km^2$，水库汛限水位 725m，相应库容 2050 万立方米，正常蓄水位 731.0m，相应库容 2585 万立方米，死水位 675.0m，死库容 75 万立方米，调节库容 2510 万立方米，水库水位—库容关系曲线如图 2－3 所示。

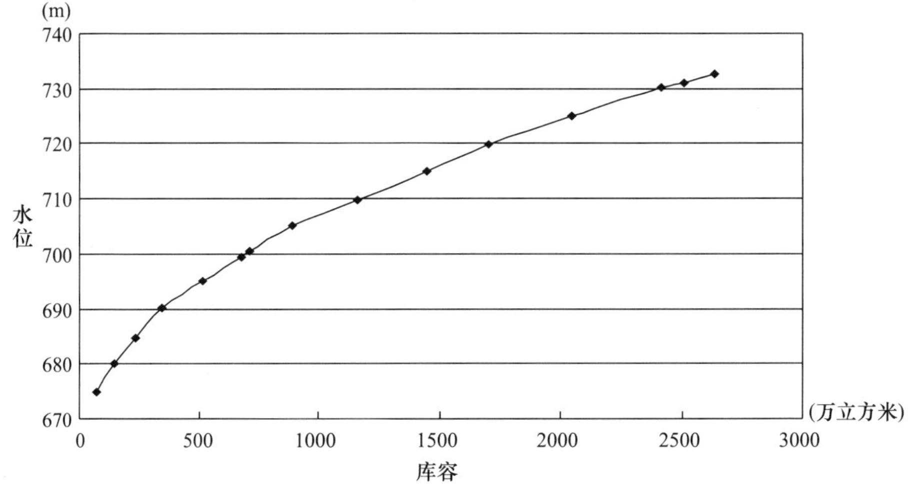

图 2－3　石砭峪水库水位—库容关系曲线

石砭峪水库距离黑河引水渠道甫店汇流池约 8.4km。石砭峪水库作为黑河引水系统的备用水源，每年向西安市供水 3000 万立方米，并要求在发生事故时保证 40 万 t/d 的供水。石砭峪水库备用水源渠道工程将分水闸设于石砭峪灌区西干渠桩号 3＋630 处，在闸后新建长 3.65km 的输水暗渠，渠末接黑河引水渠道甫店汇流池，设计流量 $5.0m^3/s$。

根据《石砭峪水库向西安供水复线工程项目建议书》可知，石砭峪水库向西安供水复线工程拟修建供水渠道复线，将石砭峪水库作为黑河引水工程事故备用水源的总供水规模提高至 $15m^3/s$。

4. 沣峪河径流引水工程

沣峪河位于西安市长安区境内，全河长 78km，流域面积 $1386km^2$，利用改选原灌溉渠道 800m，设计流量 $4.0m^3/s$。

5. 田峪河径流引水工程

田峪河位于周至县终南镇，发源于秦岭光头山，年平均径流量约9000万立方米，通过改造现有的田惠渠渠首，采取低坝引水方式引水，引水渠长度为1.4km，设计流量6m^3/s（含灌溉用水2m^3/s）。

6. 甘峪水库引水工程

甘河发源于户县县城西南的甘峪沟，河流全长47.40km，流域面积140.5km^2，年均流量0.088m^3/s。在上游17.4km处建有小（1）型水库——甘峪水库，位于兴隆乡卜鱼寨村南，坝址以上控制流域面积68.5km^2，水库汛限水位608.0m，相应库容126万立方米，正常蓄水位616.0m，相应库容157万立方米，死水位575.0m，死库容55万立方米，调节库容102万立方米，水库水位—库容关系曲线如图2-4所示。闸底为浆砌石溢流堰，堰顶宽8m，长35.5m，堰顶高程418.17m。设闸五孔，钢丝网改平板间门，闸高5.3m，宽4.5m，闸顶高程423.47m，库容102万立方米。闸上方建有工作桥，装有5台30t启闭机。闸前右岸有扬程7.9m抽水站1座，总装机6台330kW，闸前建有直径1m混凝土管道，长567m自流灌溉。2009年5月，完成除险加固工程，工程设计引水流量4.0m^3/s。

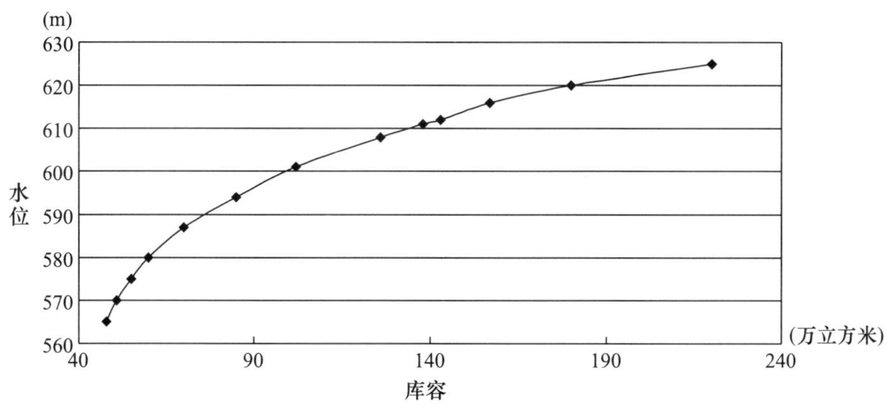

图2-4　甘峪水库水位—库容关系曲线

7. 就峪河径流引水工程

就峪河发源于黑河上游右岸，河流全长38.5km，流域面积95.4km^2，工程设计引水流量4.0m^3/s。

现状7处供水水源见图2-5，管道设计引水能力详见表2-2。

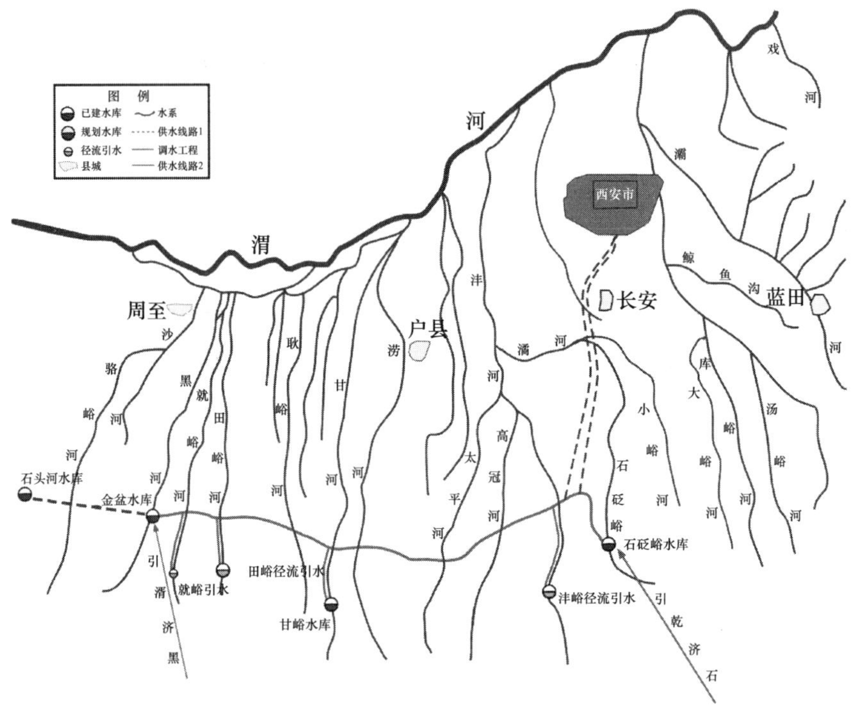

图 2－5　黑河引水系统现状供水水源示意图

表 2－2　黑河引水系统现状供水水源设计引水能力

现状供水水源工程	工程类型	管道设计引水能力（m^3/s）
金盆水库（引湑济黑）	蓄水工程	30.3
石砭峪水库（引乾济石）	蓄水工程	15
甘峪河水库	蓄水工程	4
石头河水库	蓄水工程	6
就峪引水工程	径流引水工程	4
田峪引水工程	径流引水工程	4
沣峪引水工程	径流引水工程	4

二、黑河引水系统拟新增工程

由于水务行业庞大的投资需求，不断加速了水务产业市场化的进程。为确保城乡供水安全，实现水资源可持续利用，以适应西安国际化大都市发展战略为出发点，根据可持续发展的要求，对现状黑河引水系统进行扩充，可新增梨园坪水

库（沣峪河径流引水工程改建）、高冠峪水库、太平峪水库、田峪水库（田峪河径流引水工程改建）、西骆峪水库和耿峪河径流引水以及涝峪河径流引水工程共7处。各规划水源建成之后，还需对黑河干渠进行增建，提高黑河引水系统输水能力及安全可靠性。

1. 梨园坪水库

梨园坪水库坝址位于沣河上游，西安市长安区滦镇梨园坪村，距城区约33km，水库坝址以上流域面积为165.8km^2，规划水库总库容2100万立方米，汛限水位730.0m，相应库容1733万立方米，正常蓄水位735.0m，相应库容2025万立方米，死水位678.0m，死库容75万立方米，调节库容为1950万立方米，水库水位—库容关系曲线如图2－6所示。水库建成后主要给沣渭新区供水，同时可利用梨园坪水库调节沣河下游生态用水。规划坝型为土石坝，坝高110m，坝长400m，坝顶高程760m，淹没范围135万m^2，回水3.6km，工程占地330亩。工程初拟引水流量4.0m^3/s。

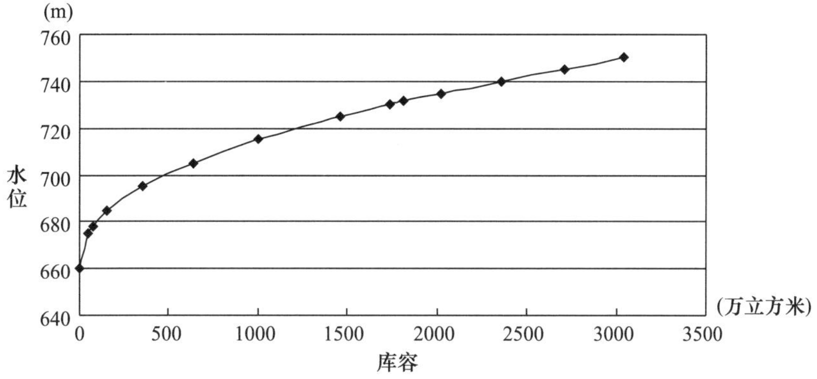

图2－6　梨园坪水库水位—库容关系曲线

梨园坪水库为规划水库，工程还处于规划设计阶段，根据现有规划资料进行调节计算，若水库特性参数变动，可供水量应相应修改计算。

2. 高冠峪水库

高冠峪水库位于户县草堂镇五里庙村与长安区祥峪乡交界的渭河二级支流、沣河一级支流高冠峪河上，高冠峪峪口以上流域面积为131.2km^2，年径流量0.61亿立方米。规划坝型为混凝土重力坝，坝高100m，坝长400m，总库容2300万立方米，汛限水位760.0m，相应库容1860万立方米，正常蓄水位765.0m，调节库容2075万立方米，死水位650.0m，死库容75万立方米，调节库容2000万立方米，水库水位—库容关系曲线如图2－7所示。水库以上流域面积 131.21km^2，多年平均年径流量 0.57 亿立方米，设计年供水能力 2920 万立方米，建成后主要给户县草堂旅游开发区供水。工程初拟引水流量 4.0m^3/s。

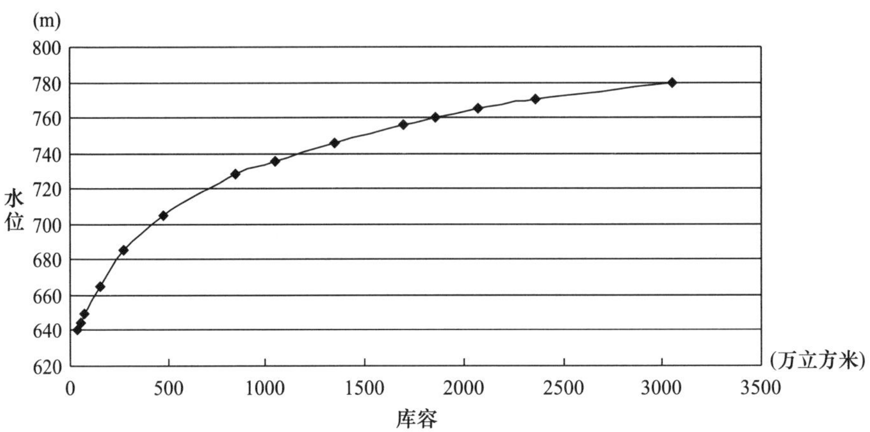

图 2-7　高冠峪水库水位—库容关系曲线

高冠峪水库为规划水库，工程还处于规划设计阶段，根据现有规划资料进行调节计算，若水库特性参数变动，可供水量应相应修改计算。

3. 太平峪水库

太平河位于西安市西南户县境内，发源于秦岭北麓的河池寨附近。全长 42.2km，流域面积 209.5km^2，多年平均降雨量 830mm，年径流量 7022 万立方米。太平峪水库属小（1）型水库，坝址上游汇流面积 140km^2，多年平均径流量 5958 立方米，河床比降 1/100。总库容 650 万立方米，汛限水位 570.0m，相应库容 380 万立方米，正常蓄水位 575.0m，相应库容 520 万立方米，死水位 540.0m，死库容 20 万立方米，调节库容 500 万立方米，水库水位—库容关系曲线如图 2-8 所示。工程初拟引水流量 3.0m^3/s。

太平峪水库为规划水库，工程还处于规划设计阶段，根据现有规划资料进行调节计算，若水库特性参数变动，可供水量应相应修改计算。

4. 田峪水库

田峪水库位于田峪河上，为黑河一级支流，距西安市 70km，田峪河流域面积为 297.5km^2，多年平均年径流量为 0.80 亿立方米。根据《西安市“十二五”水务发展规划》，田峪水库在 2020 年前建成。田峪水库规划坝型为土石坝，坝高 103m，坝长 160m，水库坝址以上流域面积 196km^2。总库容 1640 万立方米，汛限水位 575m，相应库容 750 万立方米，正常蓄水位 580.0m，相应库容 1550 万立

方米，死水位 565.0m，死库容 50 万立方米，调节库容 1500 万立方米，水库水位—库容关系曲线如图 2－9 所示。

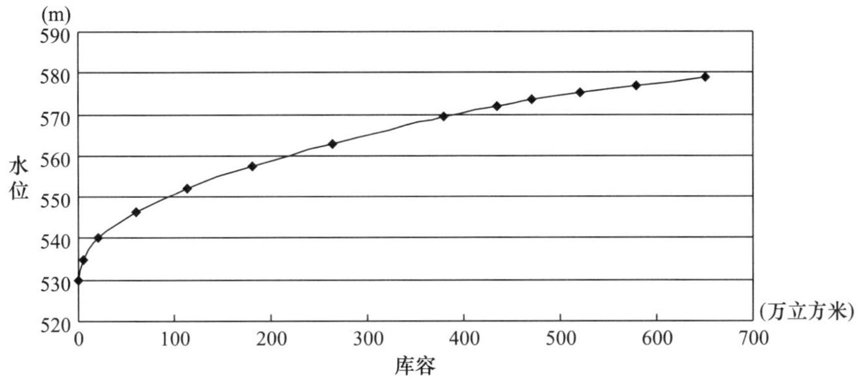

图 2－8　太平峪水库水位—库容关系曲线

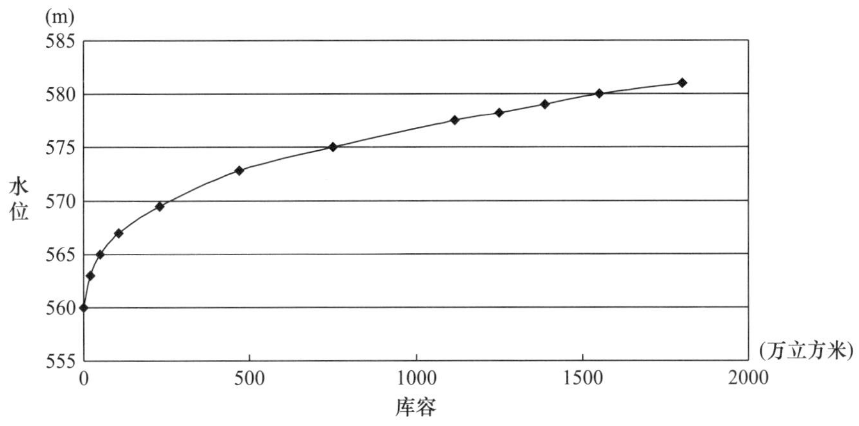

图 2－9　田峪水库水位—库容关系曲线

田峪水库为规划水库，工程还处于规划设计阶段，根据现有规划资料进行调节计算，若水库特性参数变动，可供水量应相应修改计算。

5. 西骆峪水库

西骆峪水库位于周至县县城西南约 15km 的西骆峪峪口，该水库以灌溉为主，兼具防洪、养殖等综合效益，是一座小（1）型水库，于 1970 年建成，总库容 569 万立方米，汛限水位 575.0m，相应库容 197 万立方米，正常蓄水位 580.0m，相应库容 390 万立方米，死水位 565.0m，死库容 50 万立方米，调节库容为 340

万立方米，水库水位—库容关系曲线如图2－10所示。水库经30多年的运行，现有效库容340万立方米。工程初拟引水流量3.0m³/s。西骆峪水库1958年施工，1970年建成，1999年鉴定为小（1）型三类病险水库。2006年3月该水库除险加固工程开工，2006年10月施工完成，大坝防洪标准按五十年一遇洪水设计，五百年一遇洪水校核，除险加固工程内容为库区防渗铺盖铺设、大坝迎水坡砌护、上坝道路修建、大坝安全监测设施建设。

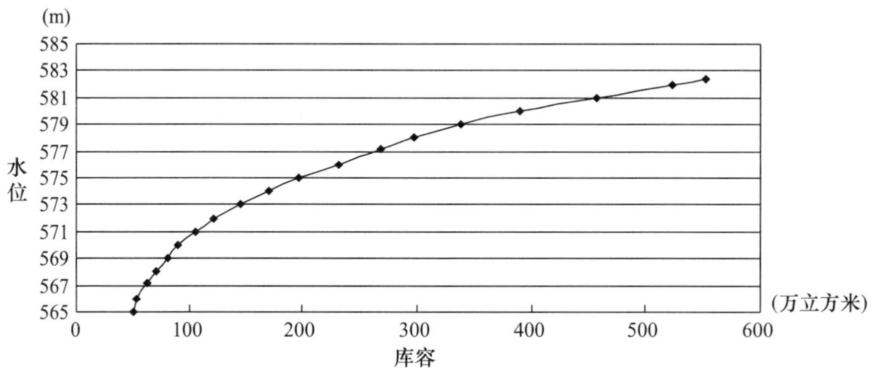

图2－10　西骆峪水库水位—库容关系曲线

6. 耿峪径流引水水源

耿峪河为渭河一级支流，全河长37.5km，流域面积81.5km²。耿峪河上现无蓄水工程，初拟引水流量4.0m³/s。

黑河引水系统拟新增工程管道初拟引水能力详见表2－3。

表2－3　黑河引水系统拟新增工程初拟引水能力

拟新增水源工程		工程类型	管道初拟引水能力（m³/s）
西骆峪水库（已成）		蓄水工程	3
田峪水库（规划）		蓄水工程	5
梨园坪水库（规划）		蓄水工程	4
高冠峪	高冠峪径流引水	径流引水工程	4
	高冠峪水库（规划）	蓄水工程	4
太平峪	太平峪径流引水	径流引水工程	3
	太平峪水库（规划）	蓄水工程	3
耿峪引水工程		径流引水工程	4
涝峪引水工程		径流引水工程	6

结合黑河引水系统现状及拟新增的水源工程，对黑河引水系统的可供水量进行调节计算，考虑新增水源中规划水库工程的长期性，现状情况下可考虑峪口径流引水。因此，黑河引水系统现状可供水量计算包括的水源工程有：现状 7 处供水水源（金盆水库、石头河水库、石砭峪水库、甘峪水库，沣河、田峪河及就峪河径流引水工程），已建成的西骆峪水库，高冠峪河、太平峪河、耿峪河及涝峪河径流引水水源，见图 2－11。黑河引水系统规划可供水量计算包括的水源工程有：现状 5 处供水水源（金盆水库、石头河水库、石砭峪水库、甘峪水库及就峪河径流引水工程），已建成的西骆峪水库、田峪水库、梨园坪水库、高冠峪水库、太平峪水库、耿峪河及涝峪河径流引水水源，见图 2－12。

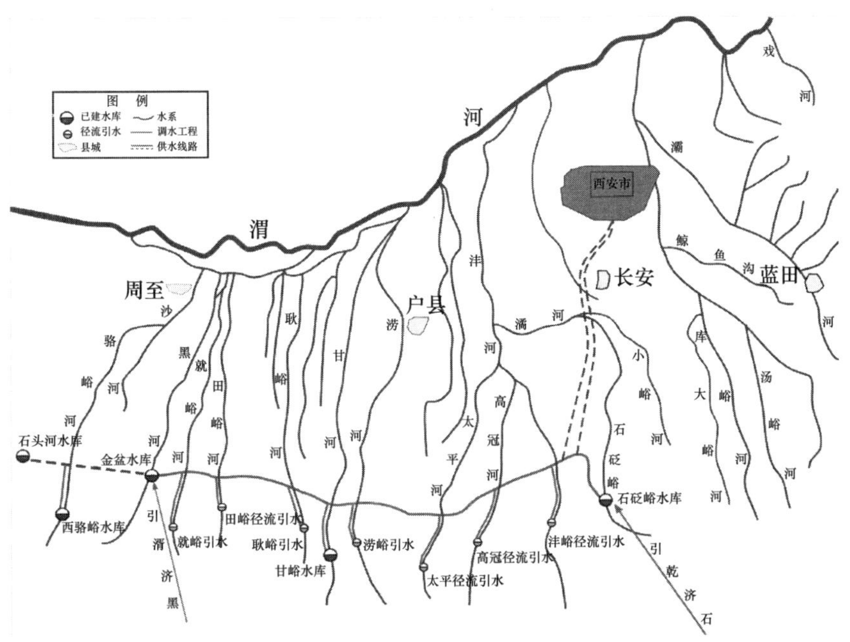

图 2－11 黑河引水系统现状供水水源示意图

三、调水工程概况

1. 引湑济黑调水工程

该工程是西安市辖范围内的跨流域调水工程。调水水源为隶属于长江流域汉江水系的湑水河。湑水河发源于秦岭南麓，水资源极为丰富，与发源于秦岭北麓位于西安境内的黑河只隔一道秦岭山梁，具有非常优越的跨流域调水条件。

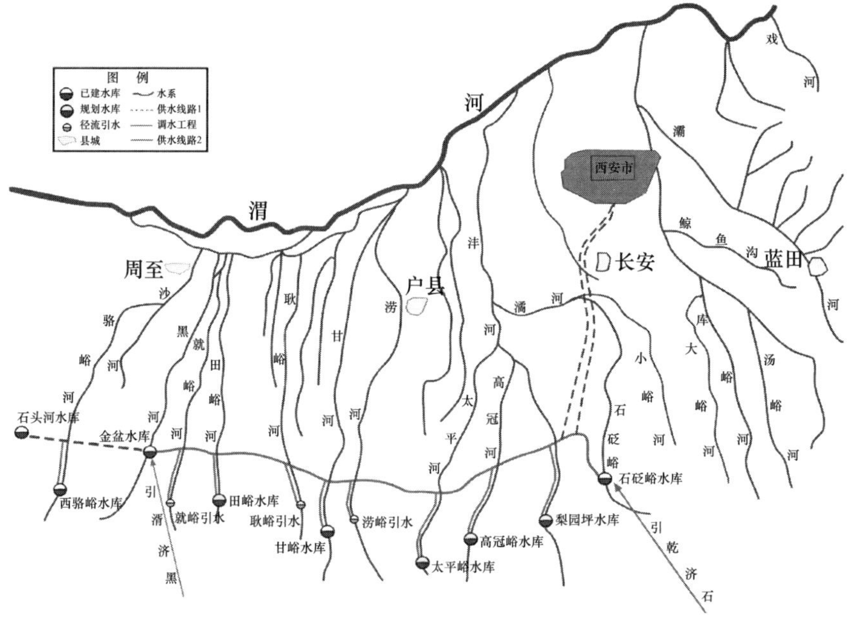

图 2-12　黑河引水系统规划供水水源示意图

引渭济黑调水工程位于渭水河上游，引水口距离周至县厚畛子乡老县城村约5km，由拦河低坝抬高水位，输水隧洞穿越秦岭山脉将水送入黑河上游支沟，流入金盆水库，经过金盆水库调蓄之后进入西安市城市供水管网，实现将长江水调入黄河流域的跨流域调水，从而可缓解西安市水资源短缺问题。

2. 引乾济石调水工程

该工程利用了西康公路秦岭隧洞施工这一有利条件修建输水隧洞，将柞水县汉江支流乾佑河的水穿越秦岭调入五台乡石砭峪水库，经过石砭峪水库调蓄之后向西安市城区供水，增加城市生活和工业供水水量，并补充城区和下游河道生态环境用水。该工程是在老林河、太峪河、龙潭河上分别修筑低坝引水，由引水渠道引至隧洞前汇流池，经调节后进入隧洞。引水线路长约 21.85km，包括 18.05km 的穿山隧洞，采取自流输水，引水洞最大输水流量为 $8m^3/s$。为保障下游河段的生活、生产以及生态环境用水，流量小于 $0.2m^3/s$ 时不引水，尽量在汛期多引水，设计年调水量 0.47 亿立方米。

第三章　黑河引水系统水资源可利用量分析

第一节　有关概念

一、水资源可利用总量概念

从水资源利用的角度，流域或区域内因降水而形成的当地水资源量由三部分组成：①由于技术手段或经济因素等原因在可预见的未来尚难以被利用的水量，主要指汛期洪水下泄量；②为维持生态系统功能而应保留在河道内的相应水量，主要指为维持河道生态环境必需的最小河道内用水量；③水资源可利用量，即能够供给人类经济社会活动消耗利用的河道外一次性最大水量。

根据上述概念，水资源可利用总量能够定义为：在可预见期内，综合考虑生活、生产以及生态环境用水的基础上，通过经济合理和技术可行的措施在当地水资源量中能够一次性利用的最大水量。

二、水资源可利用量概念

根据上述概念，地表水资源可利用量，即在可预见期内，综合考虑河道内生态基流量及其他用水的基础上，通过技术可行和经济合理的措施，在地表水资源量中能够提供河道外生活、生产及生态用水的一次性最大水量（不包括回归水的重复利用）。

地表水资源可利用量包括两个部分：一部分是能够被河道外利用的水量（包括生产用水、生活用水、生态环境用水）；另一部分则保留在河道内。保留在河道内的水量依然具备生产和生态环境的价值和功能，两者的主要差异为：前者是消耗性水量，后者是非消耗性水量。为了研究水资源可被消耗利用的最大量，总体控制流域水系的水资源开发利用程度，有必要对两者进行区别。

汛期泄洪不仅要立足于当前的洪水资源利用状况，也需要考虑未来的发展和建设可能被利用的程度。洪水具有不确定性、突发性以及变幅较大的特征，因此不可能，也没必要将其全部利用。依据在可预见的未来的需求量和经济技术条件得出能够被利用量，这样对水资源合理利用与配置才具有实际意义。

之前的计划经济模式导致人们水权意识不强，定义水资源可利用量时常忽视水权约束。在计算区域水资源可利用量时，当水权不属该区域管辖时，便不能计入该区域的水资源可利用量。由于市场经济体制改革不断深化，水资源短缺程度日益加剧，通过创新水权制度管理水资源的开发利用已成为必然趋势。因此在定义水资源可利用量时，还需要考虑水权的限制。

综合以上分析，基于可持续发展和水权约束，本书对区域水资源可利用量做如下定义：在可预见期内，综合考虑区域内生活、生产以及生态环境用水，对区域内外用水进行协调之后，在其管理权限内，通过经济合理和技术可行的措施能够供给本区域一次性利用的最大水量（不包括本区域回归重复利用量）。可见，区域水资源可利用量的定义不但考虑了境内水资源可利用量，而且考虑了过境河流的可利用水量、调入境内水量以及境内调出水量等有水权意义的水资源可利用量，更加真实地反映了区域的水资源可利用潜力。

三、从径流水资源角度定义的生态需水量

20 世纪 90 年代初，汤奇成等就提出了生态需水的概念。王芳等定义生态需水是为了维持生态系统稳定、天然生态保护以及人工生态建设所消耗的水量。接下来将针对不同的统计口径定义生态需水，即径流口径的生态需水和降水口径的生态需水。

生态系统用水的来源可以是地表或地下径流，也可以是降水及其转化的土壤水，对于常规水资源开发利用，最主要的是维持水资源的供需平衡。所以，在生态需水中，我们重点关注的是由径流水资源供给的那部分生态需水量，把这部分由径流资源供给的生态需水定义为径流角度的生态需水。相应地，把全部水源（径流、降水及其转化的土壤水）供给的生态需水定义为降水角度的生态需水。王芳等也对上述两种从不同角度定义的生态需水进行了区分，由于径流水资源是能够控制的，将其供给的生态需水称为“可控生态需水”；由于降水是不能够控制的，将其供给的生态需水称为“不可控生态需水”。

从径流水资源角度定义的生态需水概念中，生态需水不应该包含水土保持耗水，因为水土保持耗水的实质是由于下垫面的改变使径流水资源减少，并非对径

流水资源的消耗。所以，水土保持耗水应归类于下垫面的改变对产流的影响，使其减少，而非径流角度的生态用水，但是能够将其归类于降水口径的生态用水。

对水资源可利用量进行计算时，只需要扣除天然生态需水，无须考虑人工生态需水。尽管生态系统分为天然生态系统和人工生态系统，生态需水量则包含天然生态需水和人工生态需水，实际中人工生态需水与人类生产生活需水常融合为一体，因此，人工生态用水能够归类于人类生产生活用水之中。具体来说，主要从经济生产角度出发的森林和草地灌溉用水，尽管有生态功能，也应归类于生产用水；农田防护林的主要功能是为了保护农田生产，并且其用水与农业灌溉为一体，因此，防护林用水应归类于生产用水；为了保护和美化住宅区的草地、林地及人工河湖的用水，可以归类于公共生活用水。

四、汛期难以控制利用的洪水

汛期难以控制利用的洪水量是指在可预见期内，在汛期不能被工程措施控制利用的洪水量。汛期水量中一部分可供当时利用，一部分能够通过工程存蓄起来供未来利用，剩余水量就是汛期无法控制利用的洪水量。对于支流，是指支流泄入干流的水量，对于入海河流，是指最终泄弃入海的水量。汛期难以控制利用的洪水量是综合分析流域最末节点以上的耗用程度及调蓄能力之后计算得到的水量。

流域控制站汛期的天然径流量与流域能够耗用和调蓄的最大水量之差，即汛期难以控制利用的洪水量。汛期能够耗用和调蓄的最大水量，是指汛期用水量、水库蓄水量以及向外流域调水量合计的最大值，能够依据流域未来规划水平年需水预测或供水预测的成果，减去其重复利用的水量折算成一次性供水量来确定。

汛期难以控制利用的洪水量需要对河流的特征、水资源利用工程规模与情况、水资源开发利用程度等因素进行综合考虑。对于北方河流，由于其开发利用程度较高，应着重分析当前开发利用状况；对于南方河流，则需考虑今后的发展，并适当留有余地。

由于我国各地情况的不同，计算地表水资源可利用量时，应按如下不同类型分别计算：①大江大河，其径流量大、调蓄能力强，计算地表水资源可利用量时不仅需要扣除河道内生态环境及生产需水量，还需要扣除汛期难以控制利用的洪水量；②沿海独流入海河流，通常其水量较大，但源短流急，水资源可利用量主要受到供水工程调控能力的制约；③内陆河流，其生态环境十分脆弱，对河道内生态基流量存在较高的要求，应优先保证；④边界与出境河流，除了考虑一般规则，还应该参考国际分水通用规则等因素确定其水资源可利用量。

第二节　地表水资源可利用量估算

一、水资源总量估算

（一）峪口以上或水库坝址水资源量计算

在现状情况下，黑河引水系统由黑河城市引水渠道工程、石头河水库补充水源渠道工程、石砭峪水库备用水源渠道工程、沣峪河径流引水工程、田峪河径流引水工程、甘峪水库引水工程和峪河径流引水工程共7处组成。为了保障城乡供水安全，促进水资源的可持续利用，对原有的黑河引水系统进行扩充，规划新增梨园坪水库（沣峪径流引水工程改建）、高冠峪水库、太平峪水库、田峪水库（田峪径流引水工程改建）、西骆峪水库和耿峪径流引水以及涝峪径流引水水源工程共7处。

1. 黑河金盆水库坝址水资源量

黑河金盆水库位于西安周至县黑峪口境内。黑河流域山川地形自然界限十分分明，黑峪口以上为峪谷山区，峪口以上集水面积1481km^2。本书计算黑河金盆水库坝址来水量采用黑峪口站（控制面积1481km^2）1956～2001年逐日流量资料，以及通过面积比拟法将陈河站（控制流域面积1380km^2）2002～2010年流量资料计算到相应的坝址断面，得到1956～2010年逐日流量资料，将其作为金盆水库来水量。

2. 西骆峪河峪口以上和西骆峪水库坝址水资源量

西骆峪河流域面积为164km^2，其中峪口以上为82.7km^2，年径流采用黑河黑峪口站、涝河涝峪口站实测资料综合分析计算，折合径流深为377mm。涝峪口站的年径流计算同黑峪口站，系列年限为1956～2010年，峪口以上面积为347km^2，经计算涝峪口站的年径流统计参数成果如下：W＝1.14亿立方米，Cv＝0.48，Cs＝2.5Cv，折合径流深为330mm。

西骆峪河发源于浅山区，径流模数相对较小，采用涝峪口站的年径流量按面积比拟，计算西骆峪河峪口以上流域年径流量，参考径流深进行修正，修正系数为0.79。

西骆峪水库位于周至县城西南约15km的西骆峪河峪口处，控制流域面积为82.7km^2，因此西骆峪水库坝址处多年平均径流量与西骆峪峪口多年平均径流量相同。

3. 田峪河峪口以上和田峪水库坝址水资源量

田峪河发源于浅山区，田峪河峪口以上流域面积为244km²，采用涝峪口站的年径流量按面积比拟，计算田峪河峪口以上年径流量，取径流深修正系数为0.94。

田峪水库位于周至县九焰乡黑河一级支流田峪河上，距离西安市70km，建设年限为2011～2020年。水库以上流域面积为210km²，田峪河峪口以上流域面积为244km²，采用面积比拟法，计算田峪水库坝址年径流量。

4. 就峪河峪口以上水资源量

就峪河发源于浅山区，峪口以上流域面积为67.7km²，采用涝峪口站的年径流量按面积比拟，计算就峪河峪口以上年径流量，并对就峪河峪口以上地区按径流深进行修正，修正系数为0.79。

5. 沣河峪口以上和梨园坪水库坝址水资源量

沣河峪口以上控制流域面积为165.8km²，采用涝峪口站的年径流量按面积比拟，计算沣河峪口以上年径流量，结合《西安市实用水文手册》查出径流深，对沣河峪口以上地区按径流深进行修正，修正系数为1.33。

梨园坪水库位于西安市长安区梨园坪村，渭河一级支流沣河上游，水库以上流域面积为165.8km²，采用面积比拟法，计算梨园坪水库坝址年径流量。

6. 高冠峪河峪口以上和高冠峪水库坝址水资源量

高冠峪河峪口以上流域面积为139.2km²，采用涝峪口站的年径流量按面积比拟，计算高冠峪河峪口以上年径流量，结合《西安市实用水文手册》查出径流深，并对高冠峪河峪口以上地区按径流深进行修正，修正系数为1.33。

高冠峪水库位于户县草堂镇五里庙村与长安区祥峪乡交界的渭河二级支流、沣河一级支流高冠峪河上，建设年限为2011～2020年。水库以上流域面积为137.2km²，采用面积比拟法，计算高冠峪水库坝址年径流量。

7. 太平河峪口以上和太平峪水库坝址水资源量

太平峪河峪口以上流域面积为163km²，采用涝峪口站的年径流量按面积比拟，计算太平峪河峪口以上年径流量，结合《西安市实用水文手册》查出径流深，并对太平峪河峪口以上地区按径流深进行修正，修正系数为1.33。

太平峪水库位于渭河二级支流、沣河一级支流太平峪河上，建设年限为2011～2020年，水库以上流域面积为154km²，采用面积比拟法，计算太平峪水库坝址年径流量。

8. 石砭峪水库坝址水资源量

石砭峪水库位于西安市长安区境内石砭峪河下游，坝址处控制流域面积为132km²，根据该流域所设水文站逐日流量资料，计算石砭峪水库坝址水资源量。

9. 甘河峪口以上和甘峪水库坝址水资源量

涝河流域涝峪口水文站以下汇入的甘河支流，无水文资料。甘河流域面积为140.5km^2，其中峪口以上为68.5km^2，采用涝峪口站的年径流量按面积比拟，计算峪口以上流域年径流量，参考径流深进行修正，修正系数为0.96。

甘峪水库坝址以上控制流域面积为68.5km^2，因此甘峪水库坝址处多年平均径流量与甘河峪口多年平均径流量相同。

10. 涝河峪口以上地表水资源量

涝河峪口以上流域面积为347km^2，根据涝峪口站1956～2010年逐日流量资料，计算涝河峪口以上水资源量。

11. 耿峪河峪口以上水资源量

耿峪河河流无水文资料，耿峪河流域面积为81.5km^2，其中峪口以上为23.2km^2，采用涝峪口站的年径流量按面积比拟，计算耿峪河峪口以上流域年径流量，参考径流深进行修正，耿峪河发源于浅山区，径流模数相对较小，修正系数为0.85。

（二）调水工程可调水量理论分析

西安黑河引水系统，涉及两处调水工程，分别为引湑济黑调水工程和引乾济石调水工程。引湑济黑调水工程是引长江流域湑水河水入西安市周至县黑河，工程引水枢纽位于周至县境内老县城的湑水河上，所引水量经过黑河金盆水库调蓄之后，通过黑河引水工程向西安城市供水。引乾济石调水工程是引柞水县乾佑河水入五台乡石砭峪水库，所引水量经过石砭峪水库调蓄之后，向西安市城市供水。

1. 引湑济黑可调水量计算

（1）取水断面径流量。本书计算调水工程设计断面年径流量时采用的方法为参证流域面积比拟法。

根据《西安市引湑济黑调水工程可行性研究报告》的坝址方案综合比较分析，确定引湑济黑调水工程拦水坝布设在吊沟口下游200m处，坝址断面控制流域面积为125.88km^2，包括湑水河上游段干流及龙洞沟、吊沟、塔儿沟等支流的来水。

调水工程流域于2004年4月设立水文站，实测系列资料短，不予考虑。湑水河流域上中游段均为深山区，与调水工程流域地理、气候、下垫面等因素基本一致，升仙村水文站位于湑水河峪口。调水工程水文分析选用升仙村水文站作为参证站，采用面积比拟法计算流域年径流量。在移置参证站径流深时，考虑到秦岭山区降雨量随地形的起伏变化极为显著，流域上、下游降水量有一定的差别，根据《水利工程实用水文水利计算》，对缺乏资料地区设计年径流量用降雨量进行修正。计算公式如下：

$$Q_{取水断面} = K_1 \times K_2 \times Q_{升仙村站} \quad (3-1)$$

式中：$Q_{取水断面}$为引湑济黑调水工程湑水河取水口断面径流；$Q_{升仙村站}$为升仙村水文站径流；K_1为面积修正系数，为引湑济黑调水工程湑水河取水口断面控制流域面积与升仙村水文站控制流域面积的比值；K_2为降雨量修正系数，为引湑济黑调水工程湑水河取水口断面控制流域多年平均面降雨量与升仙村水文站控制流域多年平均面降雨量的比值。

湑水河流域自上而下依次设有黄柏塬、二郎坝、小河口、石马、城固县、升仙村等雨量站，本次分析选用沿流域分布较为均匀且资料系列较长的四个站：黄柏塬、二郎坝、小河口、升仙村雨量站作为代表站计算湑水河流域的多年平均降雨量。

由于四个雨量站的资料系列长度不一致，分析选用1967～1991年时段作为代表段。经过对四个站降雨量资料的分析计算，黄柏塬站平均降雨量为836mm，二郎坝站为805mm，小河口站为928mm，升仙村站为820mm，四个站多年平均降雨量为847mm。因此升仙村站以上流域多年平均降雨量为847mm，由于调水工程断面范围无雨量站，取距离取水口最近的黄柏塬雨量站的降雨量作为调水范围内的多年平均降雨量，为836mm，经计算降雨量修正系数为0.987，本书分析结果与《西安市引湑济黑调水工程可行性研究报告》成果0.98基本一致，结果可信。

黄柏塬站位于太白县境内，距离取水口约18.5km，秦岭深山高程相差很大，河源高程超过3000m，而取水口处高程不足1620m，黄柏塬站地面高程为1250m，工程的集水面积主要位于取水口以上的深山区，山区降雨量随高程增高而显著增大，调水工程流域平均面降雨量应远大于黄柏塬站的降雨量。从调水量的可靠性考虑，取降雨量修正系数为1，即$K_2=1$。

升仙村水文站控制流域面积为2143km^2，引湑济黑调水工程湑水河取水口断面控制流域面积为125.88km^2，经计算，面积修正系数K_1为0.05874。

表3-1 取水口断面径流量成果

均值（万立方米）	不同频率年径流量（万立方米）					
	25%	50%	75%	90%	95%	97%
6091	7623	5521	3943	2916	2457	2212

（2）引水流量确定原则。引湑济黑调水工程的主要任务是利用秦岭以南的水资源，补充黑河水库径流量，经过黑河水库的调蓄，增加西安市城市生活和工

业的供水量，并补充一部分西安市城区的生态环境用水，并非单独承担某一部门的用水要求，因此，工程设计规模的确定，主要是确定适宜的设计流量，而不以设计保证率为前提。设计引水流量确定所考虑的主要因素有：①调水工程不影响下游居民的生产、生活用水；②利用秦岭以南的水资源，以缓解西安地区的水环境压力；③隧道输水洞最小施工断面的输水能力；④在经济合理的前提下，适当留有余地。

（3）引水流量的确定。根据《西安市引湑济黑调水工程可行性研究报告》，湑水河取水工程断面除夏季洪水期外，其基本流量不大，引水工程以洪水为主，结合隧洞最小施工断面的过流能力，隧洞工程最大过水量为 $10m^3/s$。

引水工程以引洪水为主，并且预留下泄流量作为下游生态用水。为了合理确定下游河段所需的生态用水，确定适宜的下泄流量，分别采用不同的常流量作为最小下泄流量，计算最大引水流量为 $10m^3/s$ 时工程的可引水量。当河道来水量小于最小下泄流量时，不引水；当来水量大于最小下泄流量时，引水流量等于来水量减去最小下泄流量；当来水流量大于 $10m^3/s$ 与最小下泄流量的合计时，引水流量为 $10m^3/s$。

确定河道预留的最小下泄流量主要考虑以下方面：保证湑水河下游沿河工业、农业及城乡生活用水不受影响；确保引水断面以下河段有一定的基流量，河段内无断流现象发生，维持引水口以下河流生态系统的生物多样性和生态环境质量；不因引湑济黑工程的实施，造成该河段水质恶化，河段水质符合陕西省水功能区划中对湑水河水质的要求。

采用本节第二部分的计算方法分别计算河道生态流量并进行比较分析，计算结果详见表 3－2。同时，考虑到湑水河流域水量丰富，设计断面以下有多条支流汇入，确定满足以上要求的取水断面最小下泄流量为 $0.25m^3/s$。

表 3－2　不同设计断面生态流量计算结果

设计断面	集水面积（km^2）	多年平均流量（m^3/s）	Q90 法（m^3/s）	近 10 年最小月平均流量（m^3/s）	《建设项目水资源论证导则》取 10%（m^3/s）
取水断面	125.88	1.93	0.15	0.23	0.19

根据表 3－2 中的取水口断面径流量计算成果，取水口断面多年平均年径流量为 6091 万立方米，设计最大引水流量为 $10m^3/s$，考虑下泄流量为 $0.25m^3/s$ 时，计算多年平均可引水量。

根据《西安市引湑济黑调水工程可行性研究报告》，按取水堤坝处湑水河来水量及输水隧洞的规模，设计引水流量为 $10.0m^3/s$，将湑水河天然来水引入黑

河，对湑水河来水大于枢纽引水能力的余水弃入湑水河。由于输水隧洞沿程地下水位较高，地下水对引水量有补充作用，湑水河引水由堤坝取水至水库库区的损失水量按引水量的5%计算，扣除该引水损失后计算引湑济黑调水工程净引水量。

2. 引乾济石可调水量计算

（1）取水断面径流量。本书对引乾济石取水断面年径流量的计算采用两种方法：面积比拟法；经验公式法。其中，经验公式法采用了两种方法，分别为利用《商洛地区实用水文手册》中的由降水量推求设计流域多年平均径流深方法，及参考《陕西省地表水资源》中所提供的“多年平均径流深等值线图”查算流域多年平均径流深方法。

取水断面控制流域面积为262km^2，其中，各条支流设计断面的汇水面积为：老林河流域面积124km^2，太峪河流域面积76km^2，龙潭河流域面积62km^2。

1）面积比拟法。采用参证流域面积比拟法计算取水断面径流量，参证站选用位于调水工程下游的柞水水文站，用面积比拟法推求设计流域年径流量。计算公式如下：

$$Q_{取水断面} = K_1 \times K_2 \times Q_{柞水站} \tag{3-2}$$

式中：$Q_{取水断面}$为引乾济石调水工乾佑河取水口断面径流；$Q_{柞水站}$为柞水站径流；K_1为面积修正系数，为引乾济石调水工程乾佑河取水口断面控制流域面积与柞水水文站控制流域面积的比值；K_2为降雨量修正系数，为老林雨量站控制流域多年平均面降雨量与柞水雨量站控制流域多年平均面降雨量的比值。

调水工程引水口位于西安市柞水县西北约20km处的西康铁路秦岭隧洞南口附近，取水枢纽分别位于乾佑河上游支流老林沟、太峪河、龙潭河上，引水坝址以上总流域面积为262km^2（老林沟流域面积为124km^2、太峪河流域面积为76km^2、龙潭河流域面积为62km^2），柞水站控制流域面积为457km^2，经计算老林沟、太峪河、龙潭河面积修正系数K_1分别为0.2713、0.1663、0.1357。

秦岭山区降雨量随地形的起伏变化极为显著。相距20km、高程相差仅150多米的两雨量站多年平均降雨量相差80mm以上，根据统计资料，经计算得：老林雨量站多年平均降雨量为836.4mm，柞水雨量站多年平均降雨量为759mm，根据《水利工程实用水文水利计算》，对缺乏资料地区设计年径流量可以用降雨量进行修正。秦岭深山高程相差很大，河源高程接近2000m，而取水口处高程不足1100m，老林雨量站位于取水口附近，工程的流域面积均集中于老林站以上深山区，考虑降雨量随高程增加而显著增大的特点，取水工程流域平均雨量应远大于老林站的降雨量。经计算，降雨量修正系数K_2为1.102。

参证站多年平均年径流量为1.4904亿立方米，采用面积比拟法和降雨量修正，流域各支流多年平均年径流量分别为：老林河4457万立方米，太峪河2731

万立方米，龙潭河 2228 万立方米，合计径流量 9416 万立方米。引乾济石调水工程各支流取水断面径流量成果见表 3－3。

表 3－3　引乾济石调水工程取水口断面径流量成果

河名	流域面积（km^2）	均值（万立方米）	不同频率特征（万立方米）					
			25%	50%	75%	90%	95%	97%
老林河	124	4457	5609	4004	2820	2060	1728	1552
太峪河	76	2731	3438	2454	1728	1263	1059	951
龙潭河	62	2228	2805	2002	1410	1030	864	776
合计	262	9416	11852	8460	5958	4353	3652	3279

2）经验公式法。

①采用老林站降雨资料推求取水断面年径流量。依据《商洛地区实用水文手册》，利用降水资料，运用经验公式法计算流域设计年径流量。

a. 设计流域多年平均降雨量计算。引乾济石调水工程邻近有柞水雨量站 1969～2010 年逐年降水量资料，取水工程流域内有老林雨量站 1963～2010 年共 47 年逐年降水资料，其中，1968 年以前部分年份缺测，缺测年份用邻近站雨量代替，对这两站年降水量做频率分析计算，目估适线，矩法计算统计参数，各频率年降水量成果见表 3－4。

表 3－4　各频率年降水量成果

站名	统计参数			年降雨量（mm）			
	均值（mm）	Cv	Cs/Cv	20%	50%	75%	95%
老林	836.4	0.24	2.0	1003	824	696	538
柞水	759	0.24	2.0	906	745	628	486

b. 设计流域多年平均年径流量计算。根据《商洛地区实用水文手册》，流域多年平均年径流量采用公式 $W=Y\cdot F/10$（万立方米）计算。式中：F 为取水口以上流域面积，$F=262km^2$；Y 为多年平均年径流深，$Y=6.6\times10^{-10}\times H^4\times F^{0.025}$（mm）；$H$ 为流域多年平均年降水量，采用老林站多年平均降水量代替流域多年平均降雨量，为 836.4mm。经计算，多年平均年径流深 Y 为 371.24mm。利用径流深计算出各河多年平均年径流量为：老林河 4603 万立方米，太峪河 2821 万立方米，龙潭河 2302 万立方米，三河合计径流量 9726 万立方米（见表 3－5）。

表 3－5　各支流取水口断面径流量

河名	流域面积（km^2）	多年平均年径流深（mm）	支流取水断面径流量（万立方米）
老林河	124	371.24	4603
太峪河	76	371.24	2821
龙潭河	62	371.24	2302
合计	262	371.24	9726

c. 各频率设计年径流量计算。根据《陕西省地表水资源》“年径流深变差系数等值线图”和“Cs/Cv 等值线图”取 Cv＝0.4，Cs/Cv＝2.5，查 P－Ⅲ型曲线模比系数 K_p 值表，计算出各频率设计年径流量，如表 3－6 所示。

表 3－6　引乾济石调水工程取水口断面径流量成果

河名	流域面积（km^2）	均值（万立方米）	不同频率特征（万立方米）				
			20%	50%	75%	90%	95%
老林河	124	4603	5984	4327	3268	2532	2163
太峪河	76	2821	3667	2652	2003	1552	1326
龙潭河	62	2302	2993	2164	1634	1266	1082
合计	262	9726	12644	9142	6905	5349	4571

②利用多年平均径流深推求设计年径流量。根据《陕西省地表水资源》“多年平均径流深等值线图”查得设计流域多年平均径流深为 380mm。利用公式，流域平均径流量＝平均径流深×流域面积，计算出设计流域多年平均年径流量分别为：老林河 4712 万立方米，太峪河 2888 万立方米，龙潭河 2356 万立方米，合计为 9956 万立方米。取 Cv＝0.4，Cs/Cv＝2.5，查 P－Ⅲ曲线模比系数 K_p 值表，计算出各频率设计年径流量，如表 3－7 所示。

表 3－7　引乾济石调水工程取水口断面径流量成果

河名	流域面积（km^2）	均值（万立方米）	不同频率特征（万立方米）				
			20%	50%	75%	90%	95%
老林河	124	4712	6126	4429	3346	2592	2215
太峪河	76	2888	3754	2715	2050	1588	1357
龙潭河	62	2356	3063	2215	1673	1296	1107
合计	262	9956	12943	9359	7069	5476	4679

3）取水断面年径流量确定。三种方法得出的调水工程各频率年径流量成果如表3-8所示。对以上三种方法推求的调水工程设计年径流量进行分析如下：经验公式法的两种计算方法结果较相近，该两种方法均是通过推求流域多年平均径流深，进而利用P-Ⅲ线的模比系数K_p求得年径流量。用降雨量公式求径流深，是根据地区降雨—径流深相关关系总结出来的，本身反映了径流深的变化规律，故而推求的设计径流量接近查算径流深等值线图的结果。面积比拟法利用柞水水文站31年径流量资料的分析成果，在将参证站的径流量比拟至设计流域时，考虑到秦岭山区高程差异大，降雨量变幅大，用降雨量比值修正之后，其结果略小于经验公式的计算结果。由于经验公式是利用地区综合参数间接推算年径流，且地区综合参数采用的资料只到1980年，其代表性较差；面积比拟法采用实测径流资料的分析成果，其成果精度较高，可信度大，推算出的年径流量较经验公式法小。故调水量计算采用面积比拟法修正后的计算成果。

表3-8　三种方法计算的取水口断面径流量成果对比

单位：万立方米

河名		面积比拟法	经验公式法	
			降雨量法	径流深法
老林河	50%	4004	4327	4429
	75%	2820	3268	3346
	90%	2060	2532	2592
	95%	1728	2163	2215
	多年平均	4457	4603	4712
太峪河	50%	2454	2652	2715
	75%	1728	2003	2050
	90%	1263	1552	1588
	95%	1059	1326	1357
	多年平均	2731	2821	2888
龙潭河	50%	2002	2164	2215
	75%	1410	1634	1673
	90%	1030	1266	1296
	95%	864	1082	1107
	多年平均	2228	2302	2356
合计	50%	8460	9142	9359
	75%	5958	6905	7069

续表

河名		面积比拟法	经验公式法	
			降雨量法	径流深法
合计	90%	4353	5349	5476
	95%	3652	4571	4679
	多年平均	9416	9726	9956

（2）引水流量确定原则。引乾济石调水工程设计取水方式为低坝无调节引水，引乾济石调水工程的主要任务是利用秦岭以南的水资源，补充石砭峪水库径流量，经石砭峪水库调蓄后，增加西安市城市生活和工业供水量，并补充一部分西安市城区的生态环境用水，并非单独承担某一部门的用水要求，因此，工程设计规模的确定，主要是确定适宜的设计流量，而不以设计保证率为前提。设计引水流量确定所考虑的主要因素有：①不影响下游居民的生产、生活用水；②利用秦岭以南的水资源缓解西安地区的水环境压力；③公路隧道输水洞最小施工断面的输水能力；④调水总量不得超过引水断面处年径流量的 70%；⑤在经济合理的前提下，适当留有余地。

（3）引水流量的确定。乾佑河取水工程断面除夏季洪水期外，其基本流量不大，引水工程应以引洪水为主，依据《引乾济石调水工程初步设计报告》和《陕西省南水北调工程引乾入石调水工程报告》成果，引乾济石调水工程最大取水流量为 $8m^3/s$，其满足要求的取水断面最小下泄流量为 $0.3m^3/s$。三条支流引水形式均采用低坝无调节取水，根据各支流汇流面积的不同，选取各支流河道的设计流量分别为：老林河 $4.0m^3/s$，龙潭河 $2.0m^3/s$，太峪河 $2.0m^3/s$，其各支流满足要求的取水断面最小下泄流量分别为 $0.2m^3/s$、$0.05m^3/s$、$0.05m^3/s$。

当河道来水流量 Q 小于以上下泄流量时，不引水；当来水流量 Q 大于以上下泄流量时，引水流量等于来水流量 Q 减去该下泄流量；当来水流量 Q 大于 $8m^3/s$ 与以上下泄流量的合计时，引水流量 $Q=8m^3/s$。

二、需水量估算

（一）河道内生态需水量计算

当前，计算河道生态流量的方法有很多，概括起来有如下几种：水力学法、水文学法、生境模拟法及综合分析法等。截至目前，生态环境需水量尚无明确公认的定义，因此缺乏统一、具体的计算标准、原则及方法。本书采用以下三种方法分别进行计算，比较分析适宜的生态需水量。

（1）Q90 法。一种水文学计算方法，该方法是将 90% 保证率的最小月平均流量作为河道内生态环境需水流量值。其计算步骤为：①根据各河段水文历史资料，在各年中找出月平均流量最小月份的流量值；②利用这些最小月平均流量进行频率计算，90%保证率下的流量值便可作为河道内生态环境需水流量值，用此流量值便能够求得全年的生态环境需水量。

（2）将近 10 年最小月平均流量作为多年平均最小生态需水量。

（3）根据河道内生态环境需水量计算办法，以多年平均径流量的 10% 计算河道最小生态环境需水量。计算公式为：

$$W_r = \frac{1}{n}\left(\sum_{i=1}^{n} W_i\right) \times K \tag{3-3}$$

式中：W_r为河道最小生态环境需水量；W_i为第 i 年的地表水资源量；K 为选取的百分比；n 为统计年数。

（二）农业灌溉需水量计算

黑河引水系统各水源的水资源可利用量是扣除调出水区河道生态基流量及农业灌溉用水量的，但考虑到城市供水状况的重大变化，应以保证城市用水为前提，利用城市引水系统调蓄水源的能力，更好地协调城市、农业及环境等各用水部门间的关系。

黑河引水系统现状水源承担农田灌溉任务的有黑河金盆水库、石砭峪水库及田峪河径流引水工程；规划水源承担农田灌溉任务的有黑河金盆水库、西骆峪水库、石砭峪水库及规划建设的田峪水库。

1. 黑河金盆水库农业灌溉需水量计算

灌溉用水量根据灌区的灌溉制度及灌溉面积确定，根据《西安市黑河引水灌区续建配套工程可行性研究报告》，灌区设施灌溉面积 37.3 万亩，其中渠灌区 16.9 万亩，渠井双灌区 20.1 万亩；2015 年灌区粮经比例为 6∶4，复种指数 170%，拟定常规灌溉制度和节水灌溉制度分别见表 3－9 和表 3－10，设计水平年全灌区平均灌溉水利用系数 η＝0.68。

表 3－9　周户灌区常规灌溉灌溉制度

作物名称	作物组成（%）	灌水次序	生育阶段	灌水日期（起～止）	灌水定额（立方米/亩）	灌溉定额（立方米/亩）
小麦	48	1	冬灌	11 月 25 日～12 月 24 日	60	60
玉米	42	1	拔节	7 月 1 日～7 月 15 日	45	45
夏杂	5.4	1	冬灌	11 月 21 日～11 月 30 日	45	45
秋杂	7.2	1	拔节	7 月 4 日～7 月 15 日	40	40

续表

作物名称	作物组成（%）	灌水次序	生育阶段	灌水日期（起～止）	灌水定额（立方米/亩）	灌溉定额（立方米/亩）
蔬菜	36.8	1	苗期	3月26日～4月4日	40	190
		2	生长期	4月21日～4月30日	30	
		3	生长期	5月14日～5月25日	30	
		4	生长期	6月9日～6月20日	30	
		5	生长期	7月21日～7月31日	30	
		6	生长期	8月13日～8月22日	30	
果林	21.62	1	花前	3月16日～3月25日	40	180
		2	花后	5月14日～5月23日	40	
		3	生长期	6月9日～6月18日	30	
		4	生长期	7月21日～7月31日	30	
		5	采果后	12月1日～12月15日	40	
油菜	9	1	冬灌	11月21日～11月30日	45	45
合计	170					

表3－10　周户灌区节水灌溉灌溉制度

作物名称	作物组成（%）	灌水次序	生育阶段	灌水日期（起～止）	灌水定额（立方米/亩）	灌溉定额（立方米/亩）
小麦	48	1	冬灌	11月25日～12月24日	60	60
玉米	42	1	拔节	7月1日～7月15日	45	45
夏杂	5.4	1	冬灌	11月21日～11月30日	40	40
秋杂	7.2	1	拔节	7月4日～7月15日	40	40
蔬菜	36.8	1	苗期	3月26日～4月4日	30	115
		2	生长期	5月14日～5月25日	30	
		3	生长期	6月9日～6月20日	30	
		4	生长期	7月21日～7月31日	25	
果林	21.62	1	花期	3月16日～3月25日	40	120
		2	生长期	6月9日～6月18日	25	
		3	生长期	7月21日～7月31日	25	
		4	采果后	12月1日～12月15日	30	
油菜	9	1	冬灌	11月21日～11月30日	45	45
合计	170					

2. 石砭峪水库农业灌溉需水量计算

灌溉用水量根据灌区灌溉制度和灌溉面积确定。石砭峪水库灌区面积 16.85 万亩，农作物种植比例为粮食作物 69.8%，经济作物 13%，经济林 17.2%。灌溉水利用系数为 0.65。石砭峪水库灌区灌溉制度如表 3－11 所示。

表 3－11　石砭峪水库灌区灌溉制度

<table>
<tr><th colspan="3">作物分类</th><th>作物组成(%)</th><th>生长阶段</th><th>灌溉次数</th><th>灌水时间(起～止)</th><th>灌水天数/天</th><th>灌水定额(立方米/次亩)</th><th>灌水定额(立方米/亩)</th></tr>
<tr><td rowspan="8">粮食作物 69.8%</td><td rowspan="2" colspan="2">小麦</td><td rowspan="2">85</td><td>越冬</td><td>1</td><td>11 月 21 日～12 月 30 日</td><td>40</td><td>45</td><td rowspan="2">80</td></tr>
<tr><td>拔节</td><td></td><td>3 月 11 日～3 月 31 日</td><td>21</td><td>35</td></tr>
<tr><td rowspan="2" colspan="2">玉米</td><td rowspan="2">70</td><td>拔节</td><td>1</td><td>7 月 6 日～7 月 28 日</td><td>23</td><td>40</td><td rowspan="2">80</td></tr>
<tr><td>抽穗</td><td>3</td><td>7 月 29 日～8 月 20 日</td><td>23</td><td>40</td></tr>
<tr><td rowspan="2" colspan="2">油菜夏杂</td><td rowspan="2">10</td><td>冬灌</td><td>1</td><td>11 月 21 日～12 月 20 日</td><td>30</td><td>45</td><td rowspan="2">80</td></tr>
<tr><td>拔节</td><td>2</td><td>3 月 1 日～3 月 20 日</td><td>20</td><td>35</td></tr>
<tr><td rowspan="2" colspan="2">秋杂</td><td rowspan="2">10</td><td>拔节</td><td>1</td><td>7 月 11 日～7 月 25 日</td><td>15</td><td>35</td><td rowspan="2">70</td></tr>
<tr><td>抽穗</td><td>2</td><td>8 月 1 日～8 月 15 日</td><td>15</td><td>35</td></tr>
<tr><td rowspan="13">经济作物 13%</td><td rowspan="8">大棚菜</td><td rowspan="4">早春菜</td><td rowspan="4">10.33</td><td>育苗</td><td>0</td><td>10 月 1 日～10 月 10 日</td><td>10</td><td></td><td rowspan="4">210</td></tr>
<tr><td>定植</td><td>1</td><td>1 月 11 日～1 月 20 日</td><td>10</td><td>30</td></tr>
<tr><td>生长期</td><td>2～5</td><td>1 月 21 日～2 月 25 日</td><td>36</td><td>4×15</td></tr>
<tr><td>生产期</td><td>6～13</td><td>3 月 1 日～5 月 25 日</td><td>86</td><td>8×15</td></tr>
<tr><td rowspan="4">秋延菜</td><td rowspan="4">10.33</td><td>育苗</td><td>0</td><td>7 月 20 日～7 月 30 日</td><td>11</td><td></td><td rowspan="4">225</td></tr>
<tr><td>定植</td><td>1</td><td>8 月 11 日～8 月 20 日</td><td>10</td><td>30</td></tr>
<tr><td>生长期</td><td>2～8</td><td>8 月 21 日～11 月 30 日</td><td>102</td><td>7×15</td></tr>
<tr><td>生产期</td><td>9～14</td><td>12 月 5 日～1 月 25 日</td><td>52</td><td>6×15</td></tr>
<tr><td rowspan="5">露地菜</td><td rowspan="3">夏菜</td><td rowspan="3">89.67</td><td>苗期</td><td>1</td><td>3 月 20 日～4 月 10 日</td><td>21</td><td>40</td><td rowspan="3">205</td></tr>
<tr><td>生长期</td><td>2～4</td><td>4 月 11 日～6 月 10 日</td><td>61</td><td>3×35</td></tr>
<tr><td>生产期</td><td>5～6</td><td>6 月 11 日～7 月 20 日</td><td>40</td><td>2×30</td></tr>
<tr><td rowspan="2">秋菜</td><td rowspan="2">89.67</td><td>苗期</td><td>1</td><td>7 月 25 日～8 月 10 日</td><td>17</td><td>40</td><td rowspan="2">180</td></tr>
<tr><td>生长期</td><td>2～5</td><td>8 月 11 日～10 月 30 日</td><td>81</td><td>4×35</td></tr>
<tr><td rowspan="3">经济林 17.2%</td><td rowspan="3" colspan="2">果林</td><td rowspan="3">100</td><td>越冬</td><td>1</td><td>11 月 21 日～12 月 25 日</td><td>35</td><td>45</td><td rowspan="3">80</td></tr>
<tr><td>萌芽</td><td>2</td><td>3 月 1 日～3 月 31 日</td><td>31</td><td>35</td></tr>
<tr><td>膨果</td><td>3</td><td>5 月 1 日～5 月 20 日</td><td></td><td></td></tr>
<tr><td colspan="3">合　计</td><td></td><td></td><td></td><td></td><td></td><td></td><td>161.50</td></tr>
</table>

3. 西骆峪水库农业灌溉需水量计算

西骆峪水库灌区设施有效灌溉面积 5 万亩，灌溉水利用系数 0.62。

4. 田峪河农业灌溉需水量计算

田峪水库灌区设施灌溉面积 2.81 万亩，灌溉水利用系数 0.63。

三、地表水资源可利用量估算

（一）地表水资源可利用量估算方法现状

本书在总结前人研究的基础上，归纳了如下几种估算地表水资源可利用量的方法：

1. 根据利用率估算可利用量

（1）当利用率 >0.5 时，可利用量 = 可供水量；

（2）当利用率 <0.2 时，可利用量 = 工业及生活用水量 + 灌溉用水量 + 其他用水量；

（3）当利用率取 0.2 ~0.4 时，可利用量 = 修正系数 × 地表水总量 × 利用率。

该方法直接把可利用量和利用率联系到一起。然而，对于某个区域，用现状利用率确定水资源可利用量的方法还有待商榷，假如现状利用率过高，有可能地表水已过度开发，再以此来确定可利用量，得出的结果将会使环境进一步恶化。

2. 根据地形估算可利用量

（1）山丘区：可利用量 = 总水量 - 弃水量；

（2）平原区：可利用量 = 总水量 - 每个河段用水量。

这种方法将一个区域划分为两个部分来考虑，根据不同的地形特征分别进行计算，但在计算各区域时有所简化，在山丘区不计生态用水量，在平原区不计汛期的弃水量，如此简化计算有可能使估算结果与实际情况产生较大偏差。

3. 确定生态用水量和弃水量的估算方法

多年平均地表水资源可利用量等于多年平均地表水资源量减去多年平均河道内最小生态环境需水量，再减去汛期难以利用的洪水量。可用下式表示：

$$W_{\text{地表水可利用总量}} = W_{\text{地表水资源量}} - W_{\text{河道内最小生态环境需水量}} - W_{\text{洪水弃水}} \tag{3-4}$$

上述方法不但考虑了河道内生态用水量，还考虑了汛期难以利用部分必须弃掉的水量。它是以多年平均最大月流量与最小月流量之比为基准，采取不同的系数确定其弃水量。尽管考虑到水量由于年内分配不均而造成的难以利用，但只考虑多年平均的比值仍不够全面，容易造成某些年洪水量很小而弃水量很大的状况，与实际不符。

（二）考虑非汛期基流量、汛期弃水量及水权的估算方法

汲取上述方法可行之处，本书提出估算地表水资源可利用量的新方法。

以可持续发展和水权约束为视角的区域水资源可利用量，应涵盖当地水资源中不该被利用和难以利用的水量以及水权管辖范围内可利用的客水。不该被利用的水量包含保护生态系统所需的水量和不属于水权管辖范围内的水量；难以利用的水量是指受到各种自然、社会及经济技术因素的制约而无法利用的水量，主要指超过工程最大调蓄能力和供水能力的洪水量等。水权管辖范围内的多年平均地表水资源可利用量，需同时考虑境内水资源可利用量、过境河流可利用量、调入境内水资源量以及境内调出水资源量等水权意义上的水资源可利用量。综上，区域地表水资源可利用量计算中需要考虑的各计算项见图 3－1。

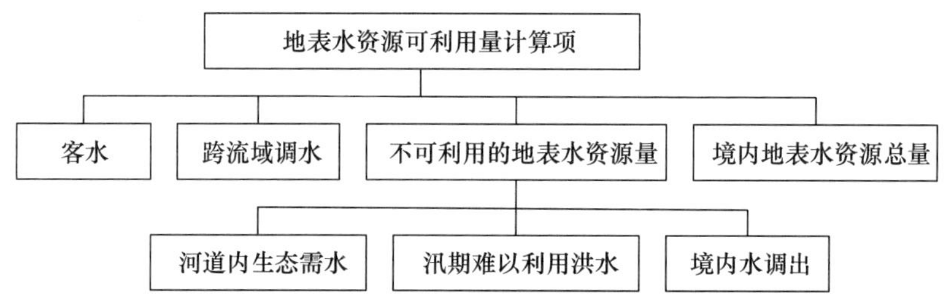

图 3－1　地表水资源可利用水量计算项框架

黑河引水系统部分水源还承担有农田灌溉任务，因此，本书在对黑河引水系统水资源可利用量进行估算时，需要分别计算各水源的河道内生态环境需水量、灌溉水源的农田灌溉需水量，汛期弃水量及水权管辖下调入或调出的水量等。

可用下式表示：

$$W_{地表水可利用量} = W_{地表水资源量} - W_{地河道内最小生态环境需水量} - W_{农田灌溉需水量} - W_{洪水弃水} \pm W_{跨流域调水} \tag{3-5}$$

保留河道内生态环境需水量，能够避免由于用水过量造成河流断流及其他生态环境问题，所以，对地表水资源可利用量进行估算时，必须扣除生态环境需水量。生态环境需水量由两部分组成：①汛期的冲沙冲污等生态径流量。汛期弃水量即汛期难以利用的水量，其中一部分可作为生态用水，所以汛期生态环境需水量是汛期弃水量提供，不需要单独计算。②非汛期时为保持河道基本功能（除输沙排盐外）所需的最小允许生态基流量 W_j。

由式（3－5）可以知，本书在计算黑河引水系统水资源可利用量时，关键是确定河道内最小生态环境需水量、农田灌溉需水量、汛期难以利用的洪水量以及两个调水工程的可调水量。

第四章　黑河引水系统多水源合理配置模型

第一节　多水源合理配置理论概述

依据区域水资源存在的实际问题，对水资源系统的性能、目标、环境等因素展开调查，对系统中的各因素及其相互间的关系进行定量描述，确定系统的结构，采用不同方式对系统进行数学表述，并确定待求解的未知变量，即决策变量。

随着社会经济发展和居民生活水平提高及对生态环境的保护和改善，对水资源的要求也越来越高，但是水资源十分有限，因此水源合理调配是十分必要的。根据水源优化调配的目标和原则，可运用系统分析的方法和决策理论建立多水源合理配置模型，将水资源进行最合理分配。

水资源合理配置，简而言之，即针对水资源系统，根据确定的目标，在水资源系统的全部约束条件下，采取优化技术方法，将区域水资源在各子区和各用水户间进行分配，使水资源调配达到目标最合理的过程。体现最优目标，可由经济效益、社会效益以及环境效益三个目标进行概括，并把水资源利用收益与上述三个目标相融合。其中，经济效益目标，其重点在于充分利用水资源，提高水资源利用效率，促进经济持续增长；社会效益目标，其目的是满足人与社会的用水需求以及人们之间资源的公平分配；环境效益目标，其重点关注生态和环境的质量及其可持续利用问题。

这样，多水源合理配置的总控制目标，由经济、社会、环境综合效益 Z' 的最大化表示，其数学表达式为：

$$\max Z' = \max[E(X), S(X), R(X)] \tag{4-1}$$

约束条件：$G(X)<0$

$$X_j \geqq 0,\ (j=1,\ 2,\ \cdots,\ n)$$

式中：X 为 n 维决策变量；$E(X)$、$S(X)$、$R(X)$ 分别为经济效益、社会效益和环境效益；$G(X)$ 为制约系统的约束条件集。

第二节　黑河引水系统结构及配置原则

一、多水源供水系统结构

按照水源的类别，黑河引水系统可分为地表水系统和外调水系统，地表水系统还可细分为径流引水系统和有水库控制地表水系统。现状情况下，它们分别包括 4 个水库和 3 条峪（河），如图 4－1 所示；规划情况下，它们分别包括 9 个水库和 3 条峪（河），如图 4－2 所示。它们与供水管道以及水厂共同组成十分典型的多水源联合利用的供水系统。

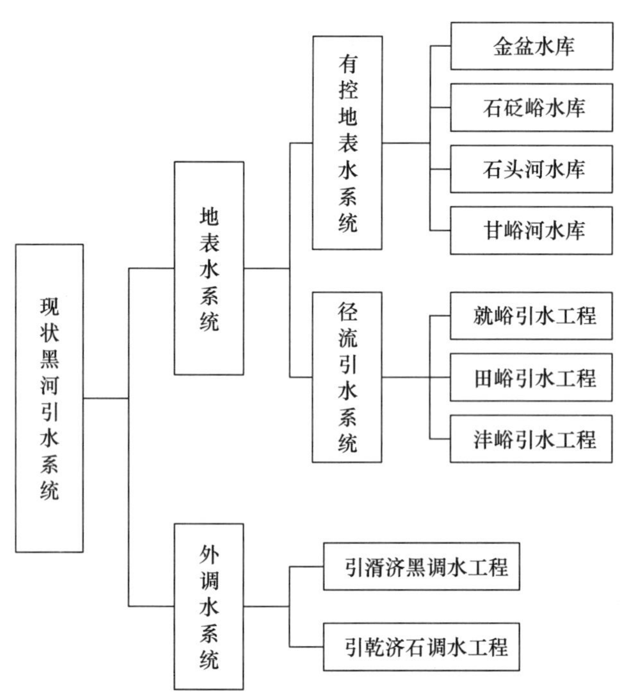

图 4－1　现状黑河引水系统结构

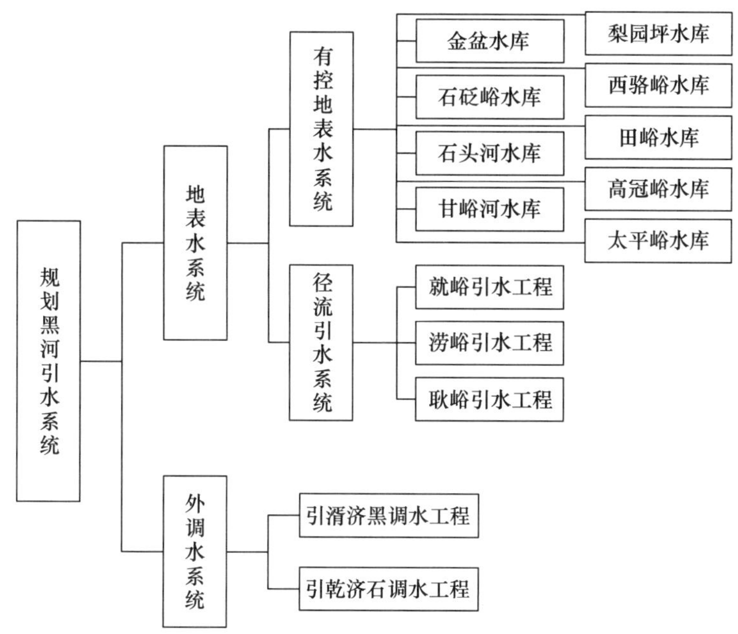

图4－2　规划黑河引水系统结构

二、多水源合理配置原则

本书多水源合理配置方案的确定以西安市黑河引水系统各已建及规划扩建的供水水源为单元，以考虑多因素的水资源供需分析成果为基础，以合理利用诸峪径流水量，调节性地运用地表水库水为原则，计算黑河引水工程向西安市可供水量，进行多方案优选，确定合理的城市供水方案。在保障城市化和经济社会发展的同时，有效保护水资源，维护和改善水环境与水生态。

按照稀缺资源分配的经济学原理，水资源合理配置需遵守公平性、有效性、系统性以及可持续性四项原则。该四项原则落实到黑河引水系统各已建及规划扩建的供水水源联合配置方案中，其具体配置原则如下：

（1）分析各峪口可利用水量时已扣除调出水区河道生态基流量及农业灌溉用水量，但考虑到城市供水状况的重大变化，以保证城市用水为前提，应利用城市引水系统调蓄水源的能力，更好地协调城市、农业及环境等各用水部门间的关系。

（2）地表水库的调蓄作用是保证供水能力的基础，在用水高峰期尤其是城乡用水发生矛盾时，其作用更为关键，石头河水库属于境外水源，为黑河引水系统的补充水源，西安市与其签有供水协议，石砭峪水库则是以事故备用为主要任务。

（3）为高效、合理利用水资源，确定水源利用顺序：先利用径流引水量；

再利用水库蓄水，以期多蓄水，少弃水；最后利用外调水量。

（4）黑河引水系统建成向西安市供水之后，城市用水基本得到保证，因此，可以将城市供水区域作为水资源配置的中心，每一个水源区以及水源输送过程中途经的区域均可作为不同的经济区，单位水量创造出的综合效益应作为一个配置原则。

（5）利用各水源来水资料，采用长系列历时法，进行逐日顺序调节计算。确定调节计算起调时间，每年汛期（6 月 1 日至 10 月 10 日）水库水位按规定应保持在汛限水位以下，以正常蓄水位作为非汛期的水位上限，水库水位高于控制要求水位时，水库弃水。以死水位作为调节水位下限。

（6）首先确定合理引水流量。参照各水库和径流引水工程的设计引水流量，在合理范围内选取数个引水流量，生态基流量考虑多年平均径流量的 10% 和 Q90 两种方法的计算结果，灌溉需水量考虑常规和节水两种灌溉制度的计算结果，进行配置，得到多个供水方案。并详细给出合理引水流量下的配置结果。

第三节　多水源合理配置模型

一、多源合理配置系统网络图

为进行多水源合理配置工作，需要根据流域或区域水资源系统结构绘出水资源系统节点网络图。水资源系统节点网络图不仅包含由基本计算单元和城市组成的用水节点，还包含了以水库、径流引水、分水汇水节点等组成的水源节点，此外还包含外调水源等其他供水方式。

在系统节点网络图上，某一个计算单元，可能有多个供水工程供水，也可能由一个水源向多个计算单元供水；计算单元间存在来水和退水关系，供水工程间存在上游和下游关系。

结合黑河引水系统现状及拟新增的水源工程，对黑河引水系统的可供水量进行调节计算时，考虑到新增水源中规划水库工程的长期性，现状情况下可考虑峪口径流引水，现状可供水量计算包括的水源工程有：金盆水库、石头河水库、石砭峪水库、甘峪水库、西骆峪水以及沣河、田峪河、就峪河、高冠峪河、太平峪河、耿峪河、涝峪河径流引水工程。规划可供水量计算包括的水源工程有：金盆水库、石头河水库、石砭峪水库、甘峪水库、西骆峪水库、田峪水库、梨园坪水库、高冠峪水库、太平峪水库以及就峪河、耿峪河、涝峪径流引水工程。黑河引水系统概化网络图如图 4－3 所示。

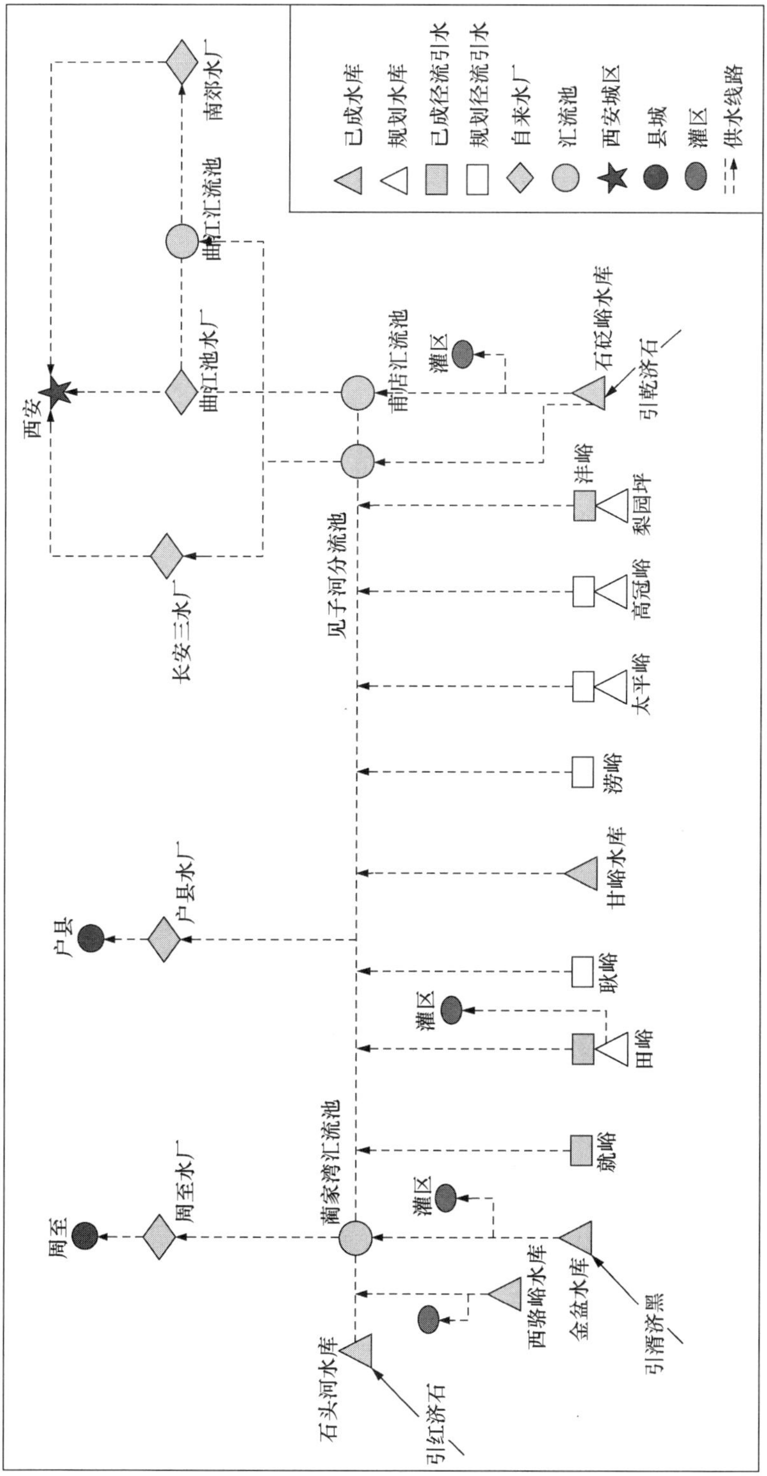

图 4-3 黑河引水系统网络

二、合理配置的数学表述

多水源的合理配置，其目的是满足供水，以达到综合效益最大的目标。为实现这一目标，需要构建数学模型。本书建立的配置模型中引入综合费用 Z 和利用成本系数 W：综合费用对应综合效益，费用低则效益大；利用成本系数是指综合意义上的单位成本，即考虑了环境、经济及社会等综合因素。多水源合理配置的数学表述如下：

（一）一次供需平衡配置的数学表述

一次平衡分析是在现状工程条件下，不考虑新水源开发、供水量的增加及不同水平年下需水量的预测结果，进行的水资源平衡分析。根据黑河引水系统现状可供水量及各水平年需水量进行一次供需平衡分析，此时综合费用 Z 值由式（4-2）表示，配置原则要求优先使用径流引水量，因此径流引水工程的优先利用系数 $w_{径流}$ 远大于库水的优先利用系数 $w_{库}$，此时当 Z 值取最小值时便能达到配置原则的要求。

$$Z = \sum_{t=1}^{T} [w_{径流} Q_{径流}(t) + w_{库} Q_{库}(t)] \tag{4-2}$$

式中：$w_{径流}$ 为径流引水工程的优先利用系数；$Q_{径流}(t)$ 为 t 时间径流引水工程的供水量；$w_{库}$ 为库水的优先利用系数；$Q_{库}(t)$ 为 t 时间库水的供水量。

（二）二次供需平衡配置的数学表述

在新形势下，需要分析和掌握水资源条件，充分挖掘黑河引水系统潜力，需通过加大水利工程建设增加供水能力，规划分别在沣峪河、太平峪河、高冠峪河及田峪河修建梨园坪水库、太平峪水库、高冠峪水库及田峪水库，并新增西骆峪水库、涝峪径流引水工程及耿峪径流引水工程等水源，通过节水规划和节水措施的实施来增加供水量，降低缺水程度。根据黑河引水系统规划可供水量及各水平年需水量进行水资源二次供需平衡分析，此时综合费用 Z 值由式（4-3）表示，各水源类型优先利用系数与一次供需平衡配置相同，此时当 Z 值取最小值时便能达到配置原则的要求。

$$Z = \sum_{t=1}^{T} [w_{径流(规划)} Q_{径流(规划)}(t) + w_{库(规划)} Q_{库(规划)}(t)] \tag{4-3}$$

式中：$w_{径流(规划)}$ 为径流引水工程的优先利用系数；$Q_{径流(规划)}(t)$ 为 t 时间径流引水工程的供水量；$w_{库(规划)}$ 为库水的优先利用系数；$Q_{库(规划)}(t)$ 为 t 时间库水的供水量。

（三）三次供需平衡配置的数学表述

在二次供需平衡的基础上，增加跨流域调水，并以节水措施下的方案进行水资源三次供需平衡分析，此时综合费用 Z 值由式（4-4）表示，配置原则要求

优先使用径流引水量，再利用水库蓄水，仍无法满足需水时，使用外调水量，因此径流引水工程的优先利用系数 $w_{径流(规划)}$ 大于库水的优先利用系数 $w_{库(规划)}$ 大于外调水的优先利用系数 $w_{外调}$，这时当 Z 值取最小值时便能达到配置原则的要求。

$$Z = \sum_{t=1}^{T} [w_{径流(规划)} Q_{径流(规划)}(t) + w_{库(规划)} Q_{库(规划)}(t) + w_{外调} Q_{外调}(t)] \quad (4-4)$$

式中：$w_{外调}$为外调水的优先利用系数；$Q_{外调}$（t）为 t 时间外调量；其他符号同上。

这样，配置原则就能通过各水源的优先利用系数和 Z 的最小值表示，所以可用式（4－5）来表示配置原则。

$$Z = \sum_{t=1}^{T} [w_{径流(规划)} Q_{径流(规划)}(t) + w_{库(规划)} Q_{库(规划)}(t) + w_{外调} Q_{外调}(t)] \quad (4-5)$$

三、合理配置模型的建立

水资源合理配置涉及社会经济、生态环境等诸多方面，随着经济和社会的发展，水资源开发利用也从局部地区、单一目标逐步转向综合利用、流域或区域的多目标（经济、社会、环境等）。这种情况下，以经济效益为中心的单目标规划方法已不再适用，需要采用多目标决策的方法来进行水资源系统的规划。构建和求解多目标决策模型便成为实现水资源优化配置的重要手段和途径。

进行水资源合理配置的终极目标是促进区域的持续发展及社会经济的进步。该目标的主要衡量标准有：①区域内经济、环境及社会的协调发展；②现在与未来的协调发展；③不同区域间的协调发展。发展效益和资源利用效益如何在社会不同阶层中公平分配是一个多目标决策问题。因此，本模型从区域可持续发展角度出发，以区域水资源综合利用效益最大作为系统的总目标函数。

（一）多目标模型建立

1. 水量分析模型

该模型可量化水资源开发利用的社会效益。对黑河引水系统进行水资源合理配置的目的是尽可能提高城市供水量，能够更好地满足城市生活用水量的需求。因此，本书建立的水量分析模型应使城市供水量达到最大。模型形式为：

$$\max S(X) = \sum_{t} \left(\sum_{i} Q_{it} - Q_{it-st} - Q_{it-gg} \right)^2 \quad (4-6)$$

式中：Q_{it}为水源 i 在 t 时段内的来水量；Q_{it-st}为水源 i 在 t 时段内的生态需水量；Q_{it-gg}为水源 i 在 t 时段内的农田灌溉需水量。

2. 经济分析模型

该模型可量化水资源开发利用的经济效益。水资源合理配置的目的之一是得到更好的经济效益。所以，在对水资源进行分配时，应使其产生的经济效益最好，模型形式为：

$$\max E(X) = \sum_i \sum_j \sum_t (B_{ij} - C_{ij}) Q_{ijt} \alpha_i \tag{4-7}$$

式中：Q_{ijt}为水源 i 在 t 时段内向用户 j 的供水量；B_{ij}为水源 i 向用户 j 的单位供水量效益系数；C_{ij}为水源 i 向用户 j 的单位供水量费用系数；α_i 为水源 i 的供水次序系数。

3. 生态环境分析模型

该模型可量化水资源开发利用的环境效益。水资源作为生态环境建设的重要因素，是维持和改善生态环境无法代替的资源，水资源合理配置不仅应满足生产和生活用水，还应满足生态环境需水，使区域产生良好的生态效益，模型形式为：

$$\max R(X) = \sum_i WST_i \tag{4-8}$$

式中：WST_i为水源 i 的河道内生态需水量。

（二）水资源合理配置的约束条件

1. 可供水量约束

$$\sum_i \sum_j \sum_t Q_{ijt} \leqslant Q_{it} + Q_{dt} \tag{4-9}$$

式中：Q_{it}为水源 i 在 t 时段内的来水量；Q_{dt}为调水工程在 t 时段内的外调水量。

2. 水源供水能力约束

$$\sum_j \sum_t Q_{ijt} \leqslant W_i \tag{4-10}$$

式中：W_{it}为水源 i 在 t 时段内的供水能力。

3. 用户需水能力限制

$$D_{jt-\min} \leqslant \sum_j \sum_t Q_{ijt} \leqslant D_{jt-\max} \tag{4-11}$$

式中：$D_{jt-\max}$和 $D_{jt-\min}$ 分别为水源用户 j 在 t 时段内需水量变化的上限和下限。

4. 非负约束

$$Q_{ijt} \geqslant 0 \tag{4-12}$$

（三）多目标处理方法

多目标优化问题是向量优化问题，其解为非劣解集。解决多目标优化的基本思想，是将多目标问题化为单目标问题，进而运用较为成熟的单目标优化技术。将多目标转为单目标一般有多种方法，可归纳为以下三类途径：

1. 评价函数法

它是根据问题的特点和决策者的意图，构造一个把多个目标转化为单个目标的评价函数，化为单目标优化问题。这类方法有：线性加权法、极大极小法、理想点法等。

2. 交互规划法

它是一类不直接使用评价函数的表达式，而是以分析者和决策者始终交换信息的人机对话式求解过程。这类方法有：逐步宽容法、权衡比较替代法、逐次线性加权和法等。

3. 混合优选法

对于同时含有极大化和极小化目标的问题可以将极小化目标转化为极大化目标再求解。但也可以不转换，采用分目标乘除法、功效函数法和选择法等直接求解。

根据水资源多目标合理配置的特点，本书以评价函数法为主，采用线性加权法，给各目标乘以合理的权重系数，将多目标转化为单目标。

（四）模型参数的确定

1. 效益系数

生产用水的效益系数采用农业总产值分摊法确定，计算公式如下：

$$B = \beta \times (1/w) \tag{4-13}$$

式中：B 为生产用水效益系数；β 为生产用水效益分摊系数；w 为万元产值取水量。

居民生活和河道内生态环境用水的效益是间接的，不仅有经济方面的因素，而且有社会效益存在，因而其效益系数比较难以确定。应按照居民生活和环境用水优先满足的配置原则，确定其效益系数。

2. 费用系数

根据城市供水工程投资费用并参照各城市不同行业的水费征收标准确定。

第四节　水资源合理配置模型求解

多水源合理配置模型是一个大系统多目标模型，必须采用大系统分解协调原理和优化算法相结合进行求解。数学规划法在水资源合理配置模型中应用最为广泛，包括线性规划、非线性规划、二次规划、动态规划、多目标规划等，随着应用数学理论的发展，博弈论、模糊数学理论等也被成功应用；近年来，系统科学理论以及相关研究系统演化的混沌理论、熵权法、系统动力学等理论方法也渐渐开始应用到水资源配置中。由于水资源配置中涉及的目标和问题日趋复杂，其求解方法也在逐渐改进，现代智能优化算法现已成为水资源配置中最为重要的参数优选和模型求解方法。

一、蚁群算法基本原理

蚁群算法是一种概率型的最佳路径搜索算法，目前已被广泛应用于各种组合优化问题。然而，蚁群算法存在一些不足：①计算时间过长。相对于其他算法，蚁群算法的复杂程度反映了其需要较长的计算时间。解决大规模问题时，计算效率较低。②收敛速度较慢、容易陷入局部最优。搜索到一定程度之后，所有个体所发现的解完全一样，不能做进一步搜索，不利于发现更优解，容易出现停滞，降低收敛速度。

设蚂蚁数量为 m，τ_{ij}表示节点 i 到节点 j 的信息素浓度，初始时刻，$\tau_{ij}(0)=R$（R 为常数）。当位于节点 i 的蚂蚁 $k(k=1, 2, \cdots, m)$ 选择下一个节点 j 时，根据式（4－14）的状态转移概率选择最优路径。

$$p_{ij}^{k}=\begin{cases}\dfrac{\tau_{ij}^{\alpha}\eta_{ij}^{\beta}}{\sum\limits_{allowed_t}\tau_{is}^{\alpha}\eta_{is}^{\beta}} & j\in allowed_t\\ 0 & otherwise\end{cases} \tag{4-14}$$

式中：η_{ij}为蚂蚁搜索时的启发信息值；α 为信息启发因子，代表路径上的信息量对蚂蚁选择路径的影响；β 为期望启发式因子，代表蚂蚁运动过程中启发信息的受重视程度；$allowed$ 为第 $k(k=1, 2, \cdots, m)$ 只蚂蚁在节点 i 处下一步能够选择的节点。

为使算法正常搜索，防止陷入局部最优解，对蚁群模型做如下改进，改进后的公式如式（4－15）所示。

$$j=\begin{cases}\arg\max\limits_{u\in allowed_t}\{[\tau_{ij}]^{\alpha}\cdot[\eta_{ij}]^{\beta}\}, & q\leqslant q_0\\ S & otherwise\end{cases} \tag{4-15}$$

式中：q 为均匀分布在区间［0，1］内的随机数，q_0（$q_0\in$［0，1］）为阈值参数。S 为蚂蚁 $k(k=1, 2, \cdots, m)$ 按照式（4－8）的随机比例的状态转移规则。可以发现，调整参数 q_0，便能够调整算法对新路径的探索度，进而确定搜索最优路径附近区域，还是探索另外的区域。

为了避免残留信息素过多引起残留信息淹没启发信息，进而避免蚂蚁收敛到同一路径。每只蚂蚁从节点 i 移动到节点 j 时，都要进行信息素局部更新，更新规则如式（4－16）所示。

$$\tau_{ij}=\tau_{ij}\ (1-\zeta)\ \tau_{ij}+\zeta\times\Delta\tau_{ij},\ \zeta\in\ (0,\ 1) \tag{4-16}$$

式中：$1-\zeta$ 反映信息消逝程度，$\Delta\tau_{ij}=1/L'$，L'为两节点间的最短距离。

所有蚂蚁完成一次搜索之后，更新最优解包含路径的信息素。应用公式（4－17）对所建立的路径进行更新。

$$\tau_{ij}=(1-\rho)\cdot\tau_{ij}(t)+\rho\cdot\Delta\tau_{ij},\quad \rho\in(0,1),\quad \Delta\tau_{ij}=\sum^{m}\Delta\tau_{ij}^{k} \tag{4-17}$$

式中：ρ 为信息素挥发强度系数；$\Delta\tau_{ij}^{k}$为第 k 只蚂蚁本次搜索过程中，从节点 i 到节点 j 留下的单位长度轨迹上的信息素增量。

二、蚁群算法的改进技术

为了克服蚁群算法收敛速度慢且易陷入局部最优等缺陷，提高运算速率及优化质量，本书提出一种对蚁群算法的信息素挥发系数、信息量以及转移概率等进行自适应调节的策略，以此提高收敛速度并避免陷入局部最优。

1. 信息素的局部更新

由于从节点 i 到节点 j 的路径与最小路径的关系同信息素的更新有关，因此每次迭代最小路径有可能不同，最小路径缩短，从节点 i 到节点 j 的信息素减少量将增大，由式（4－18）计算。

$$\tau_{ij}(t)=\tau_{ij}(t)\times(1-d_{ij}/ml_{\min}) \tag{4-18}$$

式中：$l_{\min}$为节点 i 到节点 j 的最小路径，d_{ij}为 l_{ij}的欧氏距离。

2. 信息素的全局更新

进行全局信息素更新时，对当前循环为止所找到的最优路径进行信息素全局更新，使蚂蚁的搜索可以快速集中至最优路径，提高算法搜索速度，由式（4－19）计算。

$$\tau_{ij}(t)=\begin{cases}\tau_{ij}(t)\times(1+L_{\min}^{new}/L_{\min}) & L_{\min}^{new}<L_{\min}\\ \tau_{ij}(t) & otherwise\end{cases} \tag{4-19}$$

式中：$L_{\min}^{new}$是本次迭代的最小路径。

3. 状态转移概率

传统的蚁群算法，每次迭代都要重新计算状态转移概率，非常浪费时间。为了加快计算速度，对信息素进行全局和局部更新之后，可以把信息素直接作为状态转移概率函数，由式（4－20）和式（4－21）完成计算。

$$p_{ij}(t)=\begin{cases}\dfrac{\tau_{ij}(t)}{\sum\limits_{i=1}^{m}\tau_{ij}(t)} & j\in allowed_{t}\\ 0 & otherwise\end{cases} \tag{4-20}$$

$$j=\begin{cases}\arg\max\limits_{u\in allowed_t}\{\tau_{ij}(t)\}, & q\leqslant q_0\\ S & otherwise\end{cases}\tag{4-21}$$

4. 自适应调整信息素挥发系数

为了提高算法的全局搜索能力及速度，每次循环结束之后，获得最优解，并将其保留。同时，自适应的调整信息素挥发系数为ρ，ρ的初始值$\rho(t_0)=1$，当得到的最优解N次循环内无显著改进时，按式（4－22）自适应调整ρ。

$$\rho(t)=\begin{cases}0.78\rho(t-1) & 若\ 0.78\rho(t-1)\geqslant\rho_{\min}\\ \rho_{\min} & otherwise\end{cases}\tag{4-22}$$

式中：$\rho_{\min}$为ρ的最小值，其作用是避免ρ太小影响收敛速度。

三、改进蚁群算法在水资源合理配置中的实现

进行水资源合理配置，需将系统内各用水单元和供水水源离散为若干点，要实现水资源利用效率最优，每一个用水单元，可以不断地改变策略，形成自身效益最优策略，通过不断的迭代，最终达到系统内总的效益与各用水单元效益在纳什均衡条件下的最优。将每个时段各用水单元的水量分配方案进行组合，作为蚂蚁走过的路径，如此蚂蚁走过的每一条路径就成为水资源合理配置问题的一个解。具体求解步骤如下：

（1）确定最大循环次数，将带罚函数的取水量作为决策变量，将用水地区数目与时段数目之积作为维数，随机初始化每个蚂蚁的位置。第k只蚂蚁的状态向量$X_k=X_{k1}$，X_{k2}，…，X_{kT}。设蚂蚁数量为m，则初始蚁群$X=X_1$，X_2，…，X_m的取值范围在0到全系统总可利用水量之间。

（2）结合水资源合理配置的目标函数，将模型的目标函数式（4－9）作为蚁群的适应度函数。对蚂蚁进行约束条件计算，若所有约束条件同时满足，则分别计算每只蚂蚁的适应度函数值，否则适应度为0。适应度函数值即为蚂蚁k相应的个体极值，寻找m只蚂蚁中极值最大的一个作为全局极值。

（3）确定蚁群的个体极值和全局极值。按步骤（2）计算每只蚂蚁的适应度函数值，若优于蚂蚁当前的适应度函数值，则用新蚂蚁替代原蚂蚁。如果最好的个体极值优于当前的全局极值，则对全局极值进行更新。

（4）应用改进的蚁群算法进行计算，将每一时段各用水地区的取水量进行组合，作为蚂蚁走过的路径。直到满足迭代停止条件，则终止计算并记录下每一只蚂蚁生成的取水量，否则回到步骤（2）重新计算。

（5）输出最优解，即最合理水资源配置方案。

第五节 水源合理配置的管理模式

一、水源合理配置的基本要求

（1）保持各水源可持续利用，对各水源可持续利用前提下的合理取水范围及方式做更深入的研究。

（2）要满足城市需水量并有助于改善城市环境地质条件。

（3）实现各水源在合理供水范围和方式下进行调度，做到调度权限的集中，不受干扰。目前，做到上述要求存在一定困难。例如，部分向西安城市供水的水库承担有农灌任务，但向城市供水有着更高的收益，这些都是现实存在的问题。这些问题反过来都会影响配置方案的实施，应从政策上平衡这些关系和解决这些问题。

配置方案能否切实可行是进行水源合理配置的必要条件。配置方案必须提前制定并得到相关各方的认可。

二、合理配置的管理模式

水资源的开发利用以及城市供水的合理配置直接关系到西安市社会经济的可持续发展，因此，水资源的配置方案必须由统一的管理部门按年度编制并提前下发。制定配置方案必须综合考虑社会、经济以及环境等多方面的因素，对因供水设施利用率低造成的企业亏损应考虑给予政策性补偿，避免现存的为增加供水而忽视节约用水等类似问题。配置方案中还应包括形势变化和遇到不可预见因素时的应急措施。

配置方案以市自来水公司为中心，采取分级实施、灵活调度的原则。供水量受城市用水需求的制约，须灵活调度，但应遵循年度配置方案的总体要求，遵循城市供水水源合理配置的需要，职能部门应对配置方案的实施进行监督。

建立水资源配置方案的反馈机制，尤其要重点研究不同的配置方案可能对区域社会经济及环境造成的影响，为不断优化配置方案进行水资源合理开发利用提供指导。当前，单位间数据资料的相互封锁不利于这项工作的开展。

第五章 水资源配置过程中的经济杠杆作用

第一节 经济杠杆在水资源配置中的作用

一、市场在水资源配置中作用

在我国，水资源是一种重要的基础性资源和战略性资源，合理配置水资源能够维持社会稳定、促进经济社会发展、保证生态环境可持续发展。市场决定资源配置体现了市场经济的规律，健全社会主义市场经济体制必须遵循这一规律，加大力度消除市场体制不完善、政府干涉过多以及监管不力等问题。根据市场经济规律以及资源配置准则，市场在水资源配置的每一个重要环节，均发挥着不同的作用。

开展水资源配置工作，需建立公开、透明的水量分配原则，保证流域公平公正地分配水量。从流域角度出发，加快江河水量分配工作，将用水总量控制指标明确到江河控制断面；从行政区域角度出发，加速开展水资源控制指标逐层分解落实工作，创建包括省、市、县三级行政区在内的水资源控制指标体系。

在取水权授予环节，进一步明确初始水权。对于纳入取水许可管理的水资源，要严格控制增量，在严格取水许可制度及水资源论证的同时，针对新增工业用水建立水资源使用权招拍挂制度；还需盘活存量，实现规模化节水，创建水资源取水权政府储备制度，有序投向市场。针对农村集体经济组织的水塘以及由农村集体经济组织修建管理的水库中的水，需要科学核定取水户的水资源使用权限，赋予与集体土地、承包土地同样的权益，并进行统一确权登记。

在水权交易环节，需建立并完善水市场，使各类市场行为规范化，使水权按

照市场供需在不同地区、行业及用水户间有序流转，实现水资源的合理配置。

二、水价在水资源配置中作用

为保证水资源安全，需加强水资源的开源、节流及管理。制定具体政策时，需要充分发挥水价这一经济杠杆的作用，努力实现水资源的合理配置。水价的经济杠杆作用主要表现为如下几个方面：①调整水产业政策，变革水产业中政府、经营者及用户间的利益分配；②防止水的成本与价格相背离，避免水费和政府补贴难以维持水产业的状况发生；③提高水的利用率，通过调价，促使高效合理用水，创造更多的收益；④节约用水，通过合理提高用水效率而少用水，让节省下来的水发挥更大的收益。从经济学角度出发，水价的变化能够促使消费者主动转变消费倾向以顺应市场的变化。水价下降时，水的边际效用增大，水的使用量会增加；水价升高时，水的边际效用减小，消费者会选择别的商品作为水的替代品，减少水的使用量。只有在水价能够真实反映水的生产成本和市场供需关系的情况下，才能真正体现水价的调节作用，否则水价调节便失去了效果。

第二节　水资源价值模型的选择

水资源价值研究十分复杂，所涉及的领域较为广泛，是在资源经济学研究中资源价值研究的背景下展开的。总结国内外有关水价的研究成果能够发现，国外在水市场定价及水权交易制度方面取得了丰硕的成果。在我国，许多专家学者在水资源定价方法及价值核算模型方面也做了大量的研究和探索，许多研究都定性地对当前水资源价值与自然因素、社会因素及经济因素的相关性进行了描述，拓宽了水价研究的思路。然而这些研究都存在不同程度的问题，模型在实际应用时受限，无法满足水价定价的现实需求。

20 世纪 80 年代以来，国内外关于水资源价值研究模型与方法方面的研究取得了较大的进展，当前常用的模型包含如下几种：影子价格模型、模糊数学模型、残值模型、效益分摊模型、供求定价模型。

一、影子价格模型

影子价格模型是当前经常使用的一种计算水资源价值的方法，毛春梅等基于黄河流域水资源优化配置，采用线性规划法估算了 2000 年黄河干流不同部门的水资源理论价值。朱九龙等将流域用水净收益最大设为目标函数，采用线性规划模型对 2000 年淮河流域不同部门的水资源价值进行了计算。何静等（2005）提出用非线性动态投入产出优化模型估算水资源影子价格，并列出求解步骤，估算了 1949～2050 年中国 9 大流域的水资源影子价格。

影子价格具有重要的理论和现实意义。Jan Tinbergen 认为，它既具备宏观调控能力，又具备分权自由约束的能力；Kantorovitch 认为，它是一种计算工具，对管理经济系统有很大的科学价值，它有助于国家对资源的最优分配和管理。影子价格的应用范围广泛，主要应用于企业经营决策、价格预测以及项目可行性研究等方面。影子价格的提出将解决资源的有效配置问题，它能够正确反映资源的稀缺度，为资源的合理配置及有效利用提供正确的价格信号和计量尺度。

根据影子价格的定义，影子价格与生产价格、市场价格并不相同，它只是反映了某种资源的稀缺度，反映某种资源与总体经济收益间的关系，所以它不能替代资源自身的价值。从理论出发，能够通过求解线性规划获取水资源的影子价格，但在实践中难度很大，主要原因是线性规划是涉及上百种资源、上万种甚至上百万种产品的巨大模型，水资源只是这许多资源中的一种，正如世界银行经济家艾德里安·伍德所言："据我所知世界上尚未出现完全由理论计算得到的影子价格。"

二、模糊数学模型

从模糊数学模型角度出发，水资源价值系统是一个模糊系统，构成水资源价值的因素众多，水资源价值模型可用函数表示为：

$$V=f(X_1,\ X_2,\ X_3,\ \cdots,\ X_n) \tag{5-1}$$

式中：V 为水资源价值；X_1，X_2，X_3，…，X_n 表示影响水资源价值的各因素，如水质、水量、人口密度、经济结构、水资源生产成本及利润等。

姜文来（1998）应用模糊数学模型计算了 1992 年北京地区的水资源价值，并计算了考虑水质影响后的水资源价值；罗定贵运用二级模糊综合评价方法，得出 2002 年抚州市水资源价值属于高的结论；苗慧英等建立模糊层次数学模型，对石家庄市的水资源价值进行模糊综合评判，得出该市水资源价值属中等偏高的结论。

三、残值模型

残值模型以效用价值论作为指导，主要用于评估非市场化产品或中间产品的价值，该模型用总产出价值减去该产品以外的其他所有估算生产成本，近似得到净效用价值。

$$VMP_w=\frac{TVP-\sum p_i\times q_i}{q_w} \tag{5-2}$$

式中：TVP 为产品的总价值；$p_i \times q_i$ 为非水投入的机会成本；VMP_w 为水的边际价值；q_w 为生产用水量。

Glenn – Marie Lange 在纳米比亚 Stampriet 地区采用残值模型，通过假定资本回报率和土地资源的价值变化范围，估算得到 1999 年单方农业用水的价值区间。《海河流域水经济价值与相关政策影响研究》中运用残值模型估算了 2004 年海河流域灌溉种植业、工业和第三产业的水经济价值分别为 6. 46 元/立方米、1. 07 元/立方米和 250. 03 元/立方米。

四、效益分摊模型

供水效益分摊模型是以效用价值论作为理论基础，根据每个部门的投入比例以及"谁投入谁受益"的原则对生产收益进行分摊。供水效益的分摊系数是一个综合系数，其反映了部门生产与供水投入、供水收益的影响因素及其相关关系。

总用水量的分摊效益：

$$TVW = Y \times r \qquad (5-3)$$

单位水量的经济价值：

$$VMP = TVW/Q \qquad (5-4)$$

式中：TVW 为总用水量的分摊效益；Y 为用水部门的总产出；r 为完整供水系统的效益分摊系数；VMP 为单位水量的经济价值；Q 为部门的用水量。《海河流域水经济价值与相关政策影响研究》采用这一模型计算了 2004 年海河流域 6 个案例区灌溉种植业、工业和第三产业单位水量的经济价值分别为 5. 26 元/立方米、21. 68 元/立方米和 32. 78 元/立方米，基本体现了水资源对用水户的经济贡献。

五、供求定价模型

不管是严格的理论分析还是经济统计的实际记录都表明，价格会引导消费和生产发生变化。价格上升致使需求减少，价格降低致使需求增加。水资源价格较低时，用水量增加，水资源价格升高后，用水量将减少。水价每上升一个百分点致使水的需求量能够减少的百分比，称为水资源价格弹性系数。这是一个非常有用的数值，对其进行研究能够为确定合理的水资源价格提供重要的参考。

水资源价格弹性系数是动态反映水资源价格变化与水需求量变化关系的。可以表示为：

$$\varepsilon = \frac{\alpha}{\beta} \qquad (5-5)$$

式中：ε 为水资源价格弹性系数；α 为水资源消耗量降低率；β 为水资源价格增长率。

美国 Janmes L. D. 和 Robert Lee 通过大量的研究得出结论：供水是商品，符合供求规律，并提出了如下定量计算公式：

$$Q = K\left(\frac{1}{P}\right) \tag{5-6}$$

式中：K 为常数；Q 为相应水资源价格 P 时的水资源消耗量；P 为水资源价格。

六、模型的对比分析

从当前模型在实际应用中的成果来看，各类模型均存在一定的不足：①虽然影子价格有关理论为解决水资源价值问题开拓了一些新的思路，但是采用线性规划法求解水资源的理论价值，通常涉及众多资源和产品，存在约束条件不完善的缺陷，使得水资源价值的估算结果偏差较大。②模糊数学模型尽管考虑了影响水资源价值的各种因素，但对各项因素进行模糊评价较为复杂，怎样分析各项因素的相互作用并计算合理的权重，仍需认真研究。③残值模型主要用于农业生产中计算其水资源价值，从计算公式能够发现，假如在高资本需求产业中资金以及其他生产投入对产出影响很大，水对产出价值的贡献小，此种情况将不适合采用残值模型。④供水效益分摊模型能够用来计算各部分用水的经济价值，然而仍存在不足之处，如果供水投入是非优化投资，公式中的供水效益分摊系数就会偏大，水经济价值效益也会随之偏大。⑤供求定价模型公式较简单，数据容易得到，更能适应市场经济环境，也更易被人们接受。但是，我们也应意识到，水资源价格属于复杂问题，与自然、经济、社会等各方面的因素关系甚为密切，仅仅通过水资源量的关系决定水资源价值是不完善的。水资源价格与用水功能密切相关，该公式忽略了用水功能，因此该公式存在明显缺陷。

综上，各类模型存在各自的适用范围和缺陷，并且模型结果反映出的价值类型也存在差异，如模糊数学模型反映的是水资源的交换价值，供水效益分摊模型和残值模型反映的是效益价值，影子价格模型反映的则是最大边际效益价值，因此，在核算不同部门的水资源价值时，需根据实际情况选择相应的核算模型。随着生态系统功能研究以及环境与经济综合价值核算实践的不断深入，会对水资源价值的组成内容做进一步的扩充，使现状情况下尚未考虑或考虑了但还无法定量化的价值内容得以确定，同时也必将推动水资源价值的实例研究，给水资源的配置、核算以及征收水资源费提供可靠的数据支持，促进水资源的可持续利用。

第三节　水资源价值核算模型的建立

基于水资源的多元特征，使其价值很难被把握，并且影响水资源的价值因素非常繁杂，当前进行水资源价值的核算较为困难。本书针对水资源的多元特性，将水资源价值的计算分成两个部分，第一部分是水资源作为自然资源的价值，运用物元理论计算水资源的自然资源价值；第二部分是水资源作为环境资源的价值，主要以旅游景观价值作为衡量标准，运用旅行费用法计算水资源的环境资源价值。对水资源的自然资源价值和环境资源价值进行定量评价，有利于全面认识水资源价值，科学合理利用水资源，寻求水资源利用经济效益和生态效益的最大化，对指导水资源开发利用与保护具有重要作用。

物元分析是将系统科学、思维科学及数学融为一体的边缘学科，是解决不相容问题的规律和方法，是贯穿自然科学和社会科学而应用较广的横断学科。它能够将复杂的问题抽象化为具体的模型，并运用这些模型对基本理论进行研究，提出对应的应用方式。运用物元分析方法，能够创建事物多指标特征参数的质量评定模型，并将评定结果由定量的数值表示出来，从而较为完整地表达事物质量的综合水平。水资源价值受到社会、经济以及自然条件等因素的限制，是一项具有综合特性的指标。核算水资源价值，不但要考虑各种因素及其特性，还需考虑其对应的量值。因此，本书引入了由事物、特征及对应的量值构成的三元组——物元，将其作为描述事物的基本元素，并将物元理论应用于水资源价值核算模型中来求算水资源自然价值。

替代市场法是当直接衡量自身没有市场价格的研究对象时，通过寻找替代物，用其市场价格作为衡量标准。例如，优良的环境自身并不存在直接的市场价格，这就要通过找到某种具有市场价格的替代物，以此间接衡量不具有市场价格的物品的价值。旅行费用法就是替代市场法的一种，用旅游消费来估算非市场环境产品或服务的价值。并将消费环境服务直接费（包括交通费、与旅游有关的直接花费及时间费用等）与消费者剩余（即消费者的意愿支付与实际支付之差）的加和作为该环境产品的价格，上述两者能够反映出消费者对旅游景点的支付意愿（即需求函数）。

本书以国内外学者研究成果为基础，提出上述水资源价值核算方法及模型，研究路线如图 5 - 1 所示。

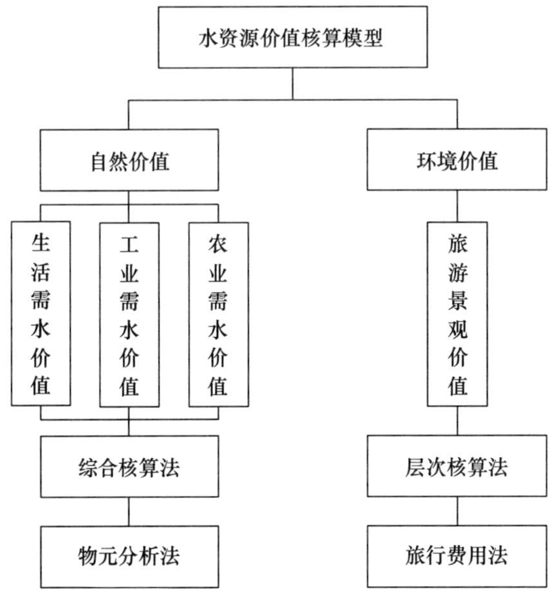

图 5－1　水资源价值评价研究路线

水资源总价值为：

$$W = W_Z + W_J \tag{5-7}$$

式中：W 为水资源总价值；W_Z为自然资源的价值；W_J为旅游景观价值。

则包括自然资源和环境资源因素在内的水资源，其价格计算公式为：

$$J = \frac{W}{M} \tag{5-8}$$

式中：J 为水资源价格；W 为该水体的价值；M 为该水体的水量。

一、自然价值定量化方法及模型

构成水资源的自然资源价值因素，可以分成三类：自然因素、经济因素以及社会因素。自然因素作为决定水资源价值的主要因素，不受人为控制。例如水资源所处的地理位置能够决定水资源的态势，包括水资源的数量和质量、水资源的开发状况和特点等。水资源价值形成过程中，经济因素占有不可缺少的地位。不管水资源状况如何好，假如不进行开发利用，不与经济因素相结合，水资源价值只能表现为生态价值，其经济价值将不能体现。将水资源和社会经济有效联合，是产生水资源价值的源泉。因此，水资源价值与经济因素密切相关，经济因素包含产业结构、规模、用水效率及国民生产总值等。水资源价值形成过程中社会因素是不能缺少的。社会因素包含人口、技术、文化、政策及历史背景等。在水资源的自然资源价值评价模型中，本书选择水质、水资源量、人口密度及人均 GDP 四项因素参与评价，涵盖了自然、经济及社会因素。

水质和水量反映了自然因素，人口自然增长率和人均 GDP 分别反映了经济因素和社会因素。水质是水体的物理性质、化学组成、生物学和微生物学特征的总称，是反映水质情况的指标。在某种程度上，它是能够反映水资源价值的一个非常重要的因素，水质越好，其价值越高，相反就越低。水量是用来评价区域或流域内水资源丰富程度的主要指标。“物以稀为贵”，它通俗地反映了资源的稀缺度与价值量间的关系，某资源越稀少，其价值越高，水资源价值与水量存在着不可分割的必然联系。国内生产总值是经济发展的一种度量方式。所以，在水资源价值模型中选择国内生产总值这一参数，实质上是代表了影响水的自然资源价值的经济因素，它包含了水资源作为生产要素、生活要素参与的价值创造。人口数量的增加会使水资源的利用和保护产生很多新的困难，研究区域的人口数量直接影响到水资源的分配利用。在绝大多数社会活动中，水是重要的投入要素之一，因此，水的自然资源价值与社会活动不可分割。

水资源价值模型可以用一个函数表示：

$$V=f(X_1,\ X_2,\ X_3,\ \cdots,\ X_n) \tag{5-9}$$

式中：V 为水资源价值；X_1，X_2，X_3，…，X_n 分别为水资源价值的影响因素。

1. 物元的定义

假定事物的名称为 N，特征 c 对应的量值为 v，以有序三元组 $R=\{N,\ C,\ V\}$ 作为描述事物的基本元，简称物元。假如事物 N 有 n 个特征 c_1，c_2，…，c_n，用对应的量值 v_1，v_2，…，v_n 进行描述，则可以用如下公式表示：

$$R=(N,\ C,\ V)=\begin{bmatrix} N & c_1 & v_1 \\ & c_2 & v_2 \\ & \vdots & \vdots \\ & c_n & v_n \end{bmatrix}=\begin{bmatrix} R_1 \\ R_2 \\ \vdots \\ R_n \end{bmatrix} \tag{5-10}$$

称 R 为 n 维物元。

2. 经典域及节域

设 N_j 是事物的第 j 个等级（$j=1,\ 2,\ \cdots,\ m$），建立相应的物元：

$$R_j=(N_j,\ C_i,\ V_{ij})=\begin{bmatrix} N_j & c_1 & X_{1j} \\ & c_2 & X_{2j} \\ & \vdots & \vdots \\ & c_n & X_{nj} \end{bmatrix}=\begin{bmatrix} N_j & c_1 & <a_{1j},\ b_{1j}> \\ & c_2 & <a_{2j},\ b_{2j}> \\ & \vdots & \vdots \\ & c_n & <a_{nj},\ b_{nj}> \end{bmatrix} \tag{5-11}$$

式中：c_i（$i=1,\ 2,\ \cdots,\ n$）是 N_j 的第 i 个特征；X_{1j}，X_{2j}，…，X_{nj} 分别是 N_j

关于 c_i 的取值范围，即经典域，经典域是事物每个属性变化的基本区间，X_{ij} 的取值范围是 $<a_{ij}, b_{ij}>$，记为 $X_{ij}=<a_{ij}, b_{ij}>(i=1, 2, \cdots, n; j=1, 2, \cdots, m)$。

构造经典域的节域，建立物元 R_p：

$$R_p=(N_p, C_i, X_{ip})=\begin{bmatrix} N_p & c_1 & X_{1p} \\ & c_2 & X_{2p} \\ & \vdots & \vdots \\ & c_n & X_{np} \end{bmatrix}=\begin{bmatrix} N_p & c_1 & <a_{1p}, b_{1p}> \\ & c_2 & <a_{2p}, b_{2p}> \\ & \vdots & \vdots \\ & c_n & <a_{np}, b_{np}> \end{bmatrix} \tag{5-12}$$

式中：N_P 是事物等级的全体；X_{1p}，X_{2p}，…，X_{np} 分别是 N_p 关于 c_1，c_2，…，c_n 的取值范围，即 N_p 的节域，记为 $X_{ip}=<a_{ip}, b_{ip}>(i=1, 2, \cdots, n)$，显然有 $X_i \subset X_{ip}$ $(i=1, 2, \cdots, n)$。

3. 待评价物元

对于要评价的对象 P，其测量结果为：

$$R_0=(P_0, c_i, y_i)=\begin{bmatrix} P_0 & c_1 & y_1 \\ & c_2 & y_2 \\ & \vdots & \vdots \\ & c_n & y_n \end{bmatrix} \tag{5-13}$$

式中：P_0 为待评价的对象；$y_i(i=1, 2, \cdots, n)$ 为关于特征 c_i 的量值，即经过分析得到的具体数据。

4. 确定评价指标权重

评价等级 $N_j(j=1, 2, \cdots, m)$ 的门限值 $X_{ij}(i=1, 2, \cdots, n; j=1, 2, \cdots, m)$，其权系数为：

$$\omega_{ij}=X_{ij}/\sum_{i=1}^{n}X_{ij} \quad (i=1,2,\cdots,n; \quad j=1,2,\cdots,m) \tag{5-14}$$

5. 距的计算及关联函数

$$\begin{cases} \rho(y_i, X_{ij})=\left|y_i-\dfrac{1}{2}(a_{ij}+b_{ij})\right|-\dfrac{1}{2}(b_{ij}-a_{ij}) \\ \rho(y_i, X_{ip})=\left|y_i-\dfrac{1}{2}(a_{ip}+b_{ip})\right|-\dfrac{1}{2}(b_{ip}-a_{ip}) \end{cases}$$

$$(i=1, 2, \cdots, n; j=1, 2, \cdots, m) \tag{5-15}$$

关联函数：

$$K_j(y_i)=\begin{cases} \dfrac{-\rho(y_i, X_{ij})}{|X_{ij}|} & (y_i \in X_{ij}) \\ \dfrac{\rho(y_i, X_{ij})}{\rho(y_i, X_{ip})-\rho(y_i, X_{ij})} & (y_i \notin X_{ij}) \end{cases} \tag{5-16}$$

6. 关联度及评定等级

关联函数 $K(y)$ 的数值代表评价单元在某标准范围内的隶属度，有：

（1）当 $K(y)>1.0$ 时，代表被评价对象超出标准上限，开发潜力随数值增大而增大。

（2）当 $0\leqslant K(y)\leqslant 1.0$ 时，代表被评价对象符合标准要求的程度，数值越大，越接近标准上限。

（3）当 $-0.1\leqslant K(y)\leqslant 0$ 时，代表被评价对象不符合标准要求，但具有转化成标准对象的条件，数值越大，越易转化。

（4）当 $K(y)\leqslant -0.1$ 时，代表被评价对象不符合标准要求，且不具有转化成标准对象的条件。

设特征 c_i 的权重系数为 ω_{ij}，则 P_0 对于第 j 个等级的关联度为：

$$K_j(P_0) = \sum_{i=1}^{n} \omega_{ij} K_j(y_i) \tag{5-17}$$

式中：K_j（P_0）为待评价对象 P_0 对于等级 j 的关联度。

待评价物元的所属等级为：

$$K_{j0}(P_0) = \max K_j(P_0) \quad (j=1,\ 2,\ \cdots,\ m) \tag{5-18}$$

则评定 P_0 属于等级 j。

即水的自然资源价值综合评价结果为：

$$V = K_j(P) \tag{5-19}$$

7. 水资源价格的确定

运用上述模型得到的待评价对象 P，是一个无量纲向量，需通过某些方法将其转化为水资源价格。第一步需确定价格向量，运用社会承受能力的方法进行确定，该方法用水费承受指数反映水价中的社会承受能力。对国家多年收费情况进行调查能够看出，水费承受指数取 0.025～0.03 为最佳。水资源最高限价即达到最高水费承受指数情况下水资源的价格，可以用如下公式表示：

$$P = A \times E/C - D \tag{5-20}$$

式中：P 为水资源最高限价；A 为最高水费承受指数；E 为实际收入；C 为用水量；D 为供水成本与正常利润之和。

因此，水价在［0，P］范围内，能够依据实际情况，将水价按照不同的间隔划分为价格向量，例如，等差间隔。如此可得出水资源价格向量：

$$S = (0,\ P_1,\ P_2,\ P_3,\ P) \tag{5-21}$$

借鉴姜文来在《水资源价值论》中提到的转化公式，水资源价格可由式（5-22）表示：

$$WLJ = V \cdot S \tag{5-22}$$

式中：WLJ 为水资源价格；V 为水的自然资源价值综合评价结果；S 为水资

源价格向量。

则水的自然资源价值量可由式（5－23）表示：

$$W_z = M \cdot WLJ \tag{5-23}$$

二、环境价值定量化方法及模型

水资源作为环境资源的价值，主要以旅游景观价值作为衡量标准，可以运用旅行费用法计算水资源的环境资源价值。所谓旅行费用法即根据人们的旅行消费评估非市场环境产品或服务，并将消费环境服务的直接费用与消费者剩余的加和作为该环境产品的价格，上述二者能够反映消费者对于旅游景点的支付意愿。具体估计方法、步骤及模型如下：

（1）定义和划分旅行者的出发地区：以评价地点为圆心，根据距离的远近将其周围的地区划分为若干个区域。距离的增加意味着不断增加的旅行费用。

（2）计算每一区域内到此地点旅游的人次（旅游率）：

$$Q_i = V_i / P_i \tag{5-24}$$

式中：i 代表不同的旅行地点；Q_i 为旅游率；V_i 为 i 区域到评价地点旅行的总人数；P_i 为 i 区域的人口总数。

（3）计算旅行费用对旅游率的影响：对不同区域的旅游率、旅行费用以及各项社会经济变量进行回归，得出第一阶段的需求曲线即旅行费用对旅游率的影响：

$$Q_i = a_0 + a_1 TC_i + a_2 X_i \tag{5-25}$$

式中：a_0、a_1、a_2 分别为方程回归系数；CT_i 为从 i 区域至评价地点产生的旅行费用；X_i 包括 i 区域旅行者的收入、受教育水平以及其他相关的各项社会经济变量。

（4）对每一地区计算第二阶段的需求函数：

$$TC_i = \beta_{0i} + \beta_{1i} V_i \tag{5-26}$$

式中：$\beta_{0i} = -\dfrac{a_0 + a_2 X_i}{a_1}$，$\beta_{1i} = \dfrac{1}{a_1 P_i}$　（$i = 1, 2, \cdots, n$）

（5）计算每一地区的消费者剩余。按照实际 TC_i 值预测到该地区参观的总人数 V_i，然后将第二阶段需求函数从 $0 \sim V_i$ 积分，最后将各地区消费者剩余汇总：

$$W_i = \int_0^{V_i} TC_i dV_i \tag{5-27}$$

该景观的总价值为：

$$W_J = \sum_0^{V_i} W_i \tag{5-28}$$

第四节　黑河引水系统可供水量价值核算

黑河引水系统是西安市主要供水水源，供水量占全市总供水量的80%。黑河引水系统的生产排水入护城河、兴庆湖、曲江池，不但增加了市内流动水面，还能够改善生态环境和小气候。西安黑河引水工程库区的建设为秦岭环山旅游形成一大景观，成为陕西关中平原独特的避暑旅游胜地。本节采用已建立的水资源价值核算模型计算黑河引水系统现状及规划情况下可供水量的总价值和价格。

一、自然资源价值

（一）关于各要素的综合评价

依据2007年黑河水源入曲江水厂进水口处的水质检测资料，选择5个评价因子，分别为：COD、NH_3-N、总磷、总氮、DO，其检测数据见表5－1。依据《地表水环境质量标准》（GB3838—2002）对其进行评价，见表5－2。

表5－1　水质监测数据　　单位：$mg \cdot L^{-1}$

因子	COD	NH_3-N	总磷	总氮	DO
范围幅度	2.28～8.78	0.12～0.68	0.02～0.26	0.15～0.71	7.12～10.38
均值	5.29	0.21	0.083	0.25	8.43

表5－2　水质分级标准　　单位：$mg \cdot L^{-1}$

因子	Ⅰ	Ⅱ	Ⅲ	Ⅳ	Ⅴ
COD	15	15	20	30	40
NH_3-N	0.15	0.5	1.0	1.5	2.0
总磷	0.02	0.1	0.2	0.3	0.4
总氮	0.2	0.5	1.0	1.5	2.0
DO	7.5	6	5	3	2

因为各评价因子的量化值所属区间不完全一致，部分评价因子是数值越小，级别越高（如COD、NH_3-N、总磷、总氮），而有些评价因子则相反（如DO），故对各评价因子进行归一化处理。

对于越小越优的评价因子：

$$x'_i = x_i / x_{i5} \tag{5-29}$$

对于越大越优的评价因子：

$$x'_i = 1.0 - (x_i - x_{i5}) / x_{i1} \tag{5-30}$$

式中：x'_i为第 i 个评价因子归一化后的标准值；x_i为第 i 个评价因子归一化前的标准值；x_{i1}和 x_{i5}分别为第 i 个评价因子归一化前的Ⅰ级和Ⅴ级标准值。

表5－3　归一化后的水质监测数据

因子	COD	NH_3-N	总磷	总氮	DO
均值	0.132	0.105	0.208	0.125	0.143

表5－4　归一化后的水质分级标准

因子	Ⅰ	Ⅱ	Ⅲ	Ⅳ	Ⅴ
COD	0.375	0.375	0.500	0.750	1.000
NH_3-N	0.075	0.250	0.500	0.750	1.000
总磷	0.050	0.125	0.250	0.500	1.000
总氮	0.100	0.250	0.500	0.750	1.000
DO	0.267	0.467	0.600	0.867	1.000

依据表5－4，归一化后，Ⅰ～Ⅴ级标准所对应的取值范围即为经典域（R_1～R_5）：

$$R_1 = \begin{bmatrix} 1\text{级} & COD & \langle 0,\ 0.375 \rangle \\ & NH_3-N & \langle 0,\ 0.075 \rangle \\ & \text{总磷} & \langle 0,\ 0.05 \rangle \\ & \text{总氮} & \langle 0,\ 0.1 \rangle \\ & DO & \langle 0,\ 0.267 \rangle \end{bmatrix}$$

$$R_2 = \begin{bmatrix} 2\text{级} & COD & \langle 0.375,\ 0.375 \rangle \\ & NH_3-N & \langle 0.075,\ 0.25 \rangle \\ & \text{总磷} & \langle 0.05,\ 0.125 \rangle \\ & \text{总氮} & \langle 0.1,\ 0.25 \rangle \\ & DO & \langle 0.267,\ 0.467 \rangle \end{bmatrix}$$

$$R_3 = \begin{bmatrix} 3\text{级} & COD & \langle 0.375,\ 0.5 \rangle \\ & NH_3-N & \langle 0.25,\ 0.5 \rangle \\ & \text{总磷} & \langle 0.125,\ 0.25 \rangle \\ & \text{总氮} & \langle 0.25,\ 0.5 \rangle \\ & DO & \langle 0.467,\ 0.6 \rangle \end{bmatrix}$$

$$R_4=\begin{bmatrix} 4\text{级} & COD & <0.5,\ 0.75> \\ & NH_3-N & <0.5,\ 0.75> \\ & \text{总磷} & <0.25,\ 0.5> \\ & \text{总氮} & <0.5,\ 0.75> \\ & DO & <0.6,\ 0.867> \end{bmatrix}$$

$$R_5=\begin{bmatrix} 5\text{级} & COD & <0.75,\ 1.0> \\ & NH_3-N & <0.75,\ 1.0> \\ & \text{总磷} & <0.5,\ 1.0> \\ & \text{总氮} & <0.75,\ 1.0> \\ & DO & <0.867,\ 1.0> \end{bmatrix}$$

依据表5-4所列归一化标准值的取值范围以及监测数据，确定模型的节域 R_P，依据归一化后的监测数据确定 R_0。

$$R_p=\begin{bmatrix} 1\sim5\text{级} & COD & <0,\ 1.0> \\ & NH_3-N & <0,\ 1.0> \\ & \text{总磷} & <0,\ 1.0> \\ & \text{总氮} & <0,\ 1.0> \\ & DO & <0,\ 1.0> \end{bmatrix}$$

$$R_0=\begin{bmatrix} P & COD & 0.132 \\ & NH_3-N & 0.105 \\ & \text{总磷} & 0.208 \\ & \text{总氮} & 0.125 \\ & DO & 0.143 \end{bmatrix}$$

根据式（5-14）分别计算权系数，水质代表值数据中各评价因子权重系数见表5-5。

表5-5　权重系数

ω_{ij}	ω_{1j}	ω_{2j}	ω_{3j}	ω_{4j}	ω_{5j}
ω_{i1}	0.4325	0.2556	0.2128	0.2074	0.2000
ω_{i2}	0.0865	0.1704	0.2128	0.2074	0.2000
ω_{i3}	0.0577	0.0852	0.1064	0.1382	0.2000
ω_{i4}	0.1153	0.1704	0.2128	0.2074	0.2000
ω_{i5}	0.3080	0.3183	0.2553	0.2397	0.2000

根据式（5-15）、式（5-16）、式（5-17）计算物元 R 的关联度为：

$K_1(P)=0.2319$、$K_2(P)=-0.4478$、$K_3(P)=-0.5091$、$K_4(P)=-0.6778$、$K_5(P)=-0.7873$，因此可以看出，黑河引水系统作为西安市生活饮用水的地表水源地，符合地表 I 类水标准。从而得到水质的综合评价结果为：$R_{水质}=(0.2319,\ -0.4478,\ -0.5091,\ -0.6778,\ -0.7873)$。

对其他三个评价因素（水资源数量、人口自然增长率以及人均 GDP）均采用上述物元模型进行评价，能够得出水资源价值评价矩阵为：

$$R=\begin{pmatrix} 0.2319 & -0.4478 & -0.5091 & -0.6778 & -0.7873 \\ -0.0888 & 0.0540 & -0.6308 & -0.8154 & -0.8912 \\ -0.3256 & -0.1514 & -0.08 & 0.4424 & -0.0983 \\ -0.3577 & -0.1915 & 0.2598 & -0.0767 & -0.2872 \end{pmatrix}$$

在水资源价值综合评价中，四个因素的权重确定采用变异系数法，则水资源价值综合评价权重向量为：

$Q=(0.48,\ 0.23,\ 0.07,\ 0.22)$

因此，水的自然资源价值综合评价结果为：

$$V=Q\cdot R=(0.48,0.23,0.07,0.22)\cdot\begin{pmatrix} 0.2319 & -0.4478 & -0.5091 & -0.6778 & -0.7873 \\ -0.0888 & 0.0540 & -0.6308 & -0.8154 & -0.8912 \\ -0.3256 & -0.1514 & -0.08 & 0.4424 & -0.0983 \\ -0.3577 & -0.1915 & 0.2598 & -0.0767 & -0.2872 \end{pmatrix}$$

$$=(-0.011,-0.255,-0.338,-0.124,-0.243)$$

归一化结果为：$(0.011,\ 0.263,\ 0.348,\ 0.128,\ 0.250)$

（二）黑河引水系统可供水量价值转换

确定水资源价格向量的重点是确定水资源价格上限。家庭用水平均为 2.5 立方米/人·月。家庭水费承受指数取 0.03，供水成本及正常利润取 0.5，则根据式（5－20）计算得到水资源价格上限为 2.73。将 2.73 等差间隔，间隔差为 0.683，计算出水资源价格向量为：

$S=(2.73,\ 2.047,\ 1.364,\ 0.681,\ 0)$

则根据式（5－22）计算水资源价格为：

$WLJ=V\cdot S=1.13$ 元/立方米

黑河引水系统现状可供水量为 71409.32 万立方米，则根据式（5－23）计算现状黑河引水系统水的自然资源价值量为：

$W_z=M\cdot WLJ=8.07\times10^4$ 万元

黑河引水系统规划可供水量为 78890.27 万立方米，则根据式（5－23）计算规划黑河引水系统水的自然资源价值量为：

$W_z = M \cdot WLJ = 8.91 \times 10^4$万元

二、环境价值

本书是评价西安黑河森林公园的旅游景观价值，黑河森林公园位于黑河源头周至县境内，108 国道横贯其中，交通非常便利。黑河森林公园景色秀丽，拥有古朴原始的自然风貌，吸引了世界自然基金会的特别关注，该组织以当今最流行的生态旅游为理念，与公园携手共建生态保护与可持续发展的和谐统一，创建陕西生态旅游示范区。近年来旅游人数逐年上升，其基本观察值如表 5－6 所示。

表 5－6　西安黑河森林公园旅游费用观察

出发地区	人口（万人）	人均 GDP（元）	旅游费用（元）	参观人数（万人）	人均参观数
周至县	56.84	15422.24	115	230	4.05
户县	56.20	27622.78	130	170	3.02
临潼区	66.25	34200.75	190	280	4.23
长安区	109.41	33740.06	140	640	5.85
碑林区	62.08	84690.72	160	230	3.70
雁塔区	119.07	78840.18	160	400	3.35

第一步，计算第一阶段需求函数。利用以上观察值，对不同地区的人均参观比率和旅行费用及人均 GDP 进行回归，其模型如式（5－25），我们选择社会经济变量 X_i为人均 GDP，通过计算回归得到以下二元一次线性回归方程：

$Q = 31.75 - 0.054TC + 0.0073X$

第二步，根据式（5－26）求解第二阶段的需求函数：

$TC_1 = 2672.82 - 0.3258V_1$

$TC_2 = 4322.15 - 0.3295V_2$

$TC_3 = 5211.40 - 0.2795V_3$

$TC_4 = 5149.12 - 0.1693V_4$

$TC_5 = 12036.89 - 0.2983V_5$

$TC_6 = 11245.99 - 0.1555V_6$

按照各地区实际旅行费用（TC_i）计算该地区参观总人数（V_i），得：

$V_1 = 7850.9$；$V_2 = 12722.3$；$V_3 = 17964.1$；$V_4 = 29594.1$；

$V_5 = 39815.1$；$V_6 = 71280.5$。

第三步，计算每一地区的消费者剩余。

根据式（5－27）将第二阶段需求函数从 0 到 V_i积分，得：

$$W_i = \int_0^{V_i} TC_i dV_i$$

$W_1 = 1.09 \times 10^7$；$W_2 = 2.83 \times 10^7$；$W_3 = 4.85 \times 10^7$；$W_4 = 7.83 \times 10^7$；

$W_5 = 2.43 \times 10^8$；$W_6 = 4.07 \times 10^8$。

第四步，将各地区消费者剩余加总。

如式（5－28）所示，该景观的总价值 W 为：

$$W_J = \sum_0^{V_i} W_i = 8.15 \times 10^4 \text{ 万元}$$

三、总价值

由水资源总价值模型 $W = W_Z + W_J$，可得黑河引水系统现状可供水量的总价值 $W_{现状} = 16.22 \times 10^4$万元，黑河引水系统规划可供水量的总价值 $W_{规划} = 17.06 \times 10^4$万元。由于黑河引水系统现状水源多年平均可供水量为 71409.32 万立方米，黑河引水系统规划水源多年平均可供水量为 78890.27 万立方米，则现状包含水资源作为环境资源、自然资源因素在内的水资源的价格为 2.27 元/立方米，规划水资源的价格为 2.16 元/立方米。

第六章 黑河引水系统应急备用研究

第一节 西安市干旱灾害概况

一、干旱统计指标

根据全国《抗旱规划技术大纲》，采用城市干旱缺水率（P）来划分城市旱灾等级。城市干旱缺水率即城镇由于干旱缩减的供水量与城市正常日供水量的百分比。

$$P = [(C_x - C_g)/C_x] \times 100\% \tag{6-1}$$

式中：C_x为城市正常日供水量；C_g为干旱情况下城市实际日供水量。

二、城市旱灾等级划分

城市干旱等级是对城市干旱严重程度进行分级，根据《城市干旱指标与等级划分标准》（SL424—2008），将城市干旱等级划分为四个级别，分别为：Ⅰ级（特大）干旱、Ⅱ级（严重）干旱、Ⅲ级（中度）干旱、Ⅳ级（轻度）干旱。根据西安市水务局提交的《2013 年西安市区及县城集中供水调度计划》，西安市 2012 年供水量为 3.89 亿立方米，平均日供水量为 106.6 万立方米。根据上述原则，城市干旱缺水率测算干旱等级限值，见表 6－1。

表 6－1 西安市城市干旱等级划分标准

城市干旱等级	轻度干旱	中度干旱	重度干旱	特大干旱
干旱缺水率（%）	$5 < P \leq 10$	$10 < P \leq 20$	$20 < P \leq 30$	$30 < P$
实际日供水量（万立方米）	$96 \leq C_g < 101.3$	$85.3 \leq C_g < 96$	$74.6 \leq C_g < 85.3$	$C_g < 74.6$

三、西安市旱灾特点

根据统计资料分析，西安市干旱灾害具有如下特征：旱灾发生频率高、季节性旱灾明显、区域性旱灾突出、旱灾持续时间长、发生旱灾的范围逐年扩大等。

（一）降雨量年内分配不均

根据陕西省气象局提供的西安市 1961～2005 年逐月降水数据，为反映西安市降水年际变化规律，做出了该市 1961～2005 年年降水量与五年滑动平均降水量时间序列图，如图 6－1 所示。

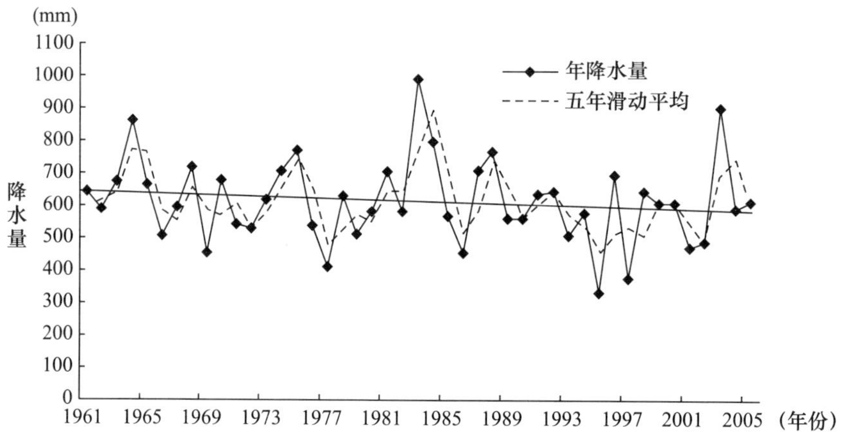

图 6－1　西安市年降水量与五年滑动平均降水量时间序列图

从图 6－1 可以看出，1961～2005 年西安市年降水量分布非常不均匀，1983 年降水量达到 989.1mm，而 1995 年的降水量仅有 333.4mm，二者相差 655.7mm，45 年的平均降水量为 614.6mm。年降水量与五年滑动平均降水量曲线都随着时间的推移呈递减趋势。依据统计数据西安市每年都会发生不同程度的干旱灾害，即使在雨水充沛的 1964 年、1983 年及 1998 年，因为降水时空分布不均，也有一些地区受旱。

（二）季节性旱灾突出

根据陕西省气象局统计的西安市 1961～2005 年 45 年逐月降水数据，在表 6－2 中列出西安市 45 年系列降雨量的月均值及各月占年均降雨量的百分比，通过表 6－2 的统计值对西安市是否容易发生旱情进行粗略的分析。

根据西安市的气候特征，春季为 3～5 月，夏季为 6～8 月，秋季为 9～11 月，冬季为 12 月至翌年 2 月，从表 6－2 可以看出，西安市的降水主要集中在夏

秋两季，夏季降水总量占全年降水总量的39.5%，冬季降水很少，仅占全年降水总量的3.7%，因此定性认为西安属于易发生季节干旱地区。

表6-2 西安市月均降雨值统计值

	1月	2月	3月	4月	5月	6月	7月	8月	9月	10月	11月	12月	全年
均值（mm）	6.41	10.54	28.53	50.83	67.1	64.23	97.96	80.86	106.74	69.23	26.07	6.06	614.56
占全年比例（%）	1.04	1.72	4.64	8.27	10.92	10.45	15.94	13.16	17.37	11.26	4.24	0.99	100

（三）旱灾持续性强

综合历史资料和近45年气象记录，1961~2005年连续年际干旱共发生25年，以1987~1992年最长，旱灾持续了六年，其次为1995~1999年连续五年发生旱灾，再次为1960~1963年及1980~1983年连续四年发生旱灾，其他皆为持续两年发生旱灾。最近20年不仅旱灾发生频次高，而且持续性旱灾多，见表6-3。

表6-3 1961~2005年西安市连续旱灾年统计

旱灾连续年数	两年	四年	五年	六年
年份	1965~1966 1972~1973 2001~2002	1960~1963 1980~1983	1995~1999	1987~1992

（四）旱灾范围不断扩大

以往干旱仅有气候干旱、水文干旱及农业干旱等，近年来伴随社会经济的发展以及人口数量的增加，出现了城市干旱和生态干旱等干旱类型。西安市由于灌溉设施发展，农业干旱具有一定的抗御能力，然而，伴随城市不断发展，用水量逐年递增，城市干旱和生态干旱越发突出，例如1995年西安等城市由于重大干旱造成了水危机等事件。在将来的20~30年，关中地区“一线两带”的建设，面临日益严重的城市干旱和生态干旱的局面，也可能因此加剧了农业干旱。

综合上述分析，定性认为西安易发生气候学意义上的干旱。旱灾导致城市水源地水位下降，供水量减少，给城市供水带来困难。随着现代城市规模迅猛扩展，工业及居民生活用水剧增，问题日显突出。西安多次发生的连续干旱是气候的正常表现，并会经常发生。这就意味着西安城市抗旱工作也应向常态化发展。

四、西安市抗旱备用水源

对城市来说，在干旱年份，应急备用水源是城市抗旱必不可少的条件。城市水源通常有如下三种形式：①地下水源，各市均有不同程度的开采，但近年来因地下水超采情况日益严重已逐步减少或采取关闭自备井方式减少开采量；②直接引用河流地表水，一般城市附近的河流污染比较严重，并且河流径流量对其影响较大，通常不作为城市的主要供水水源；③新建或利用已建成水库，如黑河金盆水库、石砭峪水库以及石头河水库。目前，专门为城市供水修建的水库仅有黑河金盆水库，将水库作为城市供水水源具备调蓄能力大、水量可靠、水质良好、抗旱能力强等优势，目前更倾向于选择合适的水库或新建水库作为城市供水的主要水源。西安市主要供水水源和应急水源情况统计如表6－4所示。

表6－4　西安市供水水源和应急水源情况

现状水源					应急水源				
地下水		地表水			地下水		地表水		
水井数	日可取水量（万立方米）	水源地名称	日可取水量（万立方米）	输水距离（km）	水井数	日可取水量（万立方米）	水源地名称	日可取水量（万立方米）	输水距离（m）
500	40	黑河	110	80	200	20	石头河、甘峪、石贬峪	30～40	—

第二节　西安市干旱典型年水资源供需分析

一、干旱典型年选取

根据全国《抗旱规划技术大纲》，降水频率75%的年份属于中度干旱年，降水频率90%～95%的年份属于严重干旱年，降水频率大于等于97%的年份属于特大干旱年。各地区应充分利用流域或区域水资源规划相关成果，尽可能利用当地资料，经过计算分析确定三种典型干旱年。对于特大干旱年，也可直接采用1949年以来旱情或旱灾最为严重的干旱年作为典型干旱年。

经对西安市历史干旱资料的分析，特别是近50年干旱资料的分析，按径流、降水以及灾情等因素进行综合分析，分别确定了不同干旱等级的典型年。其中，1997年为西安市特大干旱典型年；2001年为西安市严重干旱典型年；1991年为西安市中度干旱典型年。轻度干旱与基本不旱的界线比较接近，因此不再另选典

型年，也不再进行水量平衡分析。

二、现状水平年供需分析

本书以2007年为现状水平年，水资源供需平衡以县级行政区为单位，按照生活、生产、生态等部门分别进行水资源供需平衡分析成果如表6－5所示。

表6－5 2007现状年供需平衡分析成果

	可供水量（万立方米）		需水量（万立方米）	供需平衡（万立方米）		缺水程度（%）
	地表水	地下水		余水	缺水	
中度干旱	151314.00	77740.00	242746.00	—	13692.00	5.64
严重干旱	136637.00	77740.00	242746.00	—	28369.00	11.69
特大干旱	115157.48	65641.82	242746.00	—	61946.70	25.52

西安市现状水平年，发生中度干旱时缺水率为5.64%，农业缺水非常严重；发生严重干旱时缺水率为11.69%，对城市生活以及工业用水产生一定影响；发生特大干旱时缺水率为25.52%，水资源供需矛盾极其突出。

三、特大干旱年供需平衡调整分析

发生特大干旱时可供水量锐减，如不采取任何限水措施，西安市缺水程度将高达25.52%，因此，在此种情况下，必须采取措施限制用水，以渡过特大干旱的难关。采取的具体措施如下：

（1）减少居民生活用水定额。正常情况下，城镇居民用水定额平均为119L/人·d，农村居民生活用水定额平均为50L/人·d，结合西安市的具体情况，在发生特大干旱的情况下，确定城镇居民生活用水定额和农村居民生活用水定额分别取60L/人·d和20L/人·d。

（2）关闭一些低效益、高耗水的非重点企业。主要包括减少规模以下工业用水，减少规模以上工业用水，减少火电等高耗水工业用水。

（3）依据《抗旱规划大纲》，发生特大干旱时，农业用水主要保证基本口粮田以及全市商品粮基地农作物关键生长期的需水量。根据统计，如果仅考虑作物关键生长期的需水量，全市的农田灌溉需水量仅为正常情况下灌溉需水量的2/3左右。

（4）发生特大干旱情况下，压缩生态环境的需水量。采取限水措施后，全市现状年特大干旱情况下各地市总需水量下降至194196.8万立方米，全市的缺水程度由原来的25.52%下降至6.9%。尽管采取了一定的限水措施，仍未改变全市缺水的现实，要想从根本上缓解水资源短缺的现状，还需要从开源的角度出发，适度规划水源工程，提升可供水量。

四、规划水平年水资源供需平衡分析

（一）规划水平年可供水量预测

本书以2020年为规划水平年，根据水利工程的现状供水能力及2020年前规划工程情况，并结合至2020年一些城市将停用和禁用部分自备井水源等地下水工程这一情况，综合预测2020年全市分别发生中度干旱、重度干旱、特大干旱下的可供水量，见表6－6。

表6－6　西安市2020年不同旱情下可供水量计算成果

单位：万立方米

	地表水源	地下水源	其他水源	合计
中度干旱	148382	62440	60050	270872
严重干旱	137379	62440	60050	259869
特大干旱	127667	59318	6005	192990

（二）规划水平年需水量预测

需水预测以全市水资源综合规划为基础，按照以下原则进行：①水与经济社会发展相适应的原则；②高效节水、节约用水原则；③需要与可能相结合，保证重点、统筹兼顾；④坚定实事求是、统筹兼顾、区别对待的原则；⑤可持续发展原则；⑥发生干旱灾害时，采取行政等措施的原则。

采用定额法进行预测，预测生产、生活需水量时，以人均综合用水量法、弹性系数法以及其他方法进行复核和参考；本书需水量预测定额参考《陕西省节约用水规划》，充分考虑2020年全市节约用水发展程度和干旱特殊时期的情况，确定各个行业相应的用水定额，详见表6－7。社会发展指标依据《西安市统计年鉴》、《国民经济和社会发展第十一个五年规划》、《城市总体规划》等规划进行预测。主要预测指标包括人口及城镇化发展指标、农业发展指标、工业、建筑业及第三产业增加值、生态环境需水量预测等各个方面，详见表6－8。

经综合分析，在不采取限水措施的情况下，2020年全市在发生中度干旱、严重干旱、特大干旱年的需水量均为27.96亿立方米。全市在发生特大干旱年，采取相应措施限制用水的情况下，需水量可减少至22.44亿立方米，具体情况见表6－9、表6－10。

表 6-7 西安市 2020 年各用水部门用水定额汇总

居民生活用水定额					
城市生活（L/人·d）			农村生活（L/人·d）		
130.0			60.0		
农业用水定额					
菜田（立方米/亩）	水田（立方米/亩）	水浇地（立方米/亩）	林果地（立方米/亩）	鱼塘（立方米/亩）	大牲畜（L/t·d）
370.00	900.00	270.00	160.00	800.00	30.00
工业增加值					
高用水（立方米/万元）		火电（L/kW·h）		一般工业（立方米/万元）	
70.00		2.00		26.20	
建筑及第三产业					
建筑业（立方米/平方米）			第三产业（立方米/万元）		
1.20			12.40		

注：全市在发生中度干旱、重度干旱以及特大干旱时，各用水部门用水定额均相等。

表 6-8 西安市 2020 年社会及经济发展指标汇总

居民生活					
城市人口（万人）			农村人口（万人）		
715.00			102.93		
农业发展					
菜田（万亩）	水田（万亩）	水浇地（万亩）	林果地（万亩）	鱼塘（万亩）	大牲畜（万头）
61.25	0.50	270.38	73.15	5.58	87.28
工业增加值					
高用水（亿元）		火电（万 kW）		一般工业（亿元）	
102.26		1050.00		3049.90	
建筑及第三产业					
建筑业（万平方米）			第三产业（亿元）		
2862.94			1833.71		

表 6-9 西安市 2020 年各用水部门需水量预测成果

单位：万立方米

居民生活	
城市人口	农村人口
33926.75	2254.17

续表

农业发展					
菜田	水田	水浇地	林果地	鱼塘	大牲畜
22662.50	450.00	73002.60	11704.00	4464.00	955.72

工业增加值		
高用水	火电	一般工业
7158.20	5896.80	79908.49

建筑及第三产业	
建筑业	第三产业
3435.53	22738.00

生态环境
7748.00

合计
279582.00

注：全市在发生中度干旱及重度干旱时，各用水部门用水量均相等。

表6-10 西安市2020年各用水部门需水量预测成果（特大干旱时采取限水措施）

单位：万立方米

居民生活	
城市人口	农村人口
19573.13	1502.78

农业发展					
菜田	水田	水浇地	林果地	鱼塘	大牲畜
15863.75	270.00	56991.62	9363.20	3571.20	573.43

工业增加值		
高用水	火电	一般工业
5726.56	4717.44	79907.38

建筑及第三产业	
建筑业	第三产业
2748.42	18190.40

生态环境
3099.20

合计
224439.40

注：全市在发生特大干旱时各部门的用水量较发生中度及重度干旱时用水量都有所下降，主要原因是：特大干旱情况下，全市的可供水量锐减，因此，供水缺口很大，各部门都应采取一定的措施限制用水。应以保证居民生活不受大的影响，保障在农作物关键生长期的灌溉用水，关闭部分低效益、高耗水的工业，保证重点企业的用水，适当降低生态环境水量等为原则。

（三）规划年水资源供需平衡

规划水平年依照生活、生产以及生态等部门分别进行水资源供需平衡分析，结果见表6－11。

表6－11　2020规划年供需平衡分析成果

	可供水量（万立方米）	需水量（万立方米）	供需平衡		缺水程度（%）
			余水（万立方米）	缺水（万立方米）	
中度干旱	270872.00	279582.00	—	8710.00	3.12
严重干旱	259869.00	279582.00	—	19713.00	7.05
特大干旱	192990.00	279582.00	—	86592.31	30.97

西安市规划水平年在发生中度干旱、重度干旱及特大干旱时，缺水率分别为3.12%、7.05%及30.97%，水资源供需矛盾非常显著。

（四）特大干旱年供需平衡调整分析

由表6－11可以看出，尽管和现状年相比，2020年规划水平年时全市增加了部分规划工程，相应提升了可供水量，然而，如不采取任何限水措施，全市发生特大干旱时缺水程度仍旧很高，依然无法满足全市的生活生产需水量，因此，必须采取措施限制用水，以此确保全市渡过抗旱难关。限水原则与现状水平年限水原则相同，采取限水措施之后，降低的需水量如下：

（1）减少居民生活用水定额。正常情况下，2020年全市城镇居民用水定额平均为130L/人·d，农村居民生活用水定额平均为60L/人·d，采取限水措施后全市城镇居民生活用水定额平均为70L/人·d、农村居民生活用水定额平均为30L/人·d。

（2）工业、建筑业以及第三产业采取关闭中小型企业、提高节水效率、保障重点工业用水等措施。

（3）农田灌溉主要保证农作物关键生长期时的需水量，缩减灌溉面积等。

（4）生态环境方面以保证生态不受大的影响为原则，尽量减少城市绿化的浇灌用水。

采取限水措施之后，现状年当发生特大干旱时，全市总需水量下降至224439.40万立方米，缺水程度由原来的30.97%下降至14.01%。

第三节　西安市抗旱能力评估

一、现状年供水安全评估

（一）城乡居民生活

根据水资源供需分析结果，全市现状年在发生中度干旱及严重干旱的情况下，城乡生活用水保证率可以达到供水设计的最高保证率95%；当发生特大干旱时，城乡生活用水保证率最高只能达到90%左右，评估后，现状年全市如发生特大干旱，采取水资源调配及限制用水等措施，城乡居民生活用水仍有2600万立方米缺口，干旱灾害对全市人民生活的影响十分显著，详见表6－12。

表6－12　西安市现状年供水安全评估

	需水量（万立方米）	年缺水量（万立方米）			保证程度（%）		
		中度干旱	严重干旱	特大干旱	中度干旱	严重干旱	特大干旱
城乡生活	26045	0	0	2600	95	95	90
第二产业、第三产业	82924	1400	2800	6500	98.31	96.62	92.16
农业	128125	20318	30964	45271	63.11	56.88	48.50
生态环境	5652	735	1085	5652	87.00	80.80	18.61

（二）工农业生产

1. 工业、建筑业及第三产业

工业、建筑业、第三产业用水，以优先保障城乡生活用水为原则，调配可供水量。综合评估后，全市现状水平年当发生中度、重度、特大干旱情况时，第二、第三产业缺水量分别达到1400万立方米、2800万立方米、6500万立方米，预测影响工业增加值分别达到19.7亿元、40.5亿元、100.3亿元，干旱灾害对全市工业发展的限制作用十分明显。

全市现状年当发生中度干旱情况时，因为有比较充足的可供水量，全市工业、建筑业及第三产业生产用水破坏程度平均仅为1.69%，相应的用水保障程度可达98.31%；当发生严重干旱情况时，全市的工业、建筑业及第三产业用水破坏程度有所增加，对应的保证度均有所下降，全市平均用水的破坏程度上升至8.17%，相应的保障程度降至96.62%；当发生特大干旱情况时，工业、建筑业及第三产业的用水矛盾表现得更为显著，全市用水的破坏程度再一次增加，已增至7.84%，相应的保证度降至92.16%，此时只能保障重点部门、企业及单位的用水。详见表6－12。

2. 农业

农业用水是在保证了城乡居民生活用水的基础上，在工业生产及生态环境不受大冲击的前提下进行配置的。经分析，在中度、严重、特大干旱发生时，现状年全市农业缺水量分别达到2.03亿立方米、3.10亿立方米、4.53亿立方米，预测因旱粮食减产量分别达到21万吨、33万吨、48万吨，严重危及到城市粮食生产安全，影响社稷民生。依据全市农业用水平均保证率为75%进行计算，在发生中度、重度及特大干旱时，全市农业用水的保障程度如表6－12所示。

（三）生态环境

为了降低城乡生活以及工农业用水的短缺，在发生旱情的情况下，生态环境用水量会适当减少。根据工农业及城乡生活用水的需求关系，全市生态环境用水的平均破坏程度在发生中度干旱、严重干旱、特大干旱时分别为13%、19.2%、81.39%，详见表6－12。

二、规划年供水安全评估

今后较长一段时期内，西安市经济仍将持续快速增长，产业结构将发生重大调整，城市化进程速度不断提升，人们生活水平和生活质量将会大幅提高，保护和改善生态环境的要求会更加迫切，水安全和粮食安全的要求更高，干旱将面临更大的挑战和压力。

通过计算分析可以看出，2020规划水平年当发生特大干旱情况时，全市城乡生活用水的保证率仅为94%左右，缺水达到2000万立方米，约有80万人饮水困难；第二产业、第三产业保障程度仅为71%，预测经济损失达到485.71万元；农业用水保障程度维持在62%左右，缺水达到2.02亿立方米，农业失灌溉面积约为47.31万亩，抗旱形势面临严峻挑战，详见表6－13。

表6－13 西安市规划年供水安全评估

	年缺水量（万立方米）			保证程度（%）		
	中度干旱	严重干旱	特大干旱	中度干旱	严重干旱	特大干旱
城乡生活	0	0	2000	95	95	94
第二产业、第三产业	0	11000	34000	100	91	71
农业	8709	8213	20161	69	70	62
生态环境	0	500	6000	100	94	23

第四节　抗旱应急备用水源工程规划

一、现有抗旱应急备用水源工程改造

石头河水库西安应急供水渠道维护改造工程。石头河水库向西安市供水始于1995年，设计年供水量9500万立方米。2020年引汉济渭工程实施后，石头河水库将不再向西安市供水，转向宝鸡市供水。规划将石头河水库作为西安市的抗旱应急水源工程，修复石头河水库现状供水渠道32.79km，主要用来缓解西安市发生特大旱情时的居民生活用水及重点工业和部门的生产用水短缺问题，可提供抗旱应急供水量2375万立方米。

二、新建抗旱应急备用水源工程

1. 新建库峪水库

规划新建库峪水库，位于浐河支流库峪河上游峪口处，地属长安区，距西安市50km，库容1080万立方米，有效库容1000万立方米，规划为西安市抗旱应急水源工程，可抗旱应急供水量876万立方米，规划正常供水为西安市区景观环境供水。该工程规划在近期实施。

2. 新建太平峪水库

规划新建太平峪水库，位于太平峪内210所南约1km处，总库容650万立方米，死库容20万立方米，兴利库容500万立方米。规划正常时期用于农业用水，抗旱应急时期用于解决户县县城供水和沿线群众饮水。经调节计算，可新增抗旱应急供水量280万立方米。该工程规划在远期实施。

3. 新建涝峪西河水库

涝峪西河水库拟建坝址位于户县涝峪管委会西河村，多年平均径流量3132立方米，河床比降1/100，总库容620万立方米，其中死库容20万立方米，兴利库容530万立方米。坝高58m，为堆石面板坝，规划解决沿线居民在特大干旱期间的生活用水问题。经调节计算，可新增抗旱应急供水量270万立方米。该工程规划在远期实施。

第七章　黑河引水系统水资源量分析及配置结果

第一节　黑河引水系统水资源总量

一、峪口以上或水库坝址水资源量

参照第三章第二节各峪峪口以上和水库坝址处水资源量的估算方法，计算黑河引水系统各水源的水资源量，并将结果汇总，如表 7－1 所示。

表 7－1　峪口以上径流量及供（引）水工程来水量计算成果

流域	峪口以上面积（km^2）	年径流量（万立方米）	工程	控制面积（km^2）	年径流量（万立方米）	不同频率（%）		
						50	75	95
黑河	1481	55451.84	金盆水库	1481	55451.84	52120.8	38663.65	20010
石砭峪河	132	8563.08	石砭峪水库	132	8563.08	—	—	—
甘河	68.5	2162.13	甘峪水库	68.5	2162.13	2019.94	1367.69	962.79
西骆峪河	82.7	2148.08	西骆峪水库	82.7	2148.08	2007.68	1355.53	955.5
田峪河	244	7540.53	田峪水库	210	6489.76	6063.47	4101.84	2890.08
沣峪河	165.8	7250.31	梨园坪水库	165.8	7250.31	6773.48	4586.30	3228.53
高冠峪河	139.2	6102.37	高冠峪水库	137.2	6014.73	5617.99	3806.09	2679.61
太平峪河	163	7145.73	太平峪水库	154	6751.05	6306.16	4271.62	3005.34
就峪河	67.7	1758.50	就峪径流引水	67.7	1758.50	1642.83	1112.35	783.04
耿峪河	23.3	648.38	耿峪峪口引水	23.3	648.38	605.74	410.14	288.72
涝河	347	11409.16	涝峪口引水	347	11409.16	10658.73	7216.99	5080.41
石头河	686	37003	石头河水库（含引红济石）	673	46103	—	—	—

二、调水工程可调水量

（一）引湑济黑可调水量

根据第三章引湑济黑可调水量的理论分析，取水口断面多年平均径流量为6091万立方米，设计最大引水流量为$10m^3/s$，扣除不同下泄流量情况下的引水量计算成果如表7－2所示。根据调水工程实际情况，满足要求的取水断面最小下泄流量为$0.25m^3/s$，此时多年平均引水量为3940万立方米，占湑水河取水口处多年平均径流量的64.7%，同时引湑济黑调水工程引水量占湑水河总径流量的很小一部分，对湑水河下游沿河两岸人民生活及工农业生产影响较小。

根据《西安市引湑济黑调水工程可行性研究报告》，按取水堤坝处湑水河来水量及输水隧洞的规模，设计引水流量为$10.0m^3/s$，将湑水河天然来水引入黑河，对湑水河来水大于枢纽引水能力的余水弃入湑水河。由于输水隧洞沿程地下水位较高，地下水对引水量有补充作用，湑水河引水由堤坝取水至水库库区的损失水量按引水量的5%计算。因此扣除引水损失后，引湑济黑调水工程净引水量为3743万立方米，详见表7－3。

表7－2 不同下泄流量下各年引水量计算成果

年份	取水口径流量（万立方米）	扣除不同下泄流量情况下的引水量（万立方米）									
		全引	$0.1m^3/s$	$0.15m^3/s$	$0.2m^3/s$	$0.25m^3/s$	$0.3m^3/s$	$0.35m^3/s$	$0.4m^3/s$	$0.45m^3/s$	$0.5m^3/s$
1950	4053	3553	3358	3261	3164	3073	2982	2892	2802	2715	2629
1951	6185	4517	4296	4187	4079	3973	3867	3763	3661	3559	3460
1952	8962	6310	6043	5917	5793	5671	5553	5440	5328	5222	5120
1953	4295	3446	3263	3140	3018	2899	2783	2669	2558	2448	2341
1954	6087	5232	4968	4842	4719	4597	4478	4360	4245	4132	4021
1955	9723	6688	6437	6320	6206	6094	5983	5874	5769	5666	5564
1956	8258	4784	4542	4519	4425	4336	4253	4178	4104	4032	3968
1957	5258	3701	3462	3350	3241	3134	3029	2927	2827	2738	2661
1958	12090	7487	7267	7161	7059	6959	6860	6761	6664	6565	6474
1959	4507	4033	3809	3721	3634	3549	3467	3390	3314	3239	3166
1960	4082	3646	3439	3354	3279	3207	3139	3073	3008	2945	2885
1961	11490	7163	6969	6880	6795	6711	6629	6550	6475	6403	6333
1962	6508	4471	4281	4198	4117	4039	3965	3893	3824	3757	3691
1963	8306	6161	5946	5846	5748	5654	5561	5469	5378	5289	5200

续表

年份	取水口径流量（万立方米）	扣除不同下泄流量情况下的引水量（万立方米）									
		全引	0.1m³/s	0.15m³/s	0.2m³/s	0.25m³/s	0.3m³/s	0.35m³/s	0.4m³/s	0.45m³/s	0.5m³/s
1964	12658	8976	8780	8688	8598	8509	8420	8333	8247	8163	8079
1965	5516	4408	4206	4116	4028	3943	3860	3779	3704	3632	3565
1966	5378	4127	3961	3895	3830	3767	3706	3647	3590	3536	3484
1967	7671	6063	5851	5752	5654	5558	5463	5371	5281	5194	5110
1968	7582	5299	5106	5016	4929	4843	4759	4679	4592	4517	4446
1969	3535	2564	2380	2337	2281	2229	2178	2130	2083	2039	1996
1970	4881	3883	3675	3602	3535	3470	3408	3349	3291	3237	3184
1971	4370	3447	3235	3167	3102	3041	2982	2926	2873	2822	2772
1972	3954	2660	2455	2406	2359	2313	2268	2223	2180	2137	2097
1973	6068	4442	4238	4161	4087	4017	3948	3879	3815	3753	3694
1974	4788	3609	3418	3352	3289	3228	3167	3107	3048	2989	2931
1975	8006	5598	5403	5319	5237	5156	5077	4998	4920	4842	4765
1976	6179	3629	3375	3264	3156	3051	2950	2856	2729	2683	2607
1977	3237	2827	2618	2543	2469	2399	2332	2267	2209	2155	2102
1978	5475	4644	4401	4311	4208	4093	3995	3903	3816	3735	3659
1979	3119	2740	2501	2478	2386	2298	2213	2134	2062	1994	1934
1980	6990	5011	4774	4666	4555	4445	4339	4239	4146	4057	3969
1981	14125	6506	6299	6203	6110	6022	5935	5852	5780	5713	5646
1982	6356	4595	4418	4340	4263	4186	4110	4037	3965	3894	3824
1983	12752	7954	7742	7644	7548	7455	7365	7276	7189	7101	7014
1984	8670	6093	5835	5720	5608	5500	5394	5291	5194	5100	5009
1985	5639	4631	4376	4264	4157	4053	3951	3853	3756	3662	3573
1986	4071	3163	2938	2848	2760	2675	2591	2514	2441	2374	2311
1987	5545	3926	3689	3588	3487	3388	3295	3215	3141	3070	3003
1988	7542	5382	5155	5055	4958	4861	4769	4682	4597	4511	4430
1989	8167	6180	5921	5794	5669	5546	5424	5305	5189	5073	4961
1990	7403	5606	5332	5203	5080	4959	4840	4722	4605	4490	4378
1991	4279	3292	3083	2996	2909	2825	2744	2670	2599	2532	2469
1992	4556	3573	3434	3376	3320	3267	3216	3168	3124	3081	3038
1993	4546	3724	3539	3451	3364	3280	3199	3121	3045	2972	2901

续表

年份	取水口径流量（万立方米）	扣除不同下泄流量情况下的引水量（万立方米）									
		全引	0.1m³/s	0.15m³/s	0.2m³/s	0.25m³/s	0.3m³/s	0.35m³/s	0.4m³/s	0.45m³/s	0.5m³/s
1994	3195	2831	2703	2643	2585	2530	2475	2421	2368	2316	2265
1995	2103	1800	1680	1623	1569	1514	1461	1409	1358	1309	1260
1996	4135	3559	3402	3325	3250	3177	3106	3038	2973	2909	2847
1997	1927	1927	1698	1605	1514	1433	1361	1301	1249	1203	1159
1998	7231	4092	3913	3833	3757	3681	3608	3535	3464	3399	3340
1999	3237	3008	2722	2607	2500	2402	2318	2238	2163	2093	2027
2000	3184	2866	2697	2632	2567	2503	2441	2382	2324	2266	2210
2001	4840	3856	3716	3648	3580	3514	3450	3388	3328	3269	3211
2002	3390	3112	2825	2708	2601	2501	2415	2334	2258	2186	2119
2003	8412	6212	5997	5897	5799	5705	5613	5522	5432	5343	5256
2004	3686	2640	2469	2411	2354	2301	2250	2201	2154	2111	2068
2005	8263	4785	4544	4443	4350	4261	4179	4104	4030	3959	3895
2006	3411	2501	2332	2273	2217	2164	2113	2064	2018	1974	1932
2007	5360	4117	3952	3885	3821	3759	3699	3639	3583	3530	3479
2008	4026	3143	2918	2828	2741	2657	2577	2500	2428	2361	2298
2009	4269	3286	3079	2990	2904	2819	2739	2664	2594	2526	2463
2010	8042	5615	5420	5336	5253	5172	5093	5014	4936	4858	4781
平均	6091	4411	4201	4114	4026	3940	3858	3779	3702	3629	3559

表 7-3　引湑济黑调水工程各年净引水量计算成果

年份	取水断面径流量（万立方米）	考虑不同下泄流量情况下的引水量（万立方米）			考虑 5% 引水损失引入水库水量（万立方米）		
		0.15m³/s	0.2m³/s	0.25m³/s	0.15m³/s	0.2m³/s	0.25m³/s
1950	4053	3261	3164	3073	3098	3006	2919
1951	6185	4187	4079	3973	3978	3875	3774
1952	8962	5917	5793	5671	5621	5503	5387
1953	4295	3140	3018	2899	2983	2867	2755
1954	6087	4842	4719	4597	4600	4483	4367
1955	9723	6320	6206	6094	6004	5896	5789
1956	8258	4519	4425	4336	4293	4204	4119

续表

年份	取水断面径流量（万立方米）	考虑不同下泄流量情况下的引水量（万立方米）			考虑5%引水损失引入水库水量（万立方米）		
		0.15m³/s	0.2m³/s	0.25m³/s	0.15m³/s	0.2m³/s	0.25m³/s
1957	5258	3350	3241	3134	3183	3079	2977
1958	12090	7161	7059	6959	6803	6706	6611
1959	4507	3721	3634	3549	3535	3452	3372
1960	4082	3354	3279	3207	3186	3115	3047
1961	11490	6880	6795	6711	6536	6455	6375
1962	6508	4198	4117	4039	3988	3911	3837
1963	8306	5846	5748	5654	5554	5461	5371
1964	12658	8688	8598	8509	8254	8168	8084
1965	5516	4116	4028	3943	3910	3827	3746
1966	5378	3895	3830	3767	3700	3639	3578
1967	7671	5752	5654	5558	5464	5371	5280
1968	7582	5016	4929	4843	4765	4683	4601
1969	3535	2337	2281	2229	2220	2167	2117
1970	4881	3602	3535	3470	3422	3358	3296
1971	4370	3167	3102	3041	3009	2947	2889
1972	3954	2406	2359	2313	2286	2241	2197
1973	6068	4161	4087	4017	3953	3883	3816
1974	4788	3352	3289	3228	3184	3125	3066
1975	8006	5319	5237	5156	5053	4975	4898
1976	6179	3264	3156	3051	3101	2998	2898
1977	3237	2543	2469	2399	2416	2346	2279
1978	5475	4311	4208	4093	4095	3998	3888
1979	3119	2478	2386	2298	2354	2267	2184
1980	6990	4666	4555	4445	4433	4327	4223
1981	14125	6203	6110	6022	5893	5805	5721
1982	6356	4340	4263	4186	4123	4050	3977
1983	12752	7644	7548	7455	7262	7171	7082
1984	8670	5720	5608	5500	5434	5328	5225
1985	5639	4264	4157	4053	4051	3949	3850
1986	4071	2848	2760	2675	2706	2622	2542

续表

年份	取水断面径流量（万立方米）	考虑不同下泄流量情况下的引水量（万立方米）			考虑5%引水损失引入水库水量（万立方米）		
		0.15m³/s	0.2m³/s	0.25m³/s	0.15m³/s	0.2m³/s	0.25m³/s
1987	5545	3588	3487	3388	3409	3313	3219
1988	7542	5055	4958	4861	4802	4710	4618
1989	8167	5794	5669	5546	5504	5386	5268
1990	7403	5203	5080	4959	4943	4826	4711
1991	4279	2996	2909	2825	2846	2764	2684
1992	4556	3376	3320	3267	3207	3154	3103
1993	4546	3451	3364	3280	3278	3196	3116
1994	3195	2643	2585	2530	2511	2456	2403
1995	2103	1623	1569	1514	1542	1491	1439
1996	4135	3325	3250	3177	3159	3088	3018
1997	1927	1605	1514	1433	1525	1438	1361
1998	7231	3833	3757	3681	3641	3569	3497
1999	3237	2607	2500	2402	2477	2375	2282
2000	3184	2632	2567	2503	2500	2439	2378
2001	4840	3648	3580	3514	3466	3401	3338
2002	3390	2708	2601	2501	2573	2471	2376
2003	8412	5897	5799	5705	5602	5509	5420
2004	3686	2411	2354	2301	2290	2236	2186
2005	8263	4443	4350	4261	4221	4133	4048
2006	3411	2273	2217	2164	2159	2106	2056
2007	5360	3885	3821	3759	3691	3630	3571
2008	4026	2828	2741	2657	2687	2604	2524
2009	4269	2990	2904	2819	2841	2759	2678
2010	8042	5336	5253	5172	5069	4990	4914
平均	6091	4114	4026	3940	3908	3825	3743

（二）引乾济石可调水量

根据第三章引湑济黑可调水量的理论分析，老林沟、太峪河、龙潭河三条支流合计最大引水流量为8.0m³/s，且基流小于0.3m³/s时，常流量供给下游使用，不引水。

（1）老林沟设计引水流量为4.0m³/s，以柞水站1980～2010年共31年逐日平均流量面积比拟并降雨量修正至老林沟取水口，老林坝址断面处多年平均径流量为4457万立方米。根据取水口以上流域面积，老林沟为下游预留河道生态基流量0.2m³/s，老林坝址处的多年平均可引水量为2448.68万立方米，占老林坝址断面处多年平均径流量4457万立方米的55%。扣除引水损失后，净引水量为2203.81万立方米，如表7－4所示。

（2）太峪河设计引水流量为2.0m³/s，以柞水站1980～2010年共31年逐日平均流量面积比拟并降雨量修正至太峪河取水口，太峪河坝址处多年平均径流量为2731万立方米，太峪河为下游预留河道生态基流量0.05m³/s，太峪河坝址处多年平均可引水量为1581.89万立方米，占太峪河坝址断面处多年平均径流量2731万立方米的58%。扣除引水损失后，净引水量为1423.71万立方米，如表7－5所示。

（3）龙潭河设计引水流量为2.0m³/s，以柞水站1980～2010年共31年逐日平均流量面积比拟并降雨量修正至龙潭河取水口，龙潭河坝址处多年平均径流量为2228万立方米，龙潭河为下游预留河道生态基流量0.05m³/s，龙潭河坝址处多年平均可引水量为1354.85万立方米，占龙潭河坝址断面处多年平均径流量2228万立方米的61%，扣除引水损失后，净引水量为1219.37万立方米，如表7－6所示。

将三条支流净引水量进行汇总，详见表7－7，可知引乾济石调水工程三条支流合计年平均净引水量为4846.89万立方米。

表7－4　引乾济石调水工程老林河低坝可引水量计算成果

年份	引水坝处各年平均流量（m³/s）	引水坝处径流量（万立方米）	各年平均引水流量（m³/s）	各年引水量（万立方米）	考虑10%引水损失引入水库水量（万立方米）
1980	1.025	3241.89	0.612	1934.50	1741.05
1981	1.868	5890.10	0.898	2832.81	2549.53
1982	1.144	3607.56	0.744	2346.55	2111.90
1983	3.505	11052.89	1.492	4706.39	4235.75
1984	2.407	7610.23	1.159	3664.36	3297.92
1985	1.843	5812.20	1.171	3692.50	3323.25
1986	0.705	2224.02	0.391	1233.92	1110.53
1987	2.182	6882.06	1.078	3398.25	3058.43
1988	2.115	6687.79	1.218	3852.78	3467.50
1989	1.454	4584.03	0.949	2992.04	2692.84
1990	1.231	3880.89	0.734	2314.51	2083.06

续表

年份	引水坝处各年平均流量（m³/s）	引水坝处径流量（万立方米）	各年平均引水流量（m³/s）	各年引水量（万立方米）	考虑10%引水损失引入水库水量（万立方米）
1991	0.807	2544.91	0.456	1436.55	1292.90
1992	1.081	3417.91	0.616	1947.66	1752.89
1993	0.890	2806.92	0.611	1926.35	1733.72
1994	1.152	3631.56	0.672	2119.45	1907.51
1995	0.677	2136.49	0.405	1277.70	1149.93
1996	1.172	3707.41	0.704	2227.35	2004.62
1997	0.240	755.62	0.109	345.09	310.58
1998	1.594	5027.71	0.647	2038.91	1835.02
1999	0.693	2186.35	0.353	1111.97	1000.77
2000	1.253	3961.34	0.778	2461.63	2215.47
2001	0.754	2376.57	0.521	1641.64	1477.48
2002	1.553	4896.61	1.008	3177.33	2859.60
2003	1.826	5756.94	0.713	2247.43	2022.69
2004	1.558	4928.00	1.011	3195.46	2875.91
2005	2.411	7604.83	1.165	3674.89	3307.40
2006	0.995	3139.24	0.685	2159.33	1943.40
2007	1.564	4932.48	1.014	3198.05	2878.25
2008	0.961	3039.95	0.661	2091.01	1881.91
2009	1.246	3928.74	0.801	2525.28	2272.75
2010	1.703	5371.09	0.678	2137.41	1923.67
多年平均	1.407	4457	0.776	2448.68	2203.81

表7-5　引乾济石调水工程太峪河低坝可引水量计算成果

年份	引水坝处各年平均流量（m³/s）	引水坝处径流量（万米）	各年平均引水流量（m³/s）	各年引水量（万立方米）	考虑10%引水损失引入水库水量（万立方米）
1980	0.628	1986.96	0.408	1289.98	1160.98
1981	1.145	3610.06	0.539	1700.66	1530.59
1982	0.701	2211.08	0.486	1532.77	1379.49
1983	2.148	6774.35	0.863	2721.84	2449.66

续表

年份	引水坝处各年平均流量（m^3/s）	引水坝处径流量（万米）	各年平均引水流量（m^3/s）	各年引水量（万立方米）	考虑10%引水损失引入水库水量（万立方米）
1984	1. 475	4664. 33	0. 720	2275. 94	2048. 35
1985	1. 130	3562. 32	0. 723	2281. 35	2053. 22
1986	0. 432	1363. 11	0. 298	938. 83	844. 95
1987	1. 338	4218. 04	0. 673	2121. 72	1909. 55
1988	1. 296	4098. 97	0. 730	2308. 21	2077. 39
1989	0. 891	2809. 57	0. 615	1939. 30	1745. 37
1990	0. 754	2378. 61	0. 491	1547. 61	1392. 85
1991	0. 495	1559. 78	0. 330	1042. 04	937. 84
1992	0. 662	2094. 85	0. 401	1267. 69	1140. 92
1993	0. 546	1720. 37	0. 421	1327. 93	1195. 14
1994	0. 706	2225. 80	0. 449	1417. 26	1275. 53
1995	0. 415	1309. 46	0. 297	935. 36	841. 82
1996	0. 719	2272. 28	0. 453	1432. 55	1289. 30
1997	0. 147	463. 12	0. 101	318. 64	286. 78
1998	0. 977	3081. 50	0. 415	1308. 49	1177. 64
1999	0. 425	1340. 02	0. 262	826. 94	744. 25
2000	0. 768	2427. 92	0. 500	1581. 42	1423. 28
2001	0. 462	1456. 61	0. 376	1185. 40	1066. 86
2002	0. 952	3001. 15	0. 648	2042. 00	1837. 80
2003	1. 119	3528. 45	0. 455	1434. 26	1290. 83
2004	0. 955	3020. 39	0. 649	2052. 24	1847. 02
2005	1. 478	4661. 03	0. 719	2268. 65	2041. 79
2006	0. 610	1924. 05	0. 463	1460. 44	1314. 40
2007	0. 959	3023. 13	0. 651	2053. 70	1848. 33
2008	0. 589	1863. 20	0. 449	1421. 36	1279. 22
2009	0. 764	2407. 94	0. 519	1635. 84	1472. 26
2010	1. 044	3291. 96	0. 434	1368. 32	1231. 49
多年平均	0. 862	2731	0. 501	1581. 89	1423. 71

表 7-6　引乾济石调水工程龙潭河低坝可引水量计算成果

年份	引水坝处各年平均流量（m^3/s）	引水坝处径流量（万立方米）	各年平均引水流量（m^3/s）	各年引水量（万立方米）	考虑 10% 引水损失引入水库水量（万立方米）
1980	0.513	1620.94	0.343	1084.54	976.09
1981	0.934	2945.05	0.479	1510.60	1359.54
1982	0.572	1803.78	0.415	1307.24	1176.52
1983	1.752	5526.44	0.774	2439.58	2195.62
1984	1.203	3805.11	0.624	1971.77	1774.59
1985	0.922	2906.10	0.630	1985.78	1787.20
1986	0.353	1112.01	0.244	769.72	692.75
1987	1.091	3441.03	0.580	1829.37	1646.43
1988	1.057	3343.89	0.648	2048.60	1843.74
1989	0.727	2292.02	0.521	1643.33	1479.00
1990	0.615	1940.45	0.414	1306.30	1175.67
1991	0.403	1272.45	0.273	859.55	773.60
1992	0.540	1708.96	0.347	1097.89	988.10
1993	0.445	1403.46	0.351	1105.37	994.83
1994	0.576	1815.78	0.379	1196.31	1076.68
1995	0.339	1068.25	0.245	772.91	695.62
1996	0.586	1853.71	0.391	1237.43	1113.69
1997	0.120	377.81	0.077	242.13	217.92
1998	0.797	2513.86	0.361	1137.49	1023.74
1999	0.347	1093.18	0.216	681.18	613.06
2000	0.626	1980.67	0.427	1349.84	1214.86
2001	0.377	1188.29	0.309	974.18	876.76
2002	0.776	2448.31	0.550	1734.68	1561.21
2003	0.913	2878.47	0.396	1249.44	1124.50
2004	0.779	2464.00	0.551	1743.75	1569.38
2005	1.206	3802.42	0.625	1970.87	1773.78
2006	0.498	1569.62	0.388	1224.63	1102.17
2007	0.782	2466.24	0.553	1745.04	1570.54
2008	0.481	1519.98	0.376	1190.00	1071.00
2009	0.623	1964.37	0.444	1400.08	1260.07

续表

年份	引水坝处各年平均流量（m^3/s）	引水坝处径流量（万立方米）	各年平均引水流量（m^3/s）	各年引水量（万立方米）	考虑10%引水损失引入水库水量（万立方米）
2010	0. 852	2685. 55	0. 378	1190. 86	1071. 77
多年平均	0. 703	2228	0. 429	1354. 85	1219. 37

表7－7　引乾济石调水工程三条支流合计可引水量计算成果

年份	支流低坝引水量（万立方米）			取水断面合计调入水量（万立方米）
	龙潭河	太峪河	老林河	
1980	976. 09	1160. 98	1741. 05	3878. 12
1981	1359. 54	1530. 59	2549. 53	5439. 66
1982	1176. 52	1379. 49	2111. 90	4667. 90
1983	2195. 62	2449. 66	4235. 75	8881. 03
1984	1774. 59	2048. 35	3297. 92	7120. 86
1985	1787. 20	2053. 22	3323. 25	7163. 67
1986	692. 75	844. 95	1110. 53	2648. 22
1987	1646. 43	1909. 55	3058. 43	6614. 41
1988	1843. 74	2077. 39	3467. 50	7388. 63
1989	1479. 00	1745. 37	2692. 84	5917. 20
1990	1175. 67	1392. 85	2083. 06	4651. 58
1991	773. 60	937. 84	1292. 90	3004. 33
1992	988. 10	1140. 92	1752. 89	3881. 92
1993	994. 83	1195. 14	1733. 72	3923. 69
1994	1076. 68	1275. 53	1907. 51	4259. 72
1995	695. 62	841. 82	1149. 93	2687. 37
1996	1113. 69	1289. 30	2004. 62	4407. 60
1997	217. 92	286. 78	310. 58	815. 27
1998	1023. 74	1177. 64	1835. 02	4036. 40
1999	613. 06	744. 25	1000. 77	2358. 08
2000	1214. 86	1423. 28	2215. 47	4853. 60
2001	876. 76	1066. 86	1477. 48	3421. 10
2002	1561. 21	1837. 80	2859. 60	6258. 61
2003	1124. 50	1290. 83	2022. 69	4438. 02

续表

年份	支流低坝引水量（万立方米）			取水断面合计调入水量（万立方米）
	龙潭河	太峪河	老林河	
2004	1569.38	1847.02	2875.91	6292.31
2005	1773.78	2041.79	3307.40	7122.97
2006	1102.17	1314.40	1943.40	4359.96
2007	1570.54	1848.33	2878.25	6297.11
2008	1071.00	1279.22	1881.91	4232.13
2009	1260.07	1472.26	2272.75	5005.08
2010	1071.77	1231.49	1923.67	4226.93
多年平均	1219.37	1423.71	2203.81	4846.89

第二节　黑河引水系统需水量

一、河道内生态环境需水量

参照第三章第二节提出的三种河道内生态环境需水量计算方法，计算黑河引水系统各水源的生态环境需水量，并将结果汇总，见表7-8。

表7-8　水源工程下游河道生态基流计算成果

水源工程	工程下游河道生态基流计算		
	近10年最小月平均流量（m^3/s）	多年平均流量的10%（m^3/s）	Q90（m^3/s）
西骆峪河	—	0.068	0.049
田峪河	—	0.206	0.161
就峪河	—	0.056	0.041
黑河	1.769	1.758	1.248
沣峪河	—	0.230	0.181
高冠峪河	—	0.191	0.148
太平峪河	—	0.214	0.172
石砭峪	—	0.272	0.180
涝河	—	0.362	0.292

续表

水源工程	工程下游河道生态基流计算		
	近10年最小月平均流量（m^3/s）	多年平均流量的10%（m^3/s）	Q90（m^3/s）
甘河	—	0.069	0.031
耿峪河	—	0.021	0.019

二、农业灌溉需水量

参照第三章第二节提出的农业灌溉需水量计算方法，根据各灌区拟定的不同灌溉制度、灌溉面积及设计水平年全灌区平均灌溉水利用系数，计算黑河引水系统各水源承担灌溉任务所需灌溉水量。

（一）黑河金盆水库农业灌溉需水量

根据《西安市黑河引水灌区续建配套工程可行性研究报告》，灌区设施灌溉面积37.3万亩，其中，渠灌区16.9万亩，渠井双灌区20.1万亩；规划2015年灌区粮经比例为6:4，复种指数170%，设计水平年全灌区平均灌溉水利用系数$\eta=0.68$。依据周户灌区常规和节水灌溉制度，灌区设计水平年灌溉需水量预测结果分别如表7－9和7－10所示。

表7－9 周户灌区常规灌溉毛需水量 单位：万立方米

日期	3月	4月	5月	6月	7月	8月	11月	12月
1	—	80.7435	—	—	69.1147	—	—	84.2834
2	—	80.7435	—	—	69.1147	—	—	84.2834
3	—	80.7435	—	—	69.1147	—	—	84.2834
4	—	80.7435	—	—	82.2794	—	—	84.2834
5	—	—	—	—	82.2794	—	—	84.2834
6	—	—	—	—	82.2794	—	—	84.2834
7	—	—	—	—	82.2794	—	—	84.2834
8	—	—	—	—	82.2794	—	—	84.2834
9	—	—	—	86.0423	82.2794	—	—	84.2834
10	—	—	—	86.0423	82.2794	—	—	84.2834
11	—	—	—	86.0423	82.2794	—	—	84.2834
12	—	—	—	86.0423	82.2794	—	—	84.2834
13	—	—	—	86.0423	82.2794	60.5577	—	84.2834
14	—	—	97.9015	86.0423	82.2794	60.5577	—	84.2834

续表

日期	3月	4月	5月	6月	7月	8月	11月	12月
15	—	—	97.9015	86.0423	82.2794	60.5577	—	84.2834
16	47.4368	—	97.9015	86.0423	—	60.5577	—	52.6588
17	47.4368	—	97.9015	86.0423	—	60.5577	—	52.6588
18	47.4368	—	97.9015	86.0423	—	60.5577	—	52.6588
19	47.4368	—	97.9015	50.4647	—	60.5577	—	52.6588
20	47.4368	—	97.9015	50.4647	—	60.5577	—	52.6588
21	47.4368	60.5577	97.9015	—	87.3957	60.5577	35.5447	52.6588
22	47.4368	60.5577	97.9015	—	87.3957	60.5577	35.5447	52.6588
23	47.4368	60.5577	97.9015	—	87.3957	—	35.5447	52.6588
24	47.4368	60.5577	50.4647	—	87.3957	—	35.5447	52.6588
25	47.4368	60.5577	50.4647	—	87.3957	—	35.5447	—
26	80.7435	60.5577	—	—	87.3957	—	35.5447	—
27	80.7435	60.5577	—	—	87.3957	—	35.5447	—
28	80.7435	60.5577	—	—	87.3957	—	35.5447	—
29	80.7435	60.5577	—	—	87.3957	—	35.5447	—
30	80.7435	60.5577	—	—	87.3957	—	35.5447	—
31	80.7435	—	—	—	87.3957	—	—	—
小计	958.83	928.55	1079.95	961.35	2156.05	605.58	671.40	1738.18
合计	9099.88							

表7-10　周户灌区节水灌溉毛需水量　　单位：万立方米

日期	3月	4月	5月	6月	7月	11月	12月
1	—	60.5577	—	—	69.1147	—	76.3772
2	—	60.5577	—	—	69.1147	—	76.3772
3	—	60.5577	—	—	69.1147	—	76.3772
4	—	60.5577	—	—	82.2794	—	76.3772
5	—	—	—	—	82.2794	—	76.3772
6	—	—	—	—	82.2794	—	76.3772
7	—	—	—	—	82.2794	—	76.3772
8	—	—	—	—	82.2794	—	76.3772
9	—	—	—	80.1127	82.2794	—	76.3772

续表

日期	3月	4月	5月	6月	7月	11月	12月
10	—	—	—	80.1127	82.2794	—	76.3772
11	—	—	—	80.1127	82.2794	—	76.3772
12	—	—	—	80.1127	82.2794	—	76.3772
13	—	—	—	80.1127	82.2794	—	76.3772
14	—	—	50.4647	80.1127	82.2794	—	76.3772
15	—	—	50.4647	80.1127	82.2794	—	76.3772
16	47.4368	—	50.4647	80.1127	—	—	52.6588
17	47.4368	—	50.4647	80.1127	—	—	52.6588
18	47.4368	—	50.4647	80.1127	—	—	52.6588
19	47.4368	—	50.4647	50.4647	—	—	52.6588
20	47.4368	—	50.4647	50.4647	—	—	52.6588
21	47.4368	—	50.4647	—	72.8298	34.0637	52.6588
22	47.4368	—	50.4647	—	72.8298	34.0637	52.6588
23	47.4368	—	50.4647	—	72.8298	34.0637	52.6588
24	47.4368	—	50.4647	—	72.8298	34.0637	52.6588
25	47.4368	—	50.4647	—	72.8298	86.7225	—
26	60.5577	—	—	—	72.8298	86.7225	—
27	60.5577	—	—	—	72.8298	86.7225	—
28	60.5577	—	—	—	72.8298	86.7225	—
29	60.5577	—	—	—	72.8298	86.7225	—
30	60.5577	—	—	—	72.8298	86.7225	—
31	60.5577	—	—	—	72.8298	—	—
小计	837.71	242.23	605.58	902.06	1995.82	656.59	1619.59
合计	6859.58						

（二）石砭峪水库农业灌溉需水量

石砭峪水库灌区面积16.85万亩，农作物种植比例为粮食作物69.9%，经济作物13%，经济林17.2%。灌溉水利用系数为0.65。依据石砭峪水库灌区灌溉制度，设计水平年灌区灌溉需水量预测结果，如表7－11所示，灌溉年均需水量为4330.13万立方米。

表 7－11　石砭峪水库灌区灌溉毛需水量　　　单位：万立方米

日期	1 月	2 月	3 月	4 月	5 月	6 月	7 月	8 月	9 月	10 月	11 月	12 月
1	0. 04	0. 58	8. 69	6. 24	5. 69	5. 20	4. 53	33. 36	6. 33	6. 33	0. 36	25. 75
2	0. 04	0. 58	8. 69	6. 24	5. 69	5. 20	4. 53	33. 36	6. 33	6. 33	0. 36	25. 75
3	0. 04	0. 58	8. 69	6. 24	5. 69	5. 20	4. 53	33. 36	6. 33	6. 33	0. 36	25. 75
4	0. 04	0. 58	8. 69	6. 24	5. 69	5. 20	4. 53	33. 36	6. 33	6. 33	0. 36	25. 75
5	0. 04	0. 58	8. 69	6. 24	5. 69	5. 20	4. 53	33. 36	6. 33	6. 33	0. 36	26. 35
6	0. 04	0. 58	8. 69	6. 24	5. 69	5. 20	26. 55	33. 36	6. 33	6. 33	0. 36	26. 35
7	0. 04	0. 58	8. 69	6. 24	5. 69	5. 20	26. 55	33. 36	6. 33	6. 33	0. 36	26. 35
8	0. 04	0. 58	8. 69	6. 24	5. 69	5. 20	26. 55	33. 36	6. 33	6. 33	0. 36	26. 35
9	0. 04	0. 58	8. 69	6. 24	5. 69	5. 20	26. 55	33. 36	6. 33	6. 33	0. 36	26. 35
10	0. 04	0. 58	8. 69	6. 24	5. 69	5. 20	26. 55	33. 36	6. 33	6. 33	0. 36	26. 35
11	1. 08	0. 58	34. 32	5. 69	5. 69	4. 54	30. 77	33. 26	6. 33	6. 33	0. 36	26. 35
12	1. 08	0. 58	34. 32	5. 69	5. 69	4. 54	30. 77	33. 26	6. 33	6. 33	0. 36	26. 35
13	1. 08	0. 58	34. 32	5. 69	5. 69	4. 54	30. 77	33. 26	6. 33	6. 33	0. 36	26. 35
14	1. 08	0. 58	34. 32	5. 69	5. 69	4. 54	30. 77	33. 26	6. 33	6. 33	0. 36	26. 35
15	1. 08	0. 58	34. 32	5. 69	5. 69	4. 54	30. 77	33. 26	6. 33	6. 33	0. 36	26. 35
16	1. 08	0. 58	34. 32	5. 69	5. 69	4. 54	30. 77	29. 04	6. 33	6. 33	0. 36	26. 35
17	1. 08	0. 58	34. 32	5. 69	5. 69	4. 54	30. 77	29. 04	6. 33	6. 33	0. 36	26. 35
18	1. 08	0. 58	34. 32	5. 69	5. 69	4. 54	30. 77	29. 04	6. 33	6. 33	0. 36	26. 35
19	1. 08	0. 58	34. 32	5. 69	5. 69	4. 54	30. 77	29. 04	6. 33	6. 33	0. 36	26. 35
20	1. 08	0. 58	40. 08	5. 69	5. 69	4. 54	30. 77	29. 04	6. 33	6. 33	0. 36	26. 35
21	0. 62	0. 58	40. 08	5. 69	5. 69	4. 54	33. 36	6. 33	6. 33	6. 33	26. 11	23. 64
22	0. 62	0. 58	40. 08	5. 69	5. 69	4. 54	33. 36	6. 33	6. 33	6. 33	26. 11	23. 64
23	0. 62	0. 58	40. 08	5. 69	5. 69	4. 54	33. 36	6. 33	6. 33	6. 33	26. 11	23. 64
24	0. 62	0. 58	40. 08	5. 69	5. 69	4. 54	33. 36	6. 33	6. 33	6. 33	26. 11	23. 64
25	0. 62	0. 58	40. 08	5. 69	5. 69	4. 54	33. 36	6. 33	6. 33	6. 33	26. 11	23. 64
26	0. 58	0. 00	40. 08	5. 69	5. 20	4. 54	29. 14	6. 33	6. 33	6. 33	26. 11	23. 64
27	0. 58	0. 00	40. 08	5. 69	5. 20	4. 54	29. 14	6. 33	6. 33	6. 33	26. 11	23. 64
28	0. 58	0. 00	40. 08	5. 69	5. 20	4. 54	29. 14	6. 33	6. 33	6. 33	26. 11	23. 64
29	0. 58	0. 00	40. 08	5. 69	5. 20	4. 54	29. 14	6. 33	6. 33	6. 33	26. 11	23. 64
30	0. 58	—	40. 08	5. 69	5. 20	4. 54	29. 14	6. 33	6. 33	6. 33	26. 11	23. 64
31	0. 58	—	40. 08	—	5. 20	—	29. 14	6. 33	—	0. 00	—	0. 60
合计	17. 72	14. 51	876. 65	176. 16	173. 39	142. 73	804. 72	714. 73	189. 83	189. 83	268. 25	761. 61

（三）西骆峪水库农业灌溉需水量

西骆峪水库灌区设施有效灌溉面积5万亩，灌溉水利用系数为0.62。依据西骆峪水库灌区灌溉制度，设计水平年灌区灌溉需水量预测结果，如表7－12所示，西骆峪水库灌区毛灌溉需水总量为2354.97万立方米。

表7－12　西骆峪水库灌区灌溉毛需水量　　单位：万立方米

日期	3月	4月	5月	6月	7月	8月	11月	12月
1	2.3	6.6	—	4.1	17.9	20.8	—	19.5
2	2.3	6.6	—	4.1	17.9	20.8	—	19.5
3	2.3	6.6	—	4.1	17.9	20.8	—	19.5
4	2.3	6.6	—	4.1	17.9	20.8	—	19.5
5	2.3	6.6	—	4.1	17.9	20.8	—	19.5
6	2.3	6.6	—	4.1	17.9	20.8	—	19.5
7	2.3	6.6	—	4.1	17.9	20.8	—	19.5
8	2.3	6.6	—	4.1	17.9	20.8	—	19.5
9	2.3	6.6	—	4.1	17.9	20.8	—	19.5
10	2.3	6.6	—	4.1	17.9	20.8	—	19.5
11	7.2	—	15.3	18.9	9.4	15.8	—	9.8
12	7.2	—	15.3	18.9	9.4	15.8	—	9.8
13	7.2	—	15.3	18.9	9.4	15.8	—	9.8
14	7.2	—	15.3	18.9	9.4	15.8	—	9.8
15	7.2	—	15.3	18.9	9.4	15.8	—	9.8
16	7.2	—	15.3	18.9	9.4	15.8	—	9.8
17	7.2	—	15.3	18.9	9.4	15.8	—	9.8
18	7.2	—	15.3	18.9	9.4	15.8	—	9.8
19	7.2	—	15.3	18.9	9.4	15.8	—	9.8
20	7.2	—	15.3	18.9	9.4	15.8	—	9.8
21	13.45	17	8.18	—	21	2.64	21.1	—
22	13.45	17	8.18	—	21	2.64	21.1	—
23	13.45	17	8.18	—	21	2.64	21.1	—
24	13.45	17	8.18	—	21	2.64	21.1	—
25	13.45	17	8.18	—	21	2.64	21.1	—
26	13.45	17	8.18	—	21	2.64	21.1	—
27	13.45	17	8.18	—	21	2.64	21.1	—

续表

日期	3月	4月	5月	6月	7月	8月	11月	12月
28	13.45	17	8.18	—	21	2.64	21.1	—
29	13.45	17	8.18	—	21	2.64	21.1	—
30	13.45	17	8.18	—	21	2.64	21.1	—
31	13.45	—	8.18	—	21	2.64	—	—

（四）田峪河农业灌溉需水量

田峪河灌区设施灌溉面积2.81万亩，灌溉水利用系数为0.63。设计水平年灌区灌溉毛需水量计算结果，如表7－13所示，其毛灌溉需水总量为735.35万立方米。

表7－13　田峪河灌区灌溉毛需水量　　单位：万立方米

日期	3月	4月	5月	6月	7月	8月	11月	12月
1	0	6.57	0	0	5.62	0	0	5.70
2	0	6.57	0	0	5.62	0	0	5.70
3	0	6.57	0	0	5.62	0	0	5.70
4	0	6.57	0	0	6.65	0	0	5.70
5	0	0	0	0	6.65	0	0	5.70
6	0	0	0	0	6.65	0	0	5.70
7	0	0	0	0	6.65	0	0	5.70
8	0	0	0	0	6.65	0	0	5.70
9	0	0	0	7.00	6.65	0	0	5.70
10	0	0	0	7.00	6.65	0	0	5.70
11	0	0	0	7.00	6.65	0	0.86	5.70
12	0	0	0	7.00	6.65	0	0.86	5.70
13	0	0	0	7.00	6.65	4.92	0.86	5.70
14	0	0	7.52	7.00	6.65	4.92	0.86	5.70
15	0	0	7.52	7.00	6.65	4.92	0.86	5.70
16	3.37	0	7.52	7.00	0	4.92	0.86	3.11
17	3.37	0	7.52	7.00	0	4.92	0.86	3.11
18	3.37	0	7.52	7.00	0	4.92	0.86	3.11
19	3.37	0	7.52	4.06	0	4.92	0.86	3.11

续表

日期	3月	4月	5月	6月	7月	8月	11月	12月
20	3.37	0	7.52	4.06	0	4.92	0.86	3.11
21	3.37	4.92	7.52	0	7.08	4.92	5.10	3.11
22	3.37	4.92	7.52	0	7.08	4.92	5.10	3.11
23	3.37	4.92	7.52	0	7.08	0	5.10	3.11
24	3.37	4.92	4.06	0	7.08	0	5.10	3.11
25	3.37	4.92	4.06	0	7.08	0	5.10	3.11
26	6.57	4.92	0	0	7.08	0	5.10	3.11
27	6.57	4.92	0	0	7.08	0	5.10	3.11
28	6.57	4.92	0	0	7.08	0	5.10	3.11
29	6.57	4.92	0	0	7.08	0	5.10	3.11
30	6.57	4.92	0	0	7.08	0	5.10	3.11
31	6.57	6.57	0	0	7.08	0	0	3.11

第三节　黑河引水系统可供水量

在现状情况下，黑河引水系统由黑河城市引水渠道工程、石头河水库补充水源渠道工程、石砭峪水库备用水源渠道工程、沣峪河径流引水工程、田峪河径流引水工程、甘峪水库引水工程和就峪河径流引水工程共7处组成。为了保障城乡供水安全，促进水资源的可持续利用，对原有的黑河引水系统进行扩充，规划新增梨园坪水库（沣峪径流引水工程改建）、高冠峪水库、太平峪水库、田峪水库（田峪径流引水工程改建）、西骆峪水库和耿峪径流引水以及涝峪径流引水水源工程共7处。本书将分别计算现状及规划情况下黑河引水系统各水源可供水量，并进行汇总。

一、金盆水库可供水量

（一）合理城市引水流量

设计城市引水流量分别为8m³/s，9m³/s，…，30m³/s，生态基流量采取Q90法计算结果为1.248m³/s，城市多年平均可供水量及增加量如表7－14所示。

表7-14 不同引水流量下年均城市可供水量

设计引水流量（m^3/s）	城市可供水量（万立方米）	增加量（万立方米）	设计引水流量（m^3/s）	城市可供水量（万立方米）	增加量（万立方米）
8	24037.73	—	20	40847.95	635.21
9	26619.57	2581.84	21	41437.67	589.72
10	28997.00	2377.43	22	42007.04	569.38
11	31108.03	2111.03	23	42513.67	506.62
12	33020.92	1912.90	24	42953.82	440.16
13	34480.74	1459.82	25	43373.75	419.93
14	35897.81	1417.07	26	43755.35	381.59
15	37042.12	1144.31	27	44094.36	339.01
16	37981.49	939.37	28	44431.96	337.60
17	38805.94	824.45	29	44753.22	321.26
18	39541.43	735.49	30	45070.77	317.55
19	40212.74	671.31	—	—	—

绘制城市可供水增加量趋势图，如图7-1所示，随引水流量增加，可供水增量变幅降低，在经济合理的原则下，尽可能增加城市可供水量。因此，选择$14m^3/s$作为合理引水流量。

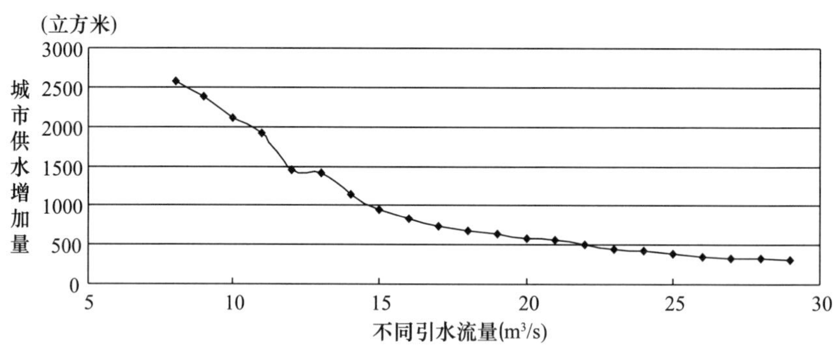

图7-1 不同引水流量下城市可供水增量趋势

（二）城市可供水量方案

设计引水流量分别为$12m^3/s$，$14m^3/s$，$16m^3/s$，$18m^3/s$，$20m^3/s$，$22m^3/s$，$24m^3/s$，$26m^3/s$，$28m^3/s$，$30m^3/s$，$34m^3/s$，结合本章第二节河道生态基流计算结果，考虑是否调入引湑济黑水量和采取节水灌溉措施等情况，进行组合，设计11种供水方案，见表7-15。各方案计算成果见附表1~附表11。金盆水库城市供水多种方案计算成果汇总详见表7-16。

表 7-15 金盆水库城市供水方案

引渭济黑调水工程	不同方案	引水流量（m^3/s）	生态基流值（m^3/s）	灌溉	备注
不调水	方案一	12	1.758	常规	现状供水管道设计流量为 30.3m^3/s，加大引水流量为 34.1m^3/s
调水	方案二	14	1.248	节水	
调水	方案三	16	1.248	节水	
调水	方案四	18	1.248	节水	
调水	方案五	20	1.248	节水	
调水	方案六	22	1.248	节水	
调水	方案七	24	1.248	节水	
调水	方案八	26	1.248	节水	
调水	方案九	28	1.248	节水	
调水	方案十	30	1.248	节水	
调水	方案十一	34	1.248	节水	

表 7-16 金盆水库供水量方案计算成果

供水方案（m^3/s）					可供水量（万立方米）		
序号	是否调水	引水流量	生态基流量	灌溉	生态	城市	灌溉
方案一	不调水	12	1.758	常规	5363.29	30601.43	7754.28
方案二	调水	14	1.248	节水	3842.45	35897.76	5970.30
方案三	调水	16	1.248	节水	3837.96	37981.46	5802.01
方案四	调水	18	1.248	节水	3837.48	39541.43	5640.04
方案五	调水	20	1.248	节水	3836.43	40847.93	5488.24
方案六	调水	22	1.248	节水	3834.82	42007.02	5379.96
方案七	调水	24	1.248	节水	3833.77	42953.81	5288.85
方案八	调水	26	1.248	节水	3832.45	43755.35	5193.38
方案九	调水	28	1.248	节水	3832.40	44431.96	5096.53
方案十	调水	30	1.248	节水	3832.40	45070.77	5008.60
方案十一	调水	34	1.248	节水	3832.35	46142.65	4898.60

根据上述计算，金盆水库合理引水流量为 14m^3/s，生态基流取 1.248m^3/s，采用节水灌溉，调入引渭济黑水量 3743 万立方米，经调节计算城市多年平均可供水量为 35897.76 万立方米，详见附表 2。

对 1956～2010 年金盆水库合理城市可供水量系列进行频率计算，计算得到的统计参数为：均值 W＝35897.76 万立方米，采用 P－Ⅲ曲线适线，适线后的统计参数为 Cv＝0.1979，Cs＝2.03Cv，结果如表 7－17 及图 7－2 所示。

表 7-17　金盆水库城市供水量（合理供水方案）

项目	多年平均	50%	75%	95%
来水（万立方米）	59149.29	55971.17	42241.91	22500.07
城市供水（万立方米）	35897.76	35423.91	30829.00	24956.12

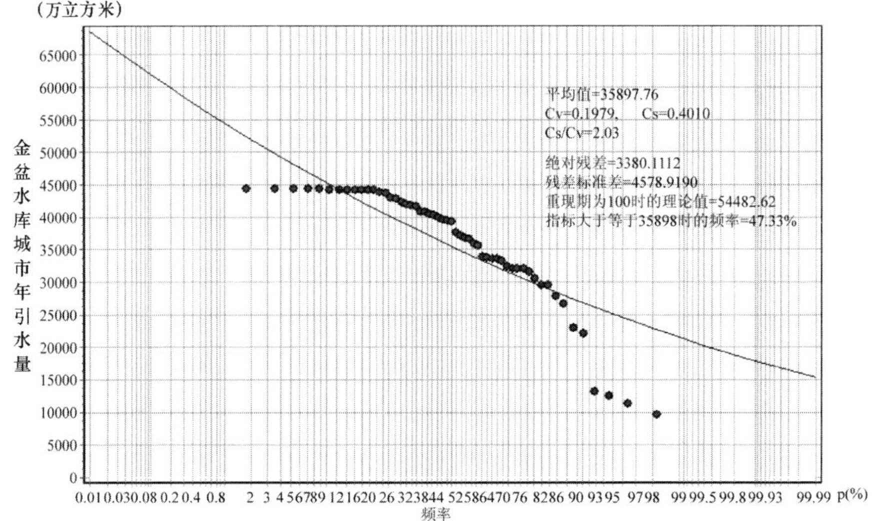

图 7-2　金盆水库合理城市供水量频率曲线

二、西骆峪水库可供水量

（一）合理城市引水流量

设计城市引水流量分别为 1m^3/s，2m^3/s，…，15m^3/s，生态基流量取多年平均径流量 10%，计算结果为 0.068m^3/s，城市多年平均可供水量及增加量如表 7-18 所示。

表 7-18　不同引水流量下年均城市可供水量

设计引水流量（m^3/s）	城市可供水量（万立方米）	增加量（万立方米）	设计引水流量（m^3/s）	城市可供水量（万立方米）	增加量（万立方米）
1	890.68	—	5	1248.45	27.93
2	1091.55	200.87	6	1268.15	19.70
3	1173.06	81.51	7	1281.52	13.37
4	1220.52	47.46	8	1291.27	9.74

续表

设计引水流量（m^3/s）	城市可供水量（万立方米）	增加量（万立方米）	设计引水流量（m^3/s）	城市可供水量（万立方米）	增加量（万立方米）
9	1298.09	6.82	13	1310.19	1.90
10	1302.40	4.31	14	1311.28	1.09
11	1305.86	3.46	15	1312.22	0.94
12	1308.29	2.43	—	—	—

绘制城市可供水增加量趋势图，如图7－3所示，随引水流量增加，可供水增量变幅降低，在经济合理的原则下，尽可能增加城市可供水量。因此，选择$3m^3/s$作为合理引水流量。

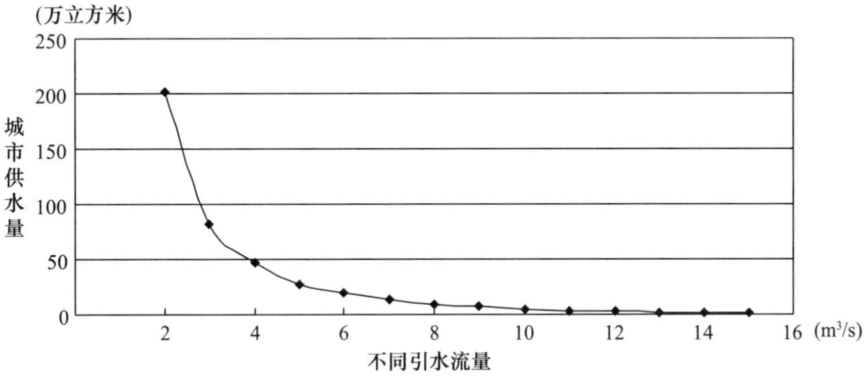

图7－3　不同引水流量下城市可供水增量趋势

（二）城市可供水量方案

结合本章第二节第一部分河道生态基流计算结果，引水流量分别取$1m^3/s$、$2m^3/s$、$3m^3/s$、$4m^3/s$，设计八种供水方案，各方案计算成果汇总详见表7－19。

表7－19　西骆峪水库供水量方案计算成果

供水方案			可供水量（万立方米）		
序号	生态基流（m^3/s）	引水流量（m^3/s）	生态	城市	灌溉
方案一	0.049	1	153.86	890.73	791.67
方案二	0.049	2	153.86	1091.6	706.53
方案三	0.049	3	153.86	1173.11	685.75
方案四	0.049	4	153.86	1220.57	675.73

续表

供水方案			可供水量（万立方米）		
序号	生态基流（m^3/s）	引水流量（m^3/s）	生态	城市	灌溉
方案五	0.068	1	212.26	862.32	764.82
方案六	0.068	2	212.26	1060.49	680.75
方案七	0.068	3	212.26	1141.38	659.94
方案八	0.068	4	212.26	1188.54	649.92

根据上述计算，西骆峪水库合理引水流量为 $3m^3/s$，生态基流取 $0.049m^3/s$，经调节计算城市多年平均可供水量为 1173.11 万立方米，详见附表 12。

对 1956～2010 年西骆峪水库合理城市可供水量系列进行频率计算，计算得到的统计参数为：均值 W＝1173.11 万立方米，采用 P－Ⅲ曲线适线，适线后的统计参数为 Cv＝0.5128，Cs＝1.62Cv，结果如表 7－20 及图 7－4 所示。

表 7－20　西骆峪水库城市供水量（合理供水方案）

项目	多年平均	50%	75%	95%
来水（万立方米）	2148.08	1938.46	1358.5	812.91
城市供水（万立方米）	1173.11	1090.565	735.585	344.588

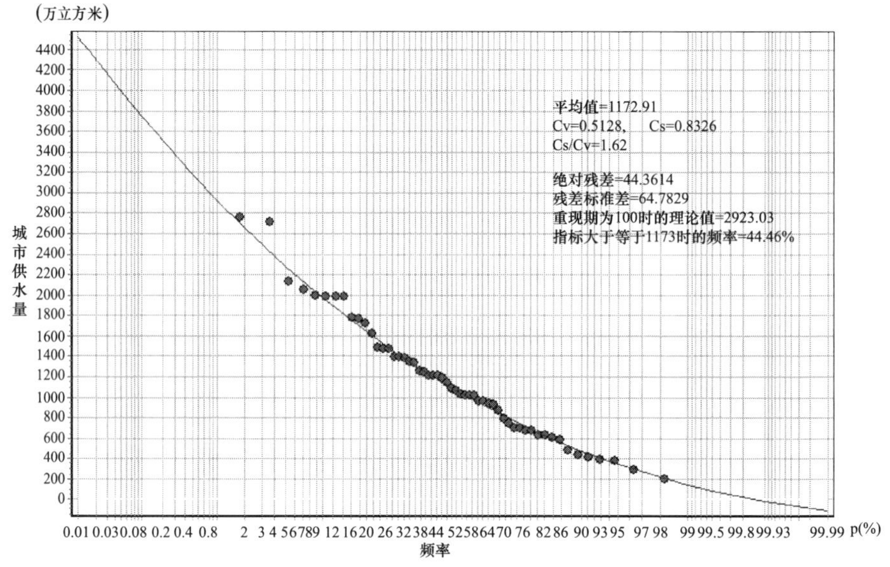

图 7－4　西骆峪水库合理城市供水量频率曲线

三、就峪河峪口可引水量

（一）城市可引水量

就峪径流引水属于现状供水水源，供水管道设计流量为 $4m^3/s$，因此，考虑城市引水流量分别为 $1m^3/s$，$2m^3/s$，$3m^3/s$，$4m^3/s$，并结合本章第二节河道生态基流计算结果，设计八种方案计算就峪径流可引水量。各方案计算成果见附表 13～附表 20。多种方案计算成果汇总详见表 7－21。

表 7－21　就峪河径流引水供水量方案计算成果

供水方案			可供水量（万立方米）	
序号	生态基流（m^3/s）	引水流量（m^3/s）	生态	城市
方案一	0.056	1	174.73	916.64
方案二	0.056	2	174.73	1137.41
方案三	0.056	3	174.73	1258.78
方案四	0.056	4	174.73	1335.59
方案五	0.041	1	128.70	957.67
方案六	0.041	2	128.70	1181.11
方案七	0.041	3	128.70	1303.28
方案八	0.041	4	128.70	1380.46

（二）不同引水方案比较

笔者分别对上述八种设计引水方案 1956～2010 年城市可供水量系列进行了频率计算，采用 P－Ⅲ曲线适线，计算各设计引水方案在 50%、75%、95% 不同频率下的城市可供水量，结果详见表 7－22。考虑峪口来水量、工程设计引水流量以及近年来工程运行状况，确定合理引水流量为 $2m^3/s$，生态基流量取 $0.041m^3/s$，城市合理可供水量为 1181.11 万立方米，就峪河峪口以上径流城市合理可引水量频率曲线如图 7－5 所示。

表 7－22　就峪河峪口以上径流引水城市供水量

项目	引水流量（m^3/s）	生态流量（m^3/s）	多年平均（万立方米）	不同频率（万立方米）		
				50%	75%	95%
来水	—	—	1758.50	1642.83	1112.35	783.04
方案一	1	0.056	916.64	889.31	713.05	500.53
方案二	2	0.056	1137.41	1091.34	842.02	551.73

续表

项目	引水流量（m^3/s）	生态流量（m^3/s）	多年平均（万立方米）	不同频率（万立方米）		
				50%	75%	95%
方案三	3	0.056	1258.78	1197.95	903.13	568.50
方案四	4	0.056	1335.59	1247.80	916.00	564.76
方案五	1	0.041	957.67	932.33	759.14	548.19
方案六	2	0.041	1181.11	1136.62	883.47	585.57
方案七	3	0.041	1303.28	1252.17	956.32	606.94
方案八	4	0.041	1380.46	1314.73	981.13	598.28

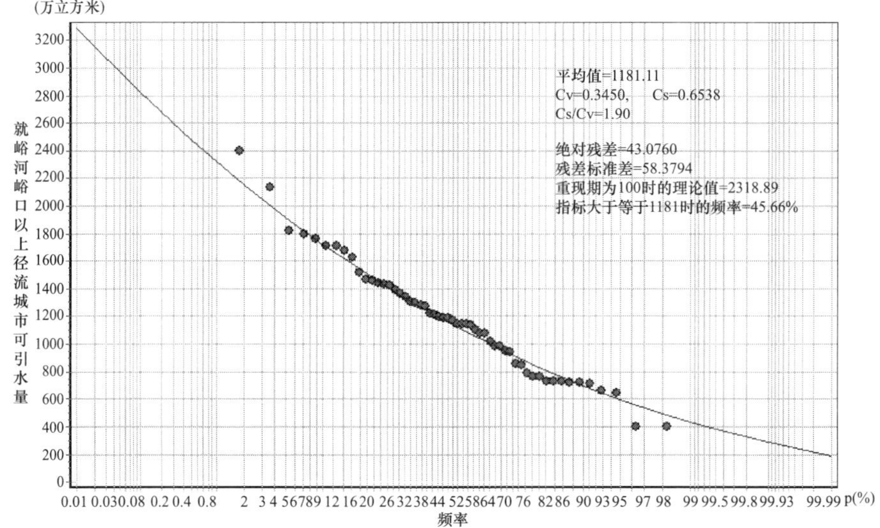

图7－5　就峪河峪口以上径流引水合理城市供水量频率曲线

四、田峪水源可供水量

（一）田峪径流引水量

1. 峪口以上径流可引水量

（1）城市可引水量。田峪径流引水属于现状供水水源，供水管道设计流量为4m^3/s，因此，考虑城市引水流量分别为1m^3/s、2m^3/s、3m^3/s、4m^3/s，并结合本章第二节河道生态基流计算结果，设计八种方案计算田峪径流可引水量。各方案计算结果见附表21～附表28，多种方案计算成果汇总详见表7－23。

表 7-23　田峪河峪口以上径流引水供水量方案计算成果

供水方案			可供水量（万立方米）		
序号	生态基流（m^3/s）	引水流量（m^3/s）	生态	城市	灌溉
方案一	0.206	1	642.19	1650.95	576.00
方案二	0.206	2	642.19	2507.21	576.00
方案三	0.206	3	642.19	3050.82	576.00
方案四	0.206	4	642.19	3435.84	576.00
方案五	0.161	1	505.34	1716.09	594.67
方案六	0.161	2	505.34	2593.33	594.67
方案七	0.161	3	505.34	3146.15	594.67
方案八	0.161	4	505.34	3536.57	594.67

（2）不同引水方案比较。笔者分别对以上八种设计引水方案 1956～2010 年城市可供水量系列进行了频率计算，采用 P-Ⅲ曲线适线，计算各设计引水方案在 50%、75%、95%不同频率下的城市可供水量，结果详见表 7-24。考虑峪口来水量、工程设计引水流量以及近年来工程运行状况，确定合理引水流量为 $3m^3/s$，生态基流量取 $0.161m^3/s$，城市合理可供水量为 3146.15 万立方米，田峪河峪口以上径流引水城市合理可供水量频率曲线如图 7-6 所示。

表 7-24　田峪河峪口以上径流引水城市供水量

项目	引水流量（m^3/s）	生态流量（m^3/s）	多年平均（万立方米）	不同频率（万立方米）		
				50%	75%	95%
来水			7540.53	6999.88	5057.60	3035.01
方案一	1	0.206	1650.95	1620.62	1373.24	1063.36
方案二	2	0.206	2507.21	2448.67	2024.85	1347.17
方案三	3	0.206	3050.82	2960.66	2392.39	1711.96
方案四	4	0.206	3435.84	3325.84	2644.49	1831.03
方案五	1	0.161	1716.09	1688.52	1448.79	1145.64
方案六	2	0.161	2593.33	2535.04	2108.67	1397.03
方案七	3	0.161	3146.15	3059.05	2487.34	1797.46
方案八	4	0.161	3536.57	3428.81	2742.47	1918.99

2. 坝址以上径流可引水量

（1）城市可引水量。田峪河坝址以上径流引水工程城市可引水量计算和上述

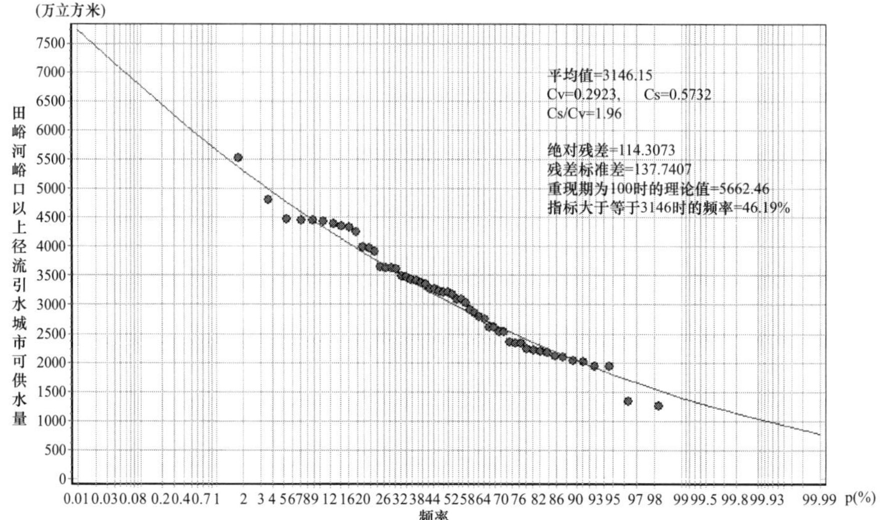

图 7-6 田峪河峪口以上径流引水合理城市供水量频率曲线

田峪河峪口引水工程方案集设计一致，即设计城市引水流量分别为 $1m^3/s$，$2m^3/s$，$3m^3/s$，$4m^3/s$，结合本章第二节河道生态基流计算结果，设计八种引水方案计算田峪河坝址以上城市可引水量。各方案计算结果见附表 29～附表 36，多种方案计算成果汇总详见表 7-25。

表 7-25 田峪河坝址以上径流引水供水量方案计算成果

供水方案			可供水量（万立方米）		
序号	生态基流（m^3/s）	引水流量（m^3/s）	生态	城市	灌溉
方案一	0.206	1	642.10	1494.39	527.78
方案二	0.206	2	642.10	2231.53	527.78
方案三	0.206	3	642.10	2691.43	527.78
方案四	0.206	4	642.10	3016.74	527.78
方案五	0.161	1	504.62	1562.84	556.51
方案六	0.161	2	504.62	2319.30	556.51
方案七	0.161	3	504.62	2787.67	556.51
方案八	0.161	4	504.62	3117.13	556.51

（2）不同引水方案比较。笔者分别对以上八种设计引水方案 1956～2010 年城市可供水量系列进行了频率计算，采用 P-Ⅲ曲线适线，计算各设计引水方案在 50%、75%、95%不同频率下的城市可供水量，结果详见表 7-26。坝址处依然选

取3m^3/s为合理引水流量，生态基流量取0.161m^3/s，城市合理可供水量为2787.67万立方米，田峪河坝址以上径流城市合理可引水量频率曲线如图7-7所示。

表7-26 田峪河坝址以上径流引水城市供水量

项目	引水流量（m^3/s）	生态流量（m^3/s）	多年平均（万立方米）	不同频率（万立方米）		
				50%	75%	95%
来水			6489.76	6024.49	4352.86	2612.10
方案一	1	0.206	1494.39	1469.96	1231.75	930.22
方案二	2	0.206	2231.53	2167.86	1768.79	1289.06
方案三	3	0.206	2691.43	2607.02	2072.28	1436.52
方案四	4	0.206	3016.74	2915.52	2346.68	2660.13
方案五	1	0.161	1562.84	1540.11	1311.04	1023.40
方案六	2	0.161	2319.30	2270.19	1875.57	1401.65
方案七	3	0.161	2787.67	2717.06	2202.23	1565.08
方案八	4	0.161	3117.13	3017.54	2380.30	1645.90

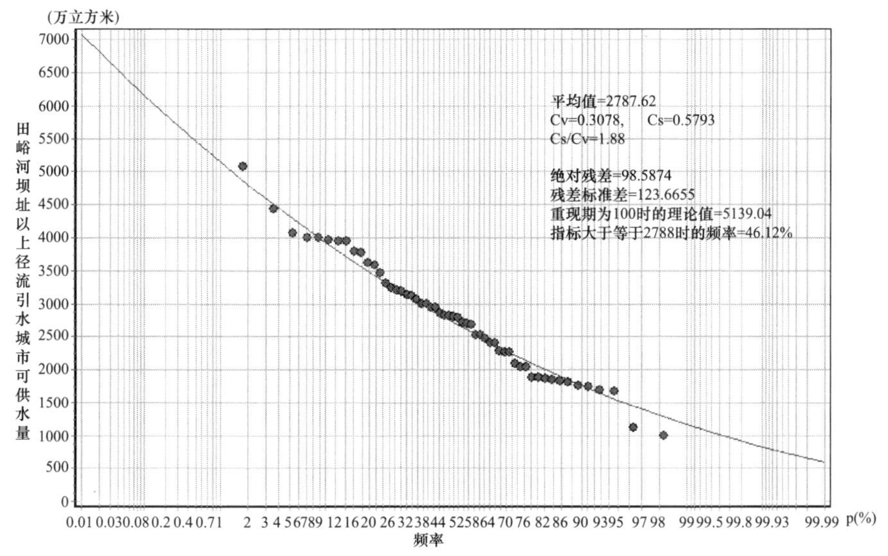

图7-7 田峪河坝址以上径流引水合理城市供水量频率曲线

（二）田峪水库可供水量

1. 合理城市引水流量

设计城市引水流量分别为1m^3/s，2m^3/s，…，15m^3/s，生态基流量为0.161m^3/s，城市多年平均可供水量及增加量如表7-27所示。

表7-27　不同引水流量下年均城市可供水量

设计引水流量 (m^3/s)	城市可供水量（万立方米）	增加量（万立方米）	设计引水流量 (m^3/s)	城市可供水量（万立方米）	增加量（万立方米）
1	2665.69		9	5079.63	54.28
2	3738.85	1073.16	10	5126.23	46.60
3	4263.13	524.28	11	5170.24	44.01
4	4560.73	297.60	12	5202.88	32.64
5	4749.26	188.53	13	5232.63	29.75
6	4875.66	126.40	14	5256.42	23.80
7	4961.73	86.07	15	5274.75	18.33
8	5025.35	63.63	—	—	—

绘制城市可供水增加量趋势图，如图7-8所示，随引水流量增加，可供水增量变幅降低，在经济合理的原则下，应尽可能增加城市可供水量。因此，选择4m^3/s作为合理引水流量。

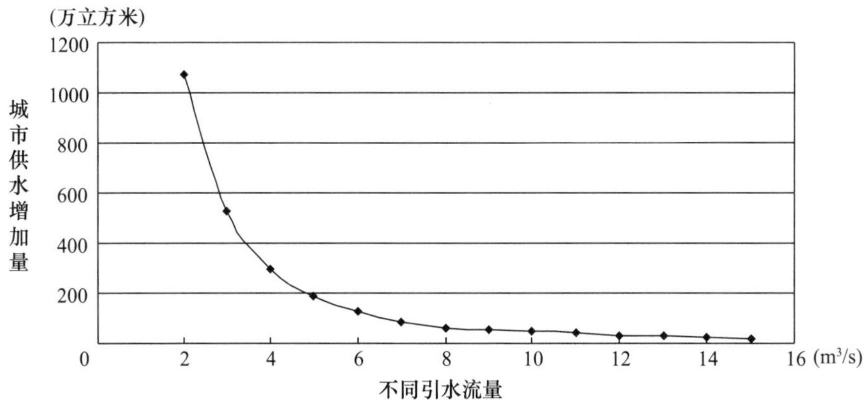

图7-8　不同引水流量下城市可供水增量趋势

2. 城市可供水量方案

结合本章第二节河道生态基流计算结果，引水流量分别取1m^3/s，2m^3/s，…，5m^3/s，设计10种供水方案，各方案计算成果如表7-28所示。

表7-28　田峪水库供水量方案计算成果

供水方案			可供水量（万立方米）		
序号	生态基流（m^3/s）	引水流量（m^3/s）	生态	城市	灌溉
方案一	0.161	1	506.26	2665.69	668.95
方案二	0.161	2	504.97	3739.79	600.99

续表

供水方案			可供水量（万立方米）		
序号	生态基流（m^3/s）	引水流量（m^3/s）	生态	城市	灌溉
方案三	0.161	3	504.97	4263.23	577.45
方案四	0.161	4	504.97	4560.82	570.43
方案五	0.161	5	504.97	4749.36	567.89
方案六	0.206	1	644.49	2606.34	656.91
方案七	0.206	2	642.65	3650.75	581.63
方案八	0.206	3	642.64	4162.49	554.93
方案九	0.206	4	642.64	4456.5	546.79
方案十	0.206	5	642.64	4642.83	543.68

根据上述的计算，田峪水库合理引水流量为 $4m^3/s$，生态基流取 $0.161m^3/s$，经调节计算，城市多年平均可供水量为 4560.82 万立方米，详见附表 37。

对 1956～2010 年田峪水库合理城市可供水量系列进行频率计算，计算得到的统计参数为：均值 W＝4560.82 万立方米，采用 P－Ⅲ曲线适线，适线后的统计参数为 Cv＝0.3876，Cs＝1.91Cv，结果如表 7－29 及图 7－9 所示。

表 7－29 田峪水库城市供水量（合理供水方案）

项目	多年平均	50%	75%	95%
来水（万立方米）	6489.76	6063.47	4101.84	2890.08
城市供水（万立方米）	4560.82	4344.70	3281.72	2068.78

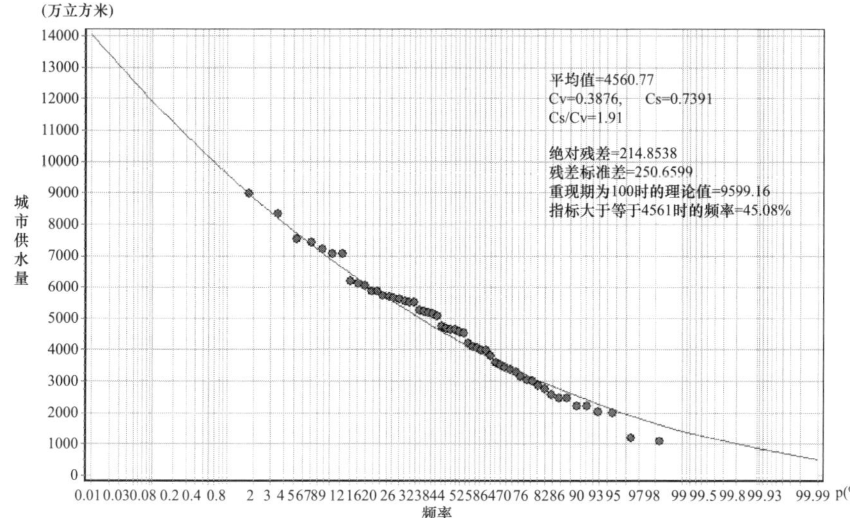

图 7－9 田峪水库合理城市供水量频率曲线

五、石砭峪水库可供水量

（一）合理城市引水流量

设计城市引水流量分别为 $1m^3/s$，$2m^3/s$，…，$15m^3/s$，生态基流量为 $0.18m^3/s$，城市多年平均可供水量及增加量如表 7－30 所示。

表 7－30　不同引水流量下年均城市可供水量（含引乾济石）

设计引水流量（m^3/s）	城市可供水量（万立方米）	增加量（万立方米）	设计引水流量（m^3/s）	城市可供水量（万立方米）	增加量（万立方米）
1	3027.23		9	9777.90	187.07
2	5163.45	2136.21	10	9918.03	140.14
3	6574.05	1410.60	11	10032.10	114.07
4	7655.50	1081.45	12	10126.32	94.22
5	8414.48	758.98	13	10197.61	71.29
6	8945.63	531.15	14	10256.82	59.21
7	9330.84	385.21	15	10311.30	54.48
8	9590.83	259.98	—	—	—

绘制城市可供水增加量趋势图，如图 7－10 所示，随引水流量增加，可供水增量变幅降低，在经济合理的原则下，尽可能增加城市可供水量。因此，选择 $5m^3/s$ 作为合理引水流量。

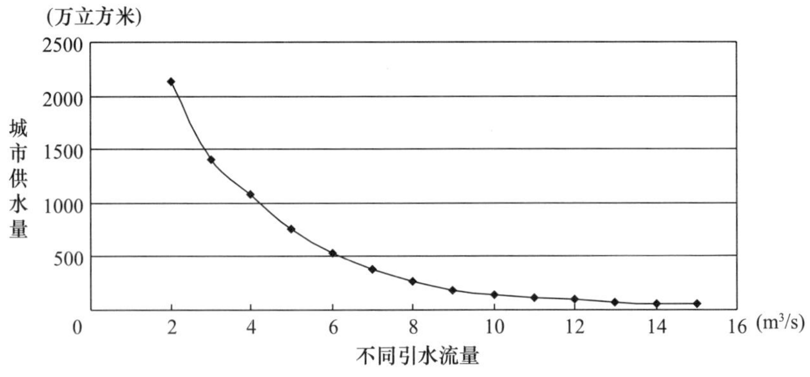

图 7－10　不同引水流量下城市可供水增量趋势

（二）城市可供水量方案

结合本章第二节河道生态基流计算结果，考虑引乾济石调水，引水流量分别

取 $1m^3/s$，$2m^3/s$，…，$5m^3/s$，设计 10 种供水方案，各方案计算成果如表 7－31 所示。

表 7－31 石砭峪水库（含引乾济石）供水量方案计算成果（合理供水方案）

供水方案			可供水量（万立方米）		
序号	生态基流（m^3/s）	引水流量（m^3/s）	生态	城市	灌溉
方案一	0.18	1	568.05	4060.68	3027.23
方案二	0.18	2	568.05	5163.45	3626.18
方案三	0.18	3	568.05	6571.64	3374.53
方案四	0.18	4	568.05	7652.25	3155.81
方案五	0.18	5	568.05	8410.39	2995.1
方案六	0.272	1	857.8	2989.37	4024.19
方案七	0.272	2	857.38	5064.93	3554.96
方案八	0.272	3	856.79	6451.74	3296.12
方案九	0.272	4	856.75	7512.93	3074.9
方案十	0.272	5	856.66	8256.55	2908.47

根据上述计算，石砭峪水库合理引水流量为 $5m^3/s$，生态基流取 $0.18m^3/s$，经调节计算城市多年平均可供水量为 8410.39 万立方米，详见附表 38。

对 1980～2010 年石砭峪水库设计城市可供水量系列进行频率计算，计算得到的统计参数为：均值 W＝8410.39 万立方米，采用 P－Ⅲ曲线适线，适线后的统计参数为 Cv＝0.2947，Cs＝1.35Cv，结果如表 7－32 及图 7－11 所示。

表 7－32 石砭峪水库（含引乾济石）城市供水量

项目	多年平均	50%	75%	95%
来水（万立方米）	13555.16	12986.70	10256.54	7030.69
城市供水（万立方米）	8410.39	8248.145	6660.986	4630.415

石砭峪水库向西安供水复线工程，将供水规模提高至 $15m^3/s$，以此为最大可引水流量，生态基流量为 $0.18m^3/s$，经调节计算城市多年平均可供水量为 10311.14 万立方米，详见附表 39。

笔者对 1980～2010 年石砭峪水库合理城市可供水量系列进行了频率计算，计算得到的统计参数为：均值 W＝10311.14 万立方米，采用 P－Ⅲ曲线适线，适线后的统计参数为 Cv＝0.4167，Cs＝2.01Cv，结果如表 7－33 及图 7－12 所示。

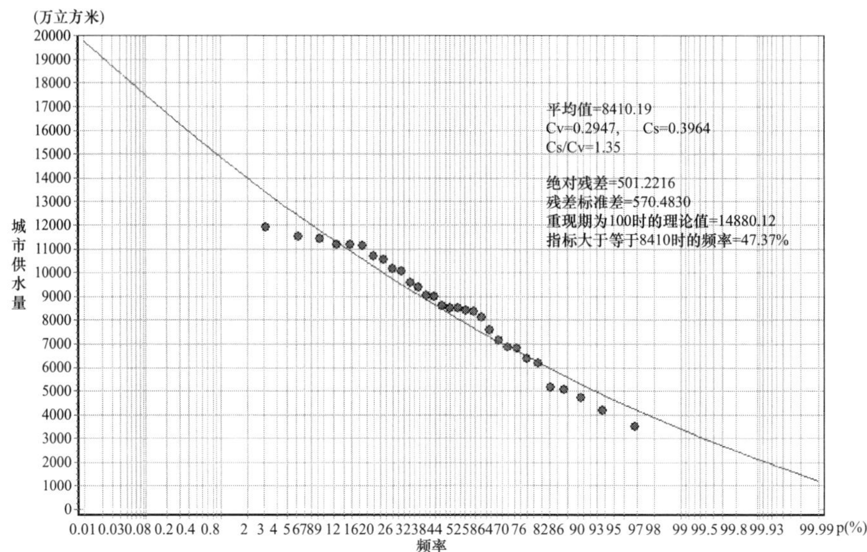

图 7-11　石砭峪水库（含引乾济石）合理城市供水量频率曲线

表 7-33　石砭峪水库（含引乾济石）城市供水量（合理供水方案）

项目	多年平均	50%	75%	95%
来水（万立方米）	13555.16	12986.70	10256.54	7030.69
城市供水（万立方米）	10311.14	9714.34	7160.78	4352.42

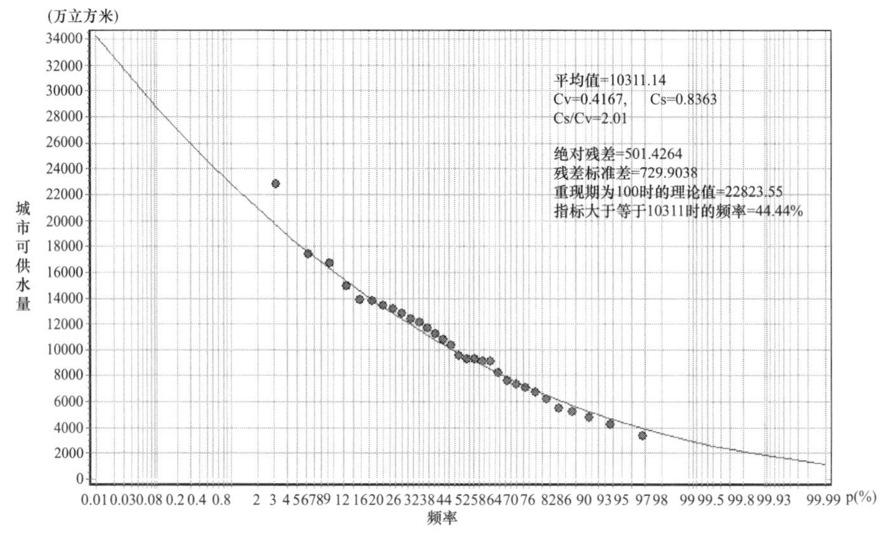

图 7-12　石砭峪水库（含引乾济石）合理城市供水量频率曲线

六、高冠峪水源可供水量

（一）高冠峪径流引水量

1. 峪口以上径流可引水量

（1）城市可引水量。根据峪口引水工程实际情况，设计城市引水流量拟定为 $1m^3/s$、$2m^3/s$、$3m^3/s$、$4m^3/s$ 四种情况，并结合本章第二节河道生态基流计算结果，设计八种方案计算高冠峪径流可引水量。各方案计算结果见附表 40～附表 47，多种方案计算成果汇总详见表 7－34。

表 7－34　高冠峪河峪口以上径流引水供水量方案计算成果

供水方案			可供水量（万立方米）	
序号	生态基流（m^3/s）	引水流量（m^3/s）	生态	城市
方案一	0.191	1	596.29	1762.07
方案二	0.191	2	596.29	2548.44
方案三	0.191	3	596.29	3023.27
方案四	0.191	4	596.29	3351.35
方案五	0.148	1	464.38	1846.59
方案六	0.148	2	464.38	2654.47
方案七	0.148	3	464.38	3138.24
方案八	0.148	4	464.38	3470.85

（2）不同引水方案比较。笔者分别对以上八种设计引水方案 1956～2010 年城市可供水量系列进行了频率计算，采用 P－Ⅲ曲线适线，计算各设计引水方案在 50%、75%、95%不同频率下的城市可供水量，结果详见表 7－35。考虑峪口来水量、工程初拟设计引水流量，确定合理引水流量为 $3m^3/s$，生态基流量取 $0.148m^3/s$，城市合理可供水量为 3138.44 万立方米，高冠峪河峪口以上径流城市合理可引水量频率曲线如图 7－13 所示。

表 7－35　高冠峪河峪口以上径流引水城市供水量

项目	引水流量（m^3/s）	生态流量（m^3/s）	多年平均（万立方米）	不同频率（万立方米）		
				50%	75%	95%
来水			6102.37	5665.22	4093.28	2456.33
方案一	1	0.191	1762.07	1731.1	1474.49	1152.48

续表

项目	引水流量（m^3/s）	生态流量（m^3/s）	多年平均（万立方米）	不同频率（万立方米）		
				50%	75%	95%
方案二	2	0.191	2548.44	2487.92	2057.35	1529.34
方案三	3	0.191	3023.27	2939.02	2374.44	1689.03
方案四	4	0.191	3351.35	3244.74	2583.58	1794.08
方案五	1	0.148	1846.59	1820.16	1572.64	1257.02
方案六	2	0.148	2654.47	2597.17	2163.08	1625.43
方案七	3	0.148	3138.44	2581.70	2103.36	1524.62
方案八	4	0.148	3470.85	3367.75	2706.68	1912.50

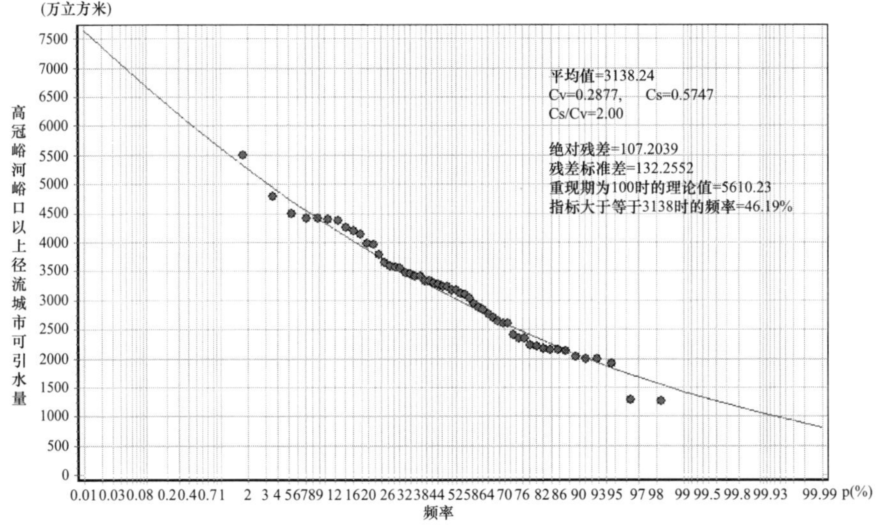

图 7－13　高冠峪河峪口以上径流引水合理城市供水量频率曲线

2. 坝址以上径流可引水量

（1）城市可引水量。高冠峪河坝址以上径流引水工程城市可供水量计算和上述高冠峪河峪口引水工程方案集设计一致，即城市引水流量拟定为 $1m^3/s$、$2m^3/s$、$3m^3/s$、$4m^3/s$ 四种情况，并结合本章第二节河道生态基流计算结果，设计八种方案计算田峪径流可引水量。各方案计算结果见附表 48～附表 55，多种方案计算成果汇总详见表 7－36。

表 7 - 36　高冠峪河坝址以上径流引水供水量方案计算成果

供水方案			可供水量（万立方米）	
序号	生态基流（m^3/s）	引水流量（m^3/s）	生态	城市
方案一	0.191	1	595.95	1746.55
方案二	0.191	2	595.95	2521.69
方案三	0.191	3	595.95	2988.78
方案四	0.191	4	595.95	3311.36
方案五	0.148	1	464.32	1831.68
方案六	0.148	2	464.32	2628.18
方案七	0.148	3	464.32	3104.09
方案八	0.148	4	464.32	3431.11

（2）不同引水方案比较。笔者分别对以上八种设计引水方案 1956 ~ 2010 年城市可供水量系列进行了频率计算，采用 P - Ⅲ曲线适线，计算各设计引水方案在 50%、75%、95% 不同频率下的城市可供水量，结果详见表 7 - 37。坝址处依然选取 $3m^3/s$ 为合理引水流量，生态基流量取 $0.148m^3/s$，城市合理可供水量为 3104.09 万立方米，高冠峪河坝址以上径流城市合理可引水量频率曲线如图 7 - 14 所示。

表 7 - 37　高冠峪河坝址以上径流引水城市供水量

项目	引水流量（m^3/s）	生态流量（m^3/s）	多年平均（万立方米）	不同频率（万立方米）		
				50%	75%	95%
来水			6014.73	5583.87	4034.50	2421.06
方案一	1	0.191	1746.55	1716.55	1473.66	1169.85
方案二	2	0.191	2521.69	2459.57	2034.99	1517.82
方案三	3	0.191	2988.78	2904.02	2346.86	1672.77
方案四	4	0.191	3311.36	3204.24	2550.53	1770.40
方案五	1	0.148	1831.68	1805.46	1559.95	1246.87
方案六	2	0.148	2628.18	2570.33	2141.26	1611.59
方案七	3	0.148	3104.09	3019.00	2459.63	1782.87
方案八	4	0.148	3431.11	3325.33	2667.95	1880.72

（二）高冠峪水库可供水量

1. 合理城市引水流量

设计城市引水流量分别为 $1m^3/s$，$2m^3/s$，…，$15m^3/s$，生态基流量为 $0.148m^3/s$，城市多年平均可供水量如表 7 - 38 所示。

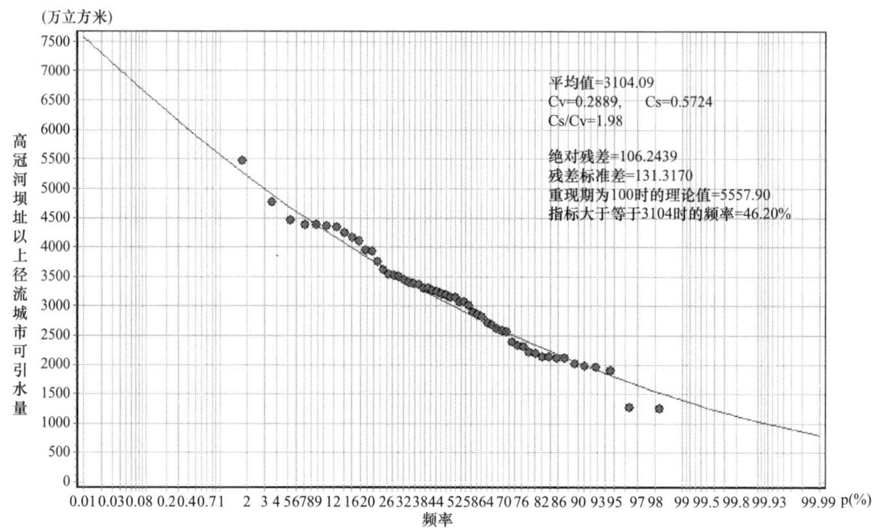

图 7-14 高冠峪河坝址以上径流引水合理城市供水量频率曲线

表 7-38 不同引水流量下年均城市可供水量

设计引水流量（m^3/s）	城市可供水量（万立方米）	增加量（万立方米）	设计引水流量（m^3/s）	城市可供水量（万立方米）	增加量（万立方米）
1	3081.07	—	9	5501.49	35.83
2	4572.92	1491.85	10	5524.41	22.92
3	4995.87	422.96	11	5537.03	12.62
4	5200.47	204.60	12	5542.11	5.08
5	5306.50	106.02	13	5545.09	2.98
6	5370.45	63.96	14	5547.44	2.35
7	5421.83	51.38	15	5548.85	1.41
8	5465.66	43.82	—	—	—

绘制城市可供水增加量趋势图，如图 7-15 所示，随引水流量增加，可供水增量变幅降低，在经济合理的原则下，尽可能增加城市可供水量。因此，选择 $4m^3/s$ 作为合理引水流量。

2. 城市可供水量方案

结合本章第二节河道生态基流计算结果，引水流量分别取 $1m^3/s$，$2m^3/s$，…，$5m^3/s$，设计 10 种供水方案，各方案计算成果如表 7-39 所示。

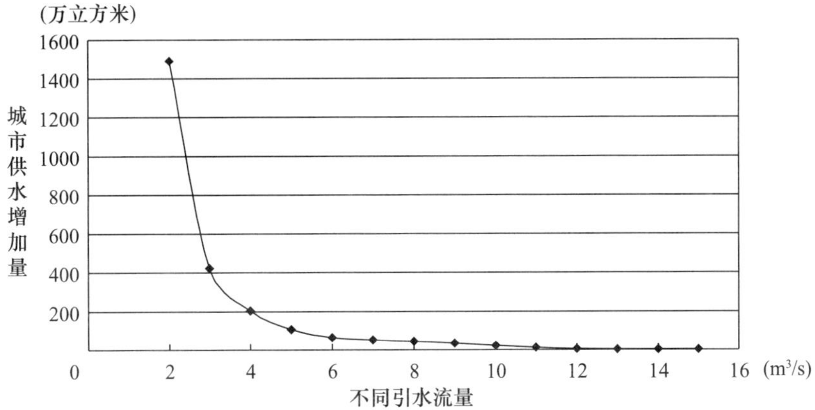

图 7－15　不同引水流量下城市可供水增量趋势

表 7－39　高冠峪水库供水量方案计算成果

供水方案			可供水量（万立方米）	
序号	生态基流（m^3/s）	引水流量（m^3/s）	生态	城市
方案一	0.191	1	600.14	3054.85
方案二	0.191	2	596.65	4470.77
方案三	0.191	3	595.98	4875.53
方案四	0.191	4	595.95	5075.48
方案五	0.191	5	595.95	5178.21
方案六	0.148	1	465.94	3081.07
方案七	0.148	2	464.56	4573.76
方案八	0.148	3	464.33	4997.19
方案九	0.148	4	464.32	5200.62
方案十	0.148	5	464.32	5306.64

根据上述计算，高冠峪水库合理引水流量为 $4m^3/s$，生态基流取 $0.148m^3/s$，经调节计算，城市多年平均可供水量为 5200.62 万立方米，详见附表 56。

笔者对 1956～2010 年高冠峪水库合理城市可供水量系列进行了频率计算，计算得到的统计参数为：均值 W＝5200.62 万立方米，采用 P－Ⅲ曲线适线，适线后的统计参数为 Cv＝0.4081，Cs＝2.02Cv，结果见表 7－40 和图 7－16。

表 7－40　高冠峪水库城市供水量（合理供水方案）

项目	多年平均	50%	75%	95%
来水（万立方米）	6014.73	5617.99	3806.09	2679.61
城市供水（万立方米）	5200.62	4912.66	3657.83	2270.22

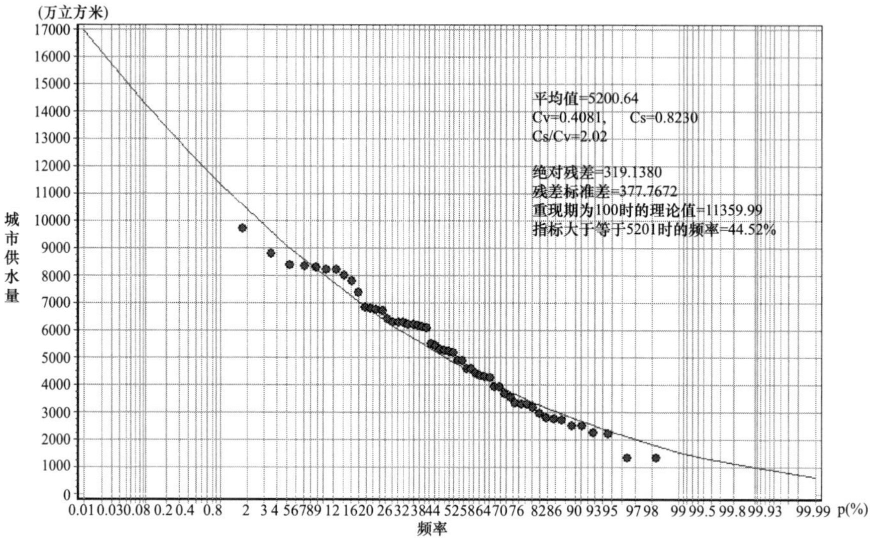

图 7－16 高冠峪水库合理城市供水量频率曲线

七、沣峪河水源可供水量

（一）沣峪河径流可引水量

1. 城市可引水量

沣峪河径流引水属于现状供水水源，供水管道设计流量为 4m^3/s，因此，考虑城市引水流量分别为 1m^3/s、2m^3/s、3m^3/s、4m^3/s，并结合本章第二节河道生态基流计算结果，设计八种方案计算沣峪河径流可引水量。计算结果见附表 57～附表 64，多种方案计算成果汇总详见表 7－41。沣峪河峪口以上和坝址以上控制面积相同，因此计算结果相同。

表 7－41 沣峪河峪口（或坝址）以上径流引水供水量方案计算成果

供水方案			可供水量（万立方米）	
序号	生态基流（m^3/s）	引水流量（m^3/s）	生态	城市
方案一	0.230	1	717.70	1875.38
方案二	0.230	2	717.70	2786.27
方案三	0.230	3	717.70	3351.89
方案四	0.230	4	717.70	3748.16
方案五	0.181	1	567.69	1965.45
方案六	0.181	2	567.69	2902.22
方案七	0.181	3	567.69	3478.77
方案八	0.181	4	567.69	3881.40

2. 不同引水方案比较

笔者分别对以上八种设计引水方案1956～2010年城市可供水量系列进行了频率计算，采用P－Ⅲ曲线适线，计算各设计引水方案在50%、75%、95%不同频率下的城市可供水量，结果详见表7－42。考虑峪口来水量、工程设计引水流量以及近年来工程运行状况，确定合理引水流量为3m^3/s，生态基流量取0.181m^3/s，城市合理可供水量为3478.77万立方米，沣峪河峪口以上径流城市合理可引水量频率曲线如图7－17所示。

表7－42 沣峪河峪口（坝址）以上径流引水城市供水量

项目	引水流量（m^3/s）	生态流量（m^3/s）	多年平均（万立方米）	不同频率（万立方米）		
				50%	75%	95%
来水			7250.31	6747.71	4875.41	2925.68
方案一	1	0.230	1875.38	1845.21	1583.13	1252.11
方案二	2	0.230	2786.27	2728.52	2271.34	1701.37
方案三	3	0.230	3351.89	3260.00	2655.98	1925.19
方案四	4	0.230	3748.16	3640.23	2916.94	2038.88
方案五	1	0.181	1965.45	1939.96	1688.27	1365.29
方案六	2	0.181	2902.22	2850.14	2408.40	1852.27
方案七	3	0.181	3478.77	3393.07	2807.35	2093.90
方案八	4	0.181	3881.40	3773.24	3048.40	2168.45

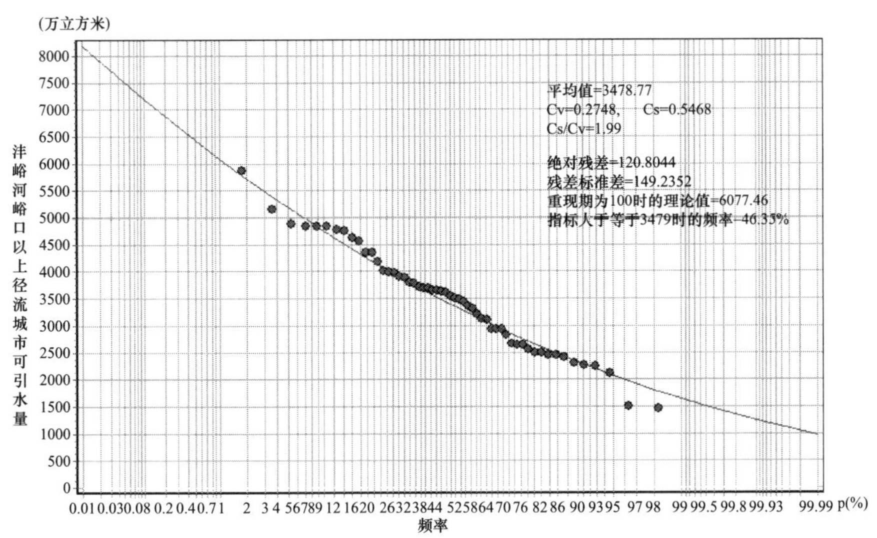

图7－17 沣峪河峪口以上径流引水合理城市供水量频率曲线

（二）梨园坪水库可供水量

1. 合理城市引水流量

城市设计引水流量分别为 1m³/s，2m³/s，…，15m³/s，生态基流量为 0.181m³/s，城市多年平均可供水量如表 7－43 所示。

表 7－43　不同引水流量下年均城市可供水量

设计引水流量（m³/s）	城市可供水量（万立方米）	增加量（万立方米）	设计引水流量（m³/s）	城市可供水量（万立方米）	增加量（万立方米）
1	3124.79		9	6496.96	54.45
2	4940.97	1816.18	10	6533.80	36.84
3	5627.96	687.00	11	6563.88	30.08
4	5966.00	338.04	12	6593.24	29.36
5	6164.34	198.33	13	6620.95	27.72
6	6295.21	130.87	14	6636.73	15.77
7	6377.58	82.37	15	6650.97	14.24
8	6442.51	64.94	—	—	—

绘制城市可供水增加量趋势图，如图 7－18 所示，随引水流量增加，可供水增量变幅降低，在经济合理的原则下，尽可能增加城市可供水量。因此，选择 4m³/s 作为合理引水流量。

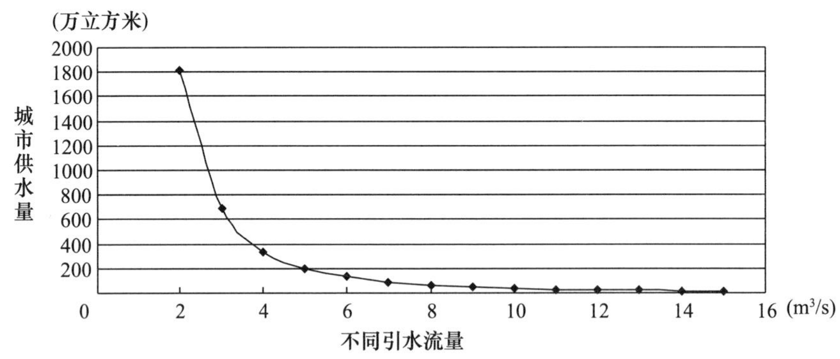

图 7－18　不同引水流量下城市可供水增量趋势

2. 城市可供水量

结合本章第二节河道生态基流计算结果，引水流量分别取 2m³/s，…，5m³/s，参照第四章所述的配置原则及方法，设计八种供水方案，计算成果如表 7－44 所示。

表7-44 梨园坪水库供水量方案计算成果表

供水方案			可供水量（万立方米）	
序号	生态基流（m^3/s）	引水流量（m^3/s）	生态	城市
方案一	0.181	2	568.08	4940.97
方案二	0.181	3	567.75	5629.26
方案三	0.181	4	567.69	5967.77
方案四	0.181	5	567.69	6164.52
方案五	0.23	2	718.61	4838.20
方案六	0.23	3	717.87	5500.61
方案七	0.23	4	717.70	5829.09
方案八	0.23	5	717.70	5888.75

根据上述计算，梨园坪水库合理引水流量为$4m^3/s$，生态基流取$0.181m^3/s$，经调节计算，城市多年平均可供水量为5967.77万立方米，详见附表65。

笔者对1956~2010年梨园坪水库合理城市可供水量系列进行频率计算，计算得到的统计参数为：均值W=5967.77（万立方米），采用P-Ⅲ曲线适线，适线后的统计参数为Cv=0.3463，Cs=1.81Cv，结果见表7-45和图7-19。

表7-45 梨园坪水库城市供水量（合理供水方案）

项目	多年平均	50%	75%	95%
来水（万立方米）	7250.31	6773.48	4586.30	3228.53
城市供水（万立方米）	5967.77	5753.39	4481.75	2973.09

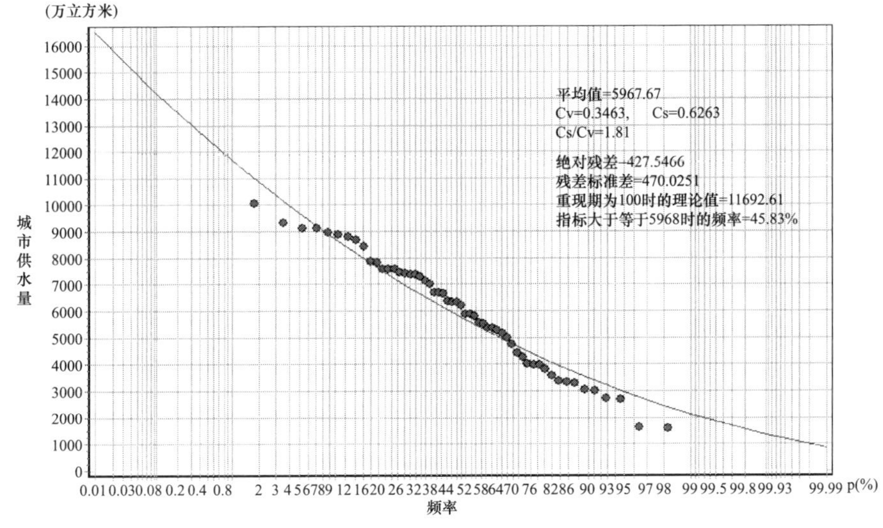

图7-19 梨园坪水库合理城市供水量频率曲线

八、太平峪水源可供水量

（一）太平峪径流可引水量

1. 峪口以上径流可引水量

（1）城市可引水量。根据峪口引水工程实际情况，设计城市引水流量拟定为 $1m^3/s$、$2m^3/s$、$3m^3/s$ 三种情况，并结合本章第二节河道生态基流计算结果，设计六种供水方案，各方案计算结果见附表 66 ~ 附表 71，多种方案计算成果汇总详见表 7－46。

表 7－46　太平峪河峪口以上径流引水供水量方案计算成果

供水方案			可供水量（万立方米）	
序号	生态基流（m^3/s）	引水流量（m^3/s）	生态	城市
方案一	0.172	1	539.74	1964.25
方案二	0.172	2	539.74	2891.04
方案三	0.172	3	539.74	3459.51
方案四	0.214	1	668.90	1887.47
方案五	0.214	2	668.90	2791.81
方案六	0.214	3	668.90	3350.93

（2）不同引水方案比较。笔者分别对以上六种设计引水方案 1956 ~ 2010 年城市可供水量系列进行频率计算，采用 P－Ⅲ曲线适线，计算各设计引水方案在 50%、75%、95% 不同频率下的城市可供水量，结果详见表 7－47。考虑峪口来水量、工程初拟设计引水流量，确定合理引水流量为 $2m^3/s$，生态基流量取 $0.172m^3/s$，城市合理可供水量为 2891.04 万立方米，太平峪河峪口以上径流城市合理可引水量频率曲线如图 7－20 所示。

表 7－47　太平峪河峪口以上径流引水城市供水量

项目	引水流量（m^3/s）	生态流量（m^3/s）	多年平均（万立方米）	不同频率（万立方米）		
				50%	75%	95%
来水			7145.73	6633.84	4793.13	2876.30
方案一	1	0.172	1964.25	1938.77	1687.24	1364.45
方案二	2	0.172	2891.04	2827.40	2355.42	1772.77
方案三	3	0.172	3459.51	3374.28	2791.81	2082.31
方案四	1	0.214	1887.47	1861.44	1608.31	1285.53
方案五	2	0.214	2791.81	2737.32	2296.12	1744.27
方案六	3	0.214	3350.93	3263.78	2679.72	1970.68

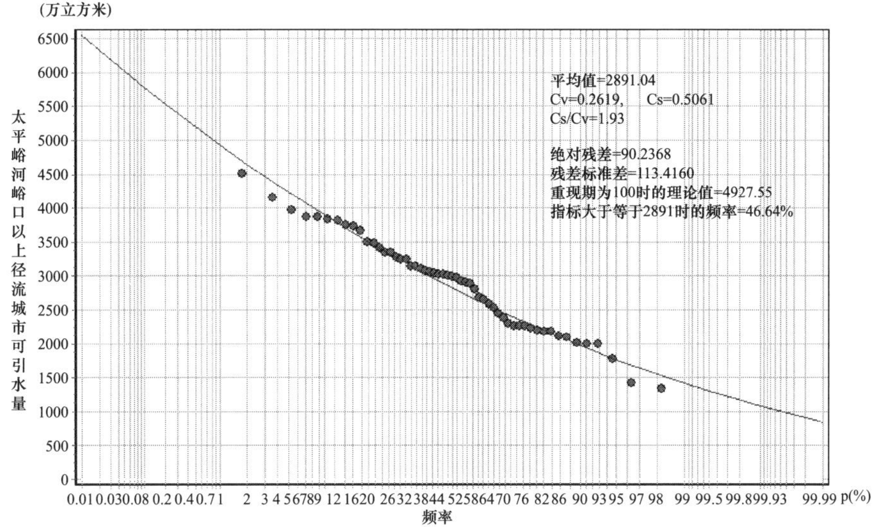

图7-20　太平峪河峪口以上径流引水合理城市供水量频率曲线

2. 坝址以上径流可引水量

（1）城市可引水量。太平峪河坝址以上径流引水工程城市可供水量计算和上述太平峪河峪口引水工程方案集设计一致，即设计城市引水流量拟定为$1m^3/s$、$2m^3/s$、$3m^3/s$三种情况，并结合本章第二节河道生态基流计算结果，设计六种供水方案，各方案计算结果见附表72~附表77。多种方案计算成果汇总详见表7-48。

表7-48　太平峪河坝址以上径流引水供水量方案计算成果

供水方案			可供水量（万立方米）	
序号	生态基流（m^3/s）	引水流量（m^3/s）	生态	城市
方案一	0.172	1	667.86	1825.17
方案二	0.172	2	667.86	2681.60
方案三	0.172	3	667.86	3207.78
方案四	0.214	1	539.33	1904.60
方案五	0.214	2	539.33	2782.88
方案六	0.214	3	539.33	3318.11

（2）不同引水方案比较。笔者分别对以上六种设计引水方案1956~2010年城市可供水量系列进行频率计算，采用P-Ⅲ曲线适线，计算各设计引水方案在

50%、75%、95%不同频率下的城市可供水量，结果详见表 7-49。坝址处依然选取 $2m^3/s$ 为合理引水流量，生态基流量取 $0.172m^3/s$，城市合理可供水量为 2782.88 万立方米，太平峪河坝址以上径流城市合理可引水量频率曲线如图 7-21 所示。

表 7-49　太平峪河坝址以上径流引水城市供水量

项目	引水流量（m^3/s）	生态流量（m^3/s）	多年平均（万立方米）	不同频率（万立方米）		
				50%	75%	95%
来水			6751.05	6267.44	4528.39	2717.44
方案一	1	0.214	1825.17	1800.31	1554.9	1239.98
方案二	2	0.214	2681.60	2624.87	2185.60	1639.75
方案三	3	0.214	3207.78	3118.32	2541.30	1845.55
方案四	1	0.172	1904.60	1879.27	1635.75	1324.24
方案五	2	0.172	2782.88	2726.27	2287.95	1743.26
方案六	3	0.172	3318.11	3231.81	2653.47	1951.38

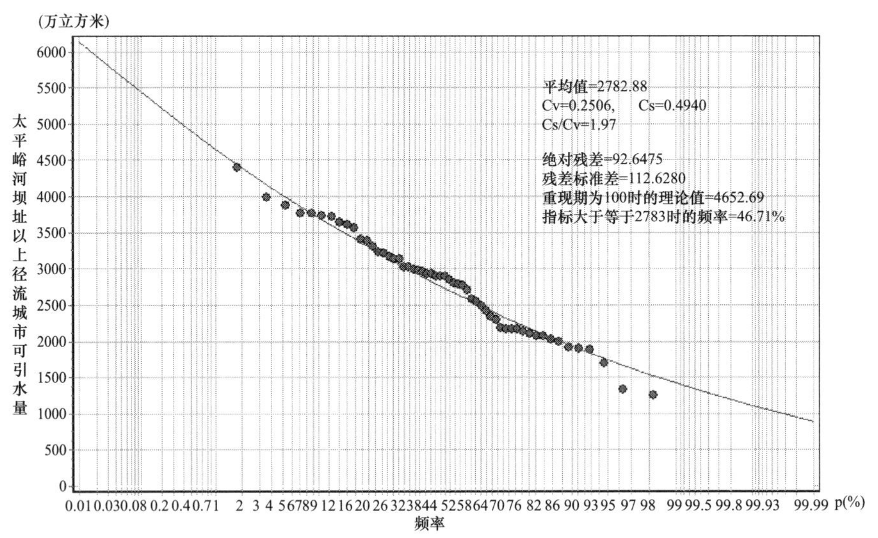

图 7-21　太平峪河坝址以上径流引水合理城市供水量频率曲线

（二）太平峪水库可供水量

1. 合理城市引水流量

设计城市引水流量分别为 $1m^3/s$，$2m^3/s$，…，$15m^3/s$，生态基流量为

0.172m^3/s，城市多年平均可供水量如表7－50所示。

表7－50 不同引水流量下年均城市可供水量

设计引水流量（m^3/s）	城市可供水量（万立方米）	增加量（万立方米）	设计引水流量（m^3/s）	城市可供水量（万立方米）	增加量（万立方米）
1	2610.63	—	9	5525.59	86.49
2	3764.87	1154.24	10	5596.00	70.41
3	4405.98	641.11	11	5655.58	59.58
4	4767.61	361.64	12	5707.70	52.12
5	5014.98	247.36	13	5754.57	46.87
6	5197.10	182.12	14	5795.38	40.81
7	5332.87	135.76	15	5832.46	37.09
8	5439.10	106.23	—	—	—

绘制城市可供水增加量趋势图，如图7－22所示，随引水流量增加，可供水增量变幅降低，在经济合理的原则下，尽可能增加城市可供水量。因此，选择3m^3/s作为合理引水流量。

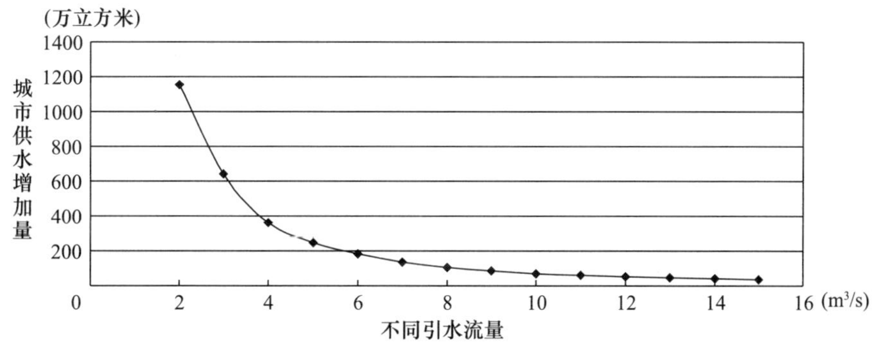

图7－22 不同引水流量下城市可供水增量趋势

2. 城市可供水量

结合本章第二节河道生态基流计算结果，引水流量分别取1m^3/s，…，4m^3/s，参照第四章所述的配置原则及方法，设计八种供水方案，各计算成果如表7－51所示。

表 7－51　太平峪水库供水量方案计算成果

供水方案			可供水量（万立方米）	
序号	生态基流（m^3/s）	引水流量（m^3/s）	生态	城市
方案一	0.172	1	540.28	2610.63
方案二	0.172	2	539.34	3765.71
方案三	0.172	3	539.33	4406.14
方案四	0.172	4	539.33	4767.78
方案五	0.214	1	669.18	2546.86
方案六	0.214	2	667.87	3671.43
方案七	0.214	3	667.86	4296.34
方案八	0.214	4	667.86	4651.07

根据上述计算，太平峪水库合理引水流量为 $3m^3/s$，生态基流取 $0.172m^3/s$，经调节计算，城市多年平均可供水量为 4406.14 万立方米，详见附表 78。

笔者对 1956～2010 年太平峪水库城市合理可供水量系列进行频率计算，计算得到的统计参数为：均值 W＝4406.14（万立方米），采用 P－Ⅲ曲线适线，适线后的统计参数为 Cv＝0.2690，Cs＝1.75Cv，结果见表 7－52 和图 7－23。

表 7－52　太平峪水库城市供水量（合理供水方案）

项目	多年平均	50%	75%	95%
来水（万立方米）	6751.05	6306.16	4271.62	3005.34
城市供水（万立方米）	4406.14	4313.19	3564.36	2627.82

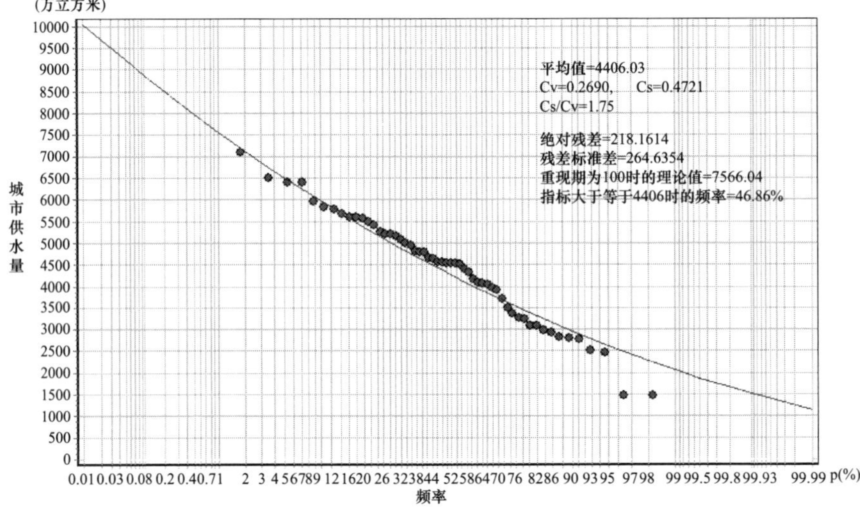

图 7－23　太平峪水库合理城市供水量频率曲线

九、甘峪水库可供水量

（一）合理城市引水流量

设计城市引水流量分别为 1m³/s，2m³/s，…，15m³/s，生态基流量为 0.031m³/s，城市多年平均可供水量及增加量如表 7－53 所示。

表 7－53　不同引水流量下年均城市可供水量

设计引水流量（m³/s）	城市可供水量（万立方米）	增加量（万立方米）	设计引水流量（m³/s）	城市可供水量（万立方米）	增加量（万立方米）
1	1026.19	—	9	1261.98	2.45
2	1146.56	120.37	10	1263.41	1.43
3	1195.62	49.06	11	1264.81	1.40
4	1222.45	26.83	12	1265.63	0.82
5	1238.81	16.36	13	1266.41	0.79
6	1248.38	9.57	14	1267.20	0.79
7	1254.85	6.48	15	1267.94	0.75
8	1259.53	4.68	—	—	—

绘制城市可供水增加量趋势图，如图 7－24 所示，随引水流量增加，可供水增量变幅降低，在经济合理的原则下，尽可能增加城市可供水量。因此，选择 3m³/s 作为合理引水流量。

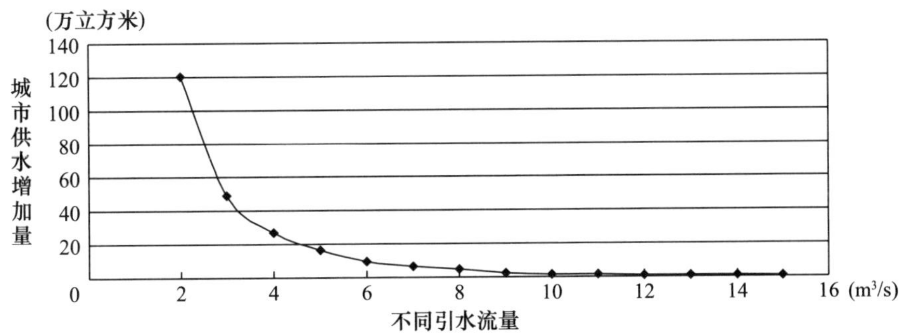

图 7－24　不同引水流量下城市可供水增量趋势

（二）城市可供水量方案

结合本章第二节河道生态基流计算结果，引水流量分别取 1m³/s，2m³/s，…，5m³/s，设计 10 种供水方案，各方案计算成果如表 7－54 所示。

表 7-54　甘峪水库供水量方案计算成果

供水方案			可供水量（万立方米）	
序号	生态基流（m^3/s）	引水流量（m^3/s）	生态	城市
方案一	0.031	1	97.35	1026.23
方案二	0.031	2	97.35	1146.59
方案三	0.031	3	97.35	1195.66
方案四	0.031	4	97.35	1222.49
方案五	0.031	5	97.35	1238.84
方案六	0.069	1	207.20	924.38
方案七	0.069	2	207.20	1039.21
方案八	0.069	3	207.20	1087.17
方案九	0.069	4	207.20	1089.42
方案十	0.069	5	207.20	1129.48

根据上述计算，甘峪水库合理引水流量为 $3m^3/s$，生态基流取 $0.031m^3/s$，经调节计算，城市多年平均可供水量为 1195.66 万立方米，详见附表 79。

笔者对 1956～2010 年城市合理可供水量系列进行频率计算，计算得到的统计参数为：均值 W＝1195.66（万立方米），采用 P－Ⅲ曲线适线，适线后的统计参数为 Cv＝0.4279，Cs＝1.92Cv，结果如表 7－55 及图 7－25 所示。

表 7-55　甘峪水库城市供水量（合理供水方案）

项目	多年平均	50%	75%	95%
来水（万立方米）	2162.13	2019.94	1367.69	962.79
城市供水（万立方米）	1195.66	1126.521	823.821	488.626

十、涝河峪口可引水量

（一）城市可引水量

根据峪口引水工程实际情况，城市设计引水流量拟定为 $1m^3/s$、$2m^3/s$、$3m^3/s$、$4m^3/s$、$5m^3/s$、$6m^3/s$ 六种情况，并结合本章第二节河道生态基流计算结果，设计 12 种供水方案，各方案计算结果见附表 80～附表 91，多种方案计算成果汇总详见表 7－56。

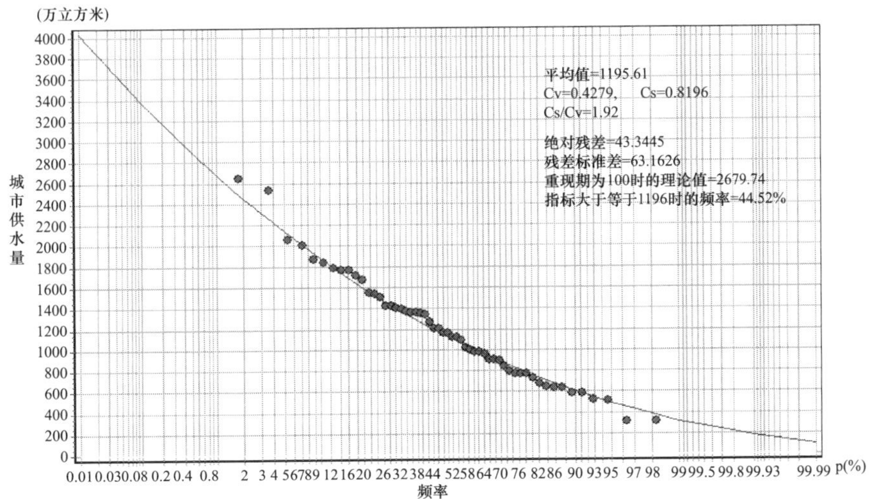

图 7-25 甘峪水库合理城市供水量频率曲线

表 7-56 涝河峪口以上径流引水供水量方案计算成果

供水方案			可供水量（万立方米）	
序号	生态基流（m^3/s）	引水流量（m^3/s）	生态	城市
方案一	0.362	1	1129.62	2158.32
方案二	0.362	2	1129.62	3420.36
方案三	0.362	3	1129.62	4273.45
方案四	0.362	4	1129.62	4900.07
方案五	0.362	5	1129.62	5390.08
方案六	0.362	6	1129.62	5783.57
方案七	0.292	1	915.56	2260.23
方案八	0.292	2	915.56	3562.23
方案九	0.292	3	915.56	4436.74
方案十	0.292	4	915.56	5075.32
方案十一	0.292	5	915.56	5573.41
方案十二	0.292	6	915.56	5972.37

（二）不同引水方案比较

笔者分别对以上 12 种设计引水方案 1956～2010 年城市可供水量系列进行频率计算，采用 P－Ⅲ曲线适线，计算各设计引水方案在 50%、75%、95% 不同频率下的城市可供水量，结果详见表 7－57。考虑峪口来水量、工程初拟设计引水流量，确定合理引水流量为 $5m^3/s$，生态基流量取 $0.292m^3/s$，城市合理可供水量为5573.41万立方米，涝河峪口以上径流城市合理可引水量频率曲线图如图7－26所示。

表7－57　涝河峪口以上径流引水城市供水量

项目	引水流量（m^3/s）	生态流量（m^3/s）	多年平均（万立方米）	不同频率（万立方米）		
				50%	75%	95%
来水			11409.16	10658.73	7216.99	5080.41
方案一	1	0.362	2158.32	2132.39	1869.42	1530.90
方案二	2	0.362	3420.36	3360.25	2862.15	2237.09
方案三	3	0.362	4273.45	4189.99	3514.66	2669.95
方案四	4	0.362	4900.17	4778.09	3936.84	2878.58
方案五	5	0.362	5390.08	5244.08	4267.37	3498.58
方案六	6	0.362	5783.57	5615.70	4523.50	3507.73
方案七	1	0.292	2260.23	2237.86	1990.32	1668.68
方案八	2	0.292	3562.23	3508.77	3032.81	2429.73
方案九	3	0.292	4436.74	4358.83	3682.43	2828.14
方案十	4	0.292	5075.32	4958.96	4119.39	2996.55
方案十一	5	0.292	5573.41	5428.64	4452.78	3269.45
方案十二	6	0.292	5972.37	5808.37	4715.34	3592.64

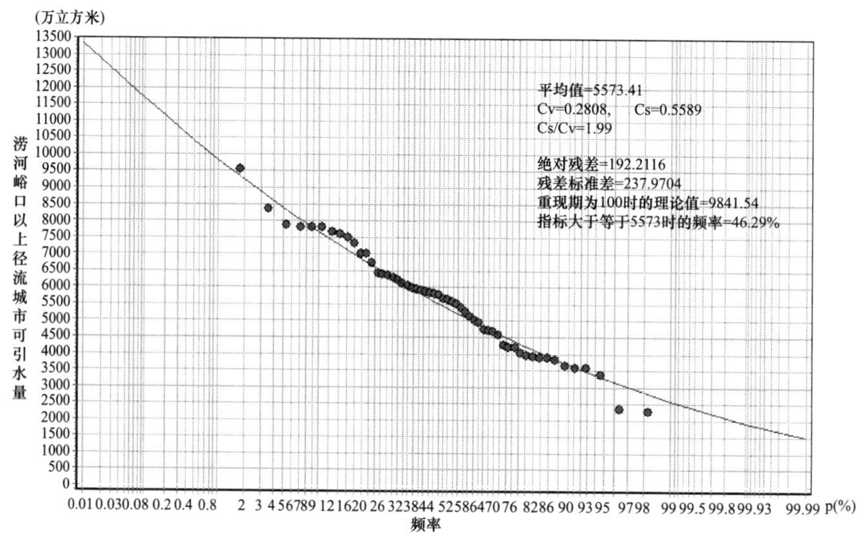

图7－26　涝河峪口以上径流引水合理城市供水量频率曲线

十一、耿峪河峪口可引水量

（一）城市可引水量

根据峪口引水工程实际情况，城市设计引水流量拟定为 $1m^3/s$、$2m^3/s$、$3m^3/s$、$4m^3/s$ 四种情况，并结合本章第二节河道生态基流计算结果，设计八种供水方案，各方案计算结果见附表 92 ~ 附表 99，多种方案计算成果汇总详见表 7 - 58。

表 7 - 58　耿峪河峪口以上径流引水供水量方案计算成果

供水方案			可供水量（万立方米）	
序号	生态基流（m^3/s）	引水流量（m^3/s）	生态	城市
方案一	0.021	1	65.48	452.40
方案二	0.021	2	65.48	517.50
方案三	0.021	3	65.48	546.15
方案四	0.021	4	65.48	560.68
方案五	0.019	1	59.42	458.25
方案六	0.019	2	59.42	523.48
方案七	0.019	3	59.42	552.17
方案八	0.019	4	59.42	566.73

（二）不同引水方案比较

笔者分别对以上八种设计引水方案 1956 ~ 2010 年城市可供水量系列进行频率计算，采用 P - Ⅲ曲线适线，计算各设计引水方案在 50%、75%、95% 不同频率下的城市可供水量，结果详见表 7 - 59。考虑峪口来水量、工程初拟设计引水流量，确定合理引水流量为 $2m^3/s$，生态基流量取 $0.019m^3/s$，城市合理可供水量为 523.48 万立方米，耿峪河峪口以上径流城市合理可引水量频率曲线如图 7 - 27所示。

表 7 - 59　耿峪河峪口以上径流引水城市供水量

项目	引水流量（m^3/s）	生态流量（m^3/s）	多年平均（万立方米）	不同频率（万立方米）		
				50%	75%	95%
来水	—	—	648.38	605.74	410.14	288.72
方案一	1	0.021	452.40	432.69	328.24	207.06

续表

项目	引水流量 (m^3/s)	生态流量 (m^3/s)	多年平均 (万立方米)	不同频率（万立方米）		
				50%	75%	95%
方案二	2	0.021	517.50	485.97	355.38	213.24
方案三	3	0.021	546.15	811.29	363.24	200.83
方案四	4	0.021	560.68	519.56	366.85	206.06
方案五	1	0.019	458.25	438.57	332.56	209.14
方案六	2	0.019	523.48	492.30	359.63	214.10
方案七	3	0.019	552.17	518.92	367.67	198.54
方案八	4	0.019	566.73	525.95	372.52	210.36

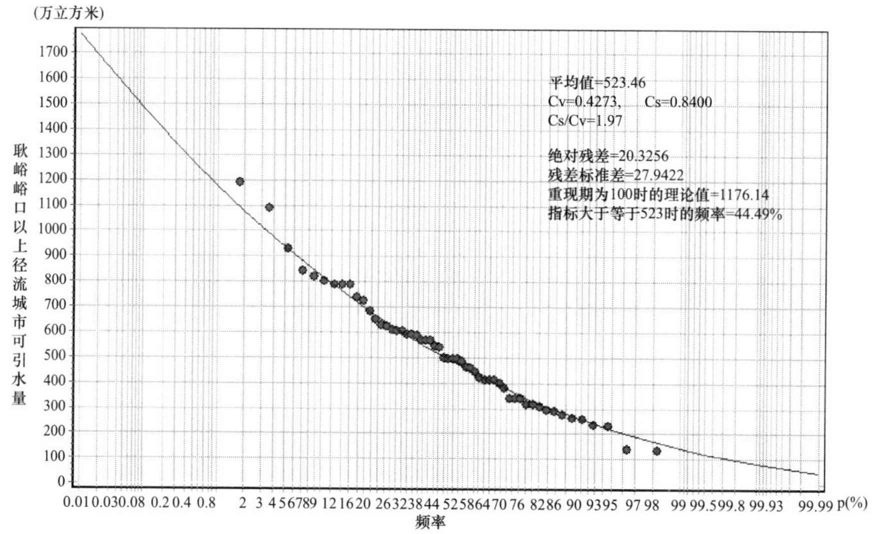

图 7-27　耿峪峪口以上径流引水合理城市供水量频率曲线

十二、石头河水库给西安市供水量

石头河水库是一座以灌溉为主，兼有发电、防洪、城市供水功能的综合工程。水库控制流域面积673km²，多年平均径流量4.48亿立方米，总库容1.47亿立方米，有效库容1.2亿立方米，水库年调节水量2.7亿立方米，规划灌溉面积126万亩。

为了缓解西安严重缺水局面，石头河水库从1996年6月起正式向西安供水，根据西安市与石头河水库管理局签订的供水协议，年计划供水量9500万立方米，

2002 年黑河水库建成后，石头河水库成为西安市供水的补充水源，其供水量有所减少，年均向西安市供水 4800 万立方米。

第四节　黑河引水系统联合供水分析

本书考虑多种引水流量、两种生态基流，以及不同制度下灌溉需水量的组合，对各水源工程分别设计了多种城市可供水量方案。本章考虑黑河引水系统联合供水，分别计算合理城市可供水量以及管道引水能力约束下的城市可供水量。

以下提到的现状水源是指黑河引水工程现状供水水源和现状情况下能够引水的水源；规划水源是指在现状水源的基础上，规划四座水库以取代其地表径流引水的所有可供水水源。

一、合理城市可供水量

（一）现状可供水量

目前通过黑河引水主管道向西安市供水的水源有七处，包括黑河金盆水库、石头河水库、石砭峪水库、甘峪水库、田峪河、沣峪河地表径流以及就峪河峪口引水水源。在计算现状合理可供水量时，还考虑已建成的西骆峪水库，高冠峪、太平峪地表径流引水，以及耿峪河、涝峪河峪口引水。

（1）黑河金盆水库，合理城市可供水量方案为：引水流量为 $14m^3/s$，生态基流量为 $1.248m^3/s$，采用节水灌溉制度，调入引湑济黑水量，经调节计算，城市多年平均可供水量为 35897.76 万立方米。

（2）石头河水库，石头河水库向西安市年均供水 4800 万立方米。

（3）石砭峪水库，合理城市可供水量方案为：引水流量为 $5m^3/s$（复线通水之前，管道设计引水流量），生态流量为 $0.18m^3/s$，调入引乾济石水量，经调节计算，城市多年平均可供水量为 8410.39 万立方米。

（4）甘峪水库，合理城市可供水量方案为：引水流量为 $3m^3/s$，生态基流量为 $0.031m^3/s$，经调节计算，城市多年平均可供水量为 1195.66 万立方米。

（5）西骆峪水库，合理城市可供水量方案为：引水流量为 $3m^3/s$，生态流量为 $0.049m^3/s$，经调节计算城市多年平均可供水量为 1173.11 万立方米。

（6）田峪河、沣峪河以及高冠峪地表径流引水，合理引水流量均为 $3m^3/s$，太平峪地表径流引水，合理引水流量为 $2m^3/s$，生态基流量采用 Q90 方法计算结果，分别为 $0.161m^3/s$、$0.181m^3/s$、$0.148m^3/s$、$0.172m^3/s$，多年平均可引水量分别为：3146.15 万立方米、3478.77 万立方米、3138.44 万立方米、2891.04 万立方米。

（7）就峪河和耿峪河峪口引水，合理引水流量均为 $2m^3/s$，涝峪河峪口引水，合理引水流量为 $5m^3/s$，生态基流量采用 Q90 方法计算结果，分别为 $0.041m^3/s$、$0.019m^3/s$、$0.292m^3/s$，多年平均可引水量分别为：1181.11 万立方米、523.48 万立方米、5573.41 万立方米。

以上结果详见表 7－60。

表 7－60　黑河引水系统合理城市可供水量（现状）

工程	控制面积（km^2）	多年平均径流量（万立方米）	不同频率可供水量（万立方米）			
			多年平均（万立方米）	50%	75%	95%
金盆水库（含引湑济黑）	1481	59149.23	35897.76	35423.91	30829.00	24956.12
石砭峪水库（含引乾济石）	132	13555.16	8410.39	8248.14	6660.98	4630.41
甘峪水库	68.5	2162.13	1195.66	1126.52	823.82	488.62
西骆峪水库	82.7	2148.08	1173.11	1090.56	735.58	344.58
田峪径流引水	210	6489.76	3146.15	3059.05	2487.34	1797.46
沣峪径流引水	165.8	7250.31	3478.77	3393.07	2807.35	2093.90
高冠峪径流引水	137.2	6014.73	3138.44	2581.70	2103.36	1524.62
太平峪径流引水	154	6751.05	2891.04	2827.40	2355.42	1772.77
就峪河峪口引水	67.7	1758.50	1181.11	1136.62	883.47	585.57
耿峪河峪口引水	23.2	648.38	523.48	492.30	359.63	214.10
涝峪河峪口引水	347	11409.16	5573.41	5428.64	4452.78	3269.45
石头河水库（含引红济石）	673	46103	4800	—	—	—
合计	—	163439.5	71409.32	69607.91	59298.73	46477.6

（二）规划可供水量

规划的水源工程包括已建成的西骆峪水库，规划的田峪水库、梨园坪水库、高冠峪水库、太平峪水库，以及耿峪地表径流引水工程。在现有水源城市合理可供水量计算的基础上，计算田峪水库、梨园坪水库、高冠峪水库、太平峪水库的

城市合理可供水量，进行汇总，详见表4－61。

（1）田峪水库，合理城市可供水量方案为：引水流量为$4m^3/s$，生态流量为$0.161m^3/s$，经调节计算，城市多年平均可供水量为4560.82万立方米。

（2）梨园坪水库，合理城市可供水量方案为：引水流量为$4m^3/s$，生态流量为$0.181m^3/s$，经调节计算城市多年平均可供水量为5967.77立方米。

（3）高冠峪水库，合理城市可供水量方案为：引水流量为$4m^3/s$，生态流量为$0.148m^3/s$，经调节计算，城市多年平均可供水量为5200.62万立方米。

（4）太平峪水库，合理城市可供水量方案为：引水流量为$3m^3/s$，生态流量为$0.172m^3/s$，经调节计算，城市多年平均可供水量为4406.14立方米。

以上结果详见表7－61。

表7－61　黑河引水系统合理城市可供水量（规划）

工程	控制面积（km^2）	多年平均径流量（万立方米）	不同频率可供水量（万立方米）			
			多年平均（万立方米）	50%	75%	95%
金盆水库（含引湑济黑）	1481	59149.23	35897.76	35423.91	30829.00	24956.12
石砭峪水库（含引乾济石）	132	13555.16	8410.39	8248.145	6660.986	4630.415
甘峪水库	68.5	2162.13	1195.66	1126.521	823.821	488.626
西骆峪水库	82.7	2148.08	1173.11	1090.565	735.585	344.588
田峪水库	210	6489.76	4560.82	4344.70	3281.72	2068.78
梨园坪水库	165.8	7250.31	5967.77	5753.39	4481.75	2973.09
高冠峪水库	137.2	6014.73	5200.62	4912.66	3657.83	2270.22
太平峪水库	154	6751.05	4406.14	4313.19	3564.36	2627.82
就峪河峪口引水	67.7	1758.50	1181.11	1136.62	883.47	585.57
耿峪河峪口引水	23.2	648.38	523.48	492.30	359.63	214.10
涝峪河峪口引水	347	11409.16	5573.41	5428.64	4452.78	3269.45
石头河水库（含引红济石）	673	46103	4800	—	—	—
合计	—	163439.49	78890.27	77070.64	64530.93	49228.78

二、管道约束下城市可供水量

（一）现状供水设施及能力

目前通过黑河引水主管道向西安市供水的水源有七处，包括黑河金盆水库、石头河水库、石砭峪水库、甘峪水库、田峪河、沣峪河地表径流以及就峪河峪口引水水源。由西向东，石头河水库补充水源渠道工程从汤峪渡槽出口至黑河峪口蔺家湾汇流池与黑河供水水源衔接，全长32.8km，设计最大引水流量为6.0m³/s；从黑河金盆水库与石头河来水汇合的蔺家湾汇流池至见子河分流池出口段长70km，设计流量14～15m³/s。

从见子河分流池出口至曲江池水厂段长16.18km，其中见子河分流池出口至甫店汇流池段长1.88km，设计流量10.3m³/s；从见子河分流池至南郊净水厂输水渠道全场21.67km，设计输水流量3.7m³/s，加大引水流量5.2m³/s。石砭峪水库备用水源渠道在甫店汇流池与黑河引水渠汇合；甫店汇流池至曲江池水厂段长14.3km，为双线暗渠，设计流量为2×5.8m³/s。

石砭峪水库备用水源渠道工程是在石砭峪灌区西干渠桩号3+630处设分水闸，闸后新建输水暗渠3.65km，渠末接黑河引水渠道甫店汇流池，设计流量为5.0m³/s，石砭峪水库向西安供水复线工程，将供水规模提高至15m³/s，新建供水管渠由西干渠二支渠闸房至见子河汇流池，长7km，设计流量为10m³/s；沣峪河利用改选原灌溉渠道800m，设计流量为4.0m³/s；田峪河利用改造现有的田惠渠渠首低坝引水，扩建新建引水渠道长1.4km，设计流量为6.0m³/s（含灌溉用水2m³/s）；甘峪水库2009年5月完成除险加固工程，工程设计引水流量为4.0m³/s；就峪河引水工程设计引水流量为4.0m³/s。如图7－28所示。

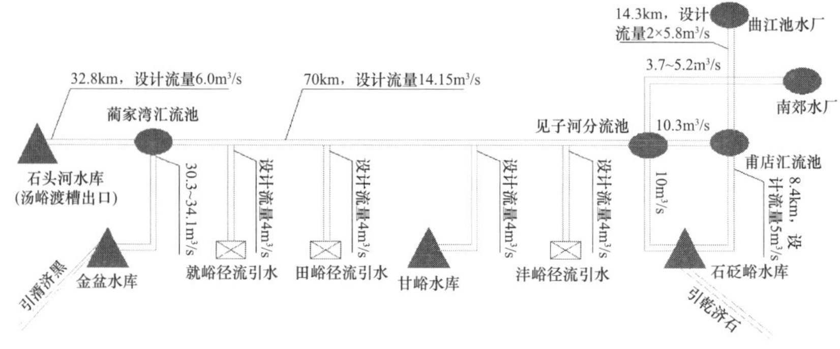

图7－28　黑河引水系统现状供水水源及供水管道情况

（二）约束下城市可供水量

（1）黑河引水系统现状供水水源总共七处，引水管道布置以及设计引水流量如图 7－28 所示。根据现状供水水源设计可供水量方案中，水源工程管道设计最大引水流量调节计算结果，考虑现状管道引水能力约束，计算城市最大可供水量。

根据调节计算得到的年供水过程，考虑管道设计引水能力限制，若水源工程引水流量大于管道设计引水流量，则按照管道设计引水流量供水；若水源工程引水流量小于管道设计引水流量，则按照水源工程引水流量供水。

石头河水库作为应急供水水源，年均向西安市供水 4800 万立方米，按照管道设计引水能力 $6m^3/s$ 引水，能够持续供水三个月。考虑金盆水库连续三个月的最小供水时段，石头河水库引水与其叠加，在黑河峪口蔺家湾汇流池与金盆水库供水水源衔接。考虑供水管道设计引水流量进行引水。

由西往东依次考虑就峪河峪口引水、田峪河地表径流引水、甘峪水库供水、沣峪河地表径流引水，以及石砭峪水库供水流量过程和管道设计引水能力约束，计算得到现状供水水源情况下，城市最大可供水量为 36219.85 万立方米。

（2）黑河引水系统规划水源情况下供水水源总共 11 处，采用上述计算方法，在上文规划水源情况下，考虑现状管道设计引水流量约束，计算得到城市最大可供水量为 38346.07 万立方米。

第八章　结论与展望

第一节　主要研究成果

随着西安市社会经济的高速发展，城市规模不断扩大，城市需水量迅速增长，保障供水已是支撑西安发展的重要任务。已建和计划扩建的黑河引水系统已是西安发展的主要水源来源，运行多年来，为西安的发展做出了巨大贡献。但是，在新形势下，还要更深入地开展研究，从配置、节约、保护等多方面，全面提升科学管理水平。本书从水资源的实际情况出发，分析和掌握水资源条件，充分挖掘黑河引水系统潜力，实行城市供水的科学调度，完善对黑河供水系统的科学管理。取得的主要研究成果和结论如下：

（1）调查分析西安市黑河引水系统可利用水源，包含如下河流：石头河、西骆峪河、黑河、就峪河、田峪河、耿峪河、甘峪河、涝峪河、太平峪河、高冠峪河、沣峪河、石砭峪河，以及引湑济黑和引乾济石引水工程。

（2）确定黑河引水系统可供水量计算单元，包括现状水源工程七处：金盆水库、石头河水库、石砭峪水库、甘峪水库、沣峪河、田峪河及就峪河径流引水工程；规划水源工程七处：梨园坪水库（沣峪径流引水工程改建）、高冠峪水库、太平峪水库、田峪水库（田峪径流引水工程改建）、西骆峪水库、耿峪河及涝峪河径流引水工程。

（3）计算每条河流峪口年径流量，可引水量（包括多年平均量，50%、75%、95%等不同频率量）。其中，包括涝河峪口、就峪峪口、耿峪河峪口。计算每条河流峪口或水库坝址以上年径流量、水库工程可供水量（包括多年平均量，50%、75%、95%等不同频率量）。其中，河流涉及的水库工程包括：石砭峪水库、甘峪水库、西骆峪水库、田峪水库、梨园坪水库、高冠峪水库、太平峪

水库。

（4）对流域调水工程（引乾济石、引湑济黑）分析计算。包括：所在河流上水文站控制流域的径流量，引水断面以上控制流域径流量及可调水总量（包括多年平均径流量，50%、75%、95%等不同频率量），考虑流域调水情况下的金盆、石砭峪水库的调节计算。

（5）确定各水源的合理引水流量，并对黑河引水系统多种引水方案进行分析。其中：现状及规划水源情况下黑河引水系统合理可供水量分别为71409.32万立方米和78890.27万立方米；现状输水渠道约束下黑河引水系统现状及规划水源情况下供水量分别为36219.27万立方米和38346.07万立方米。

（6）对黑河引水系统的水资源价值进行核算，针对水资源的多元特性，建立了包括水资源自然资源价值和环境资源价值在内的水资源价值的核算模型，其中选取物元分析法和旅行费用法分别计算水资源的自然价值和环境价值，最终计算得到现状水资源总价值为16.22×10^4万元，水价为2.27元/立方米，与实际情况基本一致。

（7）系统分析了西安市旱灾特点，在综合分析西安市干旱典型年水资源供需平衡情况的基础上，探讨了由于干旱所带来的影响。对西安市现状年及规划年供水安全进行评估，可知规划水平年发生特大干旱时，全市城乡生活用水的保障程度仅达到94%左右，约有80万人饮水困难，抗旱形势严峻，此外，针对实际情况介绍了抗旱应急备用水源工程的实施情况。

第二节　创新点

（1）从现状水资源可利用量计算方法出发，提出了考虑非汛期基流量、汛期弃水量及水权的水资源可利用量估算方法，综合考虑水资源、生态环境和社会经济发展三方面因素，将河道内生态基流量的计算作为重点，实现水资源开发利用与生态环境的协调发展。

（2）以黑河引水系统规划可供水量的计算结果为基础，进行一次、二次、三次供需平衡分析，并予以数学表述。建立以区域可持续发展思想为指导的水资源合理配置模型，该模型为包括水量分析模型、经济分析模型、生态环境分析模型的多目标模型。为了求解这一大系统多目标模型，提出改进蚁群算法，该算法能够克服收敛速度慢且易陷入局部极值的弊端。

（3）针对水资源的多元特性，将水资源价值的计算分为两个部分：第一部分是水资源作为自然资源的价值，运用物元理论对其进行计算；第二部分是水资源作为环境资源的价值，主要以旅游景观价值作为衡量标准，运用旅行费用法对其进行计算。通过对黑河引水系统水资源自然资源价值和环境资源价值的定量评价，得到水资源的总价值及水价。

（4）针对西安市旱灾特点，在综合分析西安市干旱典型年水资源供需平衡情况的基础上，探讨了由于干旱所带来的影响。对西安市现状年及规划年供水安全进行评估，并针对实际情况介绍应急备用水源工程的实施情况。

第三节　展望

由于水资源量的计算及水资源价值核算涉及的知识面广，本次研究在总结前人工作的基础上，对西安市黑河引水系统水资源量进行了分析计算，并核算了水资源价值。但鉴于笔者学识有限，本书的研究只取得了一些初步成果，尚有待深入研究之处。

（1）黑河引水系统计划扩充的各水库尚在规划阶段，本书各水库的特征参数均根据当地的实际情况进行拟合所得，存在一定的误差，待各规划水库建成后做进一步的校正。

（2）本书在计算每条河流的径流可引水量及水库工程供水量时，只是根据每条河流的具体供水任务独立进行分析，计算了合理及最大供水量，对各工程之间的联合调度未作考虑，在今后的工作中，应对特殊情况下，各工程之间的联合调度作进一步研究。

（3）由于水资源系统的复杂性、模糊性，使现存的水资源价值研究理论和模型都存在着一定的不足或缺陷。本书针对水资源的多元特性，建立了基于物元与旅行费用法的水资源价值核算模型对黑河引水系统的水资源价值进行了核算。但在实际分析中，所选用的评价因子的项目和数量仍具有一定局限性，难以全面反映水资源价值。水资源价值评判因素权重确定同样有其不确定性的一面。如何更为全面地反映水资源价值并选用何种模型进行水资源价值的核算还有待进一步研究。

附　　表

附表1　金盆水库调节计算成果（方案一）　　单位：万立方米

年份	来水量	生态用水量	城市供水量	灌溉供水量	弃水量
1956	83951.34	5559.22	37946.88	9100.77	40941.98
1957	68648.60	5544.03	37031.76	8907.67	20557.18
1958	112291.06	5544.03	32864.08	8595.37	55600.62
1959	49869.65	5544.03	37843.20	9100.77	1645.78
1960	41342.40	5559.22	33158.26	7853.85	0.00
1961	89363.78	5544.03	33674.40	8788.44	31300.48
1962	54171.16	5544.03	36550.48	8786.69	4428.85
1963	78096.79	5544.03	37843.20	9100.77	26541.15
1964	121004.76	5559.22	37946.88	9100.77	67128.70
1965	48867.49	5544.03	37843.20	9100.77	2045.68
1966	38663.65	5544.03	32084.89	7451.27	0.00
1967	68449.71	5544.03	31885.64	9098.97	12770.15
1968	81507.69	5559.22	37946.88	9100.77	24654.13
1969	32514.83	5544.03	34142.56	8341.83	0.00
1970	49562.76	5544.03	28576.52	8336.91	0.00
1971	47189.26	5544.03	36184.32	8491.81	0.00
1972	42643.24	5559.22	32313.88	8844.54	0.00
1973	51709.02	5544.03	24404.46	7318.65	2965.65
1974	47539.70	5544.03	34421.03	8590.20	318.99
1975	82147.74	5544.03	36918.11	9100.77	27290.50
1976	63262.34	5559.22	37946.88	9100.77	14939.38
1977	31906.22	5544.03	28355.30	7159.00	0.00
1978	57448.31	5544.03	26461.19	8140.57	8657.94
1979	30442.35	5544.03	27605.47	5937.43	0.00

续表

年份	来水量	生态用水量	城市供水量	灌溉供水量	弃水量
1980	71337.97	5559.22	28089.97	8131.88	18251.75
1981	119832.48	5544.03	35344.21	8311.40	69498.51
1982	58096.74	5544.03	37843.20	9100.77	7709.04
1983	122203.38	5544.03	37843.20	9100.77	66525.72
1984	88316.52	5559.22	37946.88	9100.77	37066.52
1985	52120.80	5544.03	37843.20	9100.77	0.00
1986	51128.84	5544.03	37235.84	8897.30	3322.85
1987	70136.58	5544.03	36420.38	8782.49	19277.83
1988	64598.17	5559.22	35902.86	8604.02	10368.82
1989	63129.72	5544.03	37843.20	9100.77	13845.45
1990	66911.36	5544.03	37843.20	9100.77	13166.74
1991	43357.51	5544.03	37843.20	9100.77	0.00
1992	43292.02	5559.22	26342.87	7385.33	0.00
1993	54446.26	5544.03	35828.68	9004.42	558.44
1994	29656.02	5544.03	25470.67	7287.73	0.00
1995	17736.88	5449.52	8959.06	3328.30	0.00
1996	27917.91	4414.30	18777.73	4725.89	0.00
1997	13075.86	3446.74	6864.12	2765.01	0.00
1998	62094.99	4524.63	27190.72	7906.48	15809.67
1999	40869.10	5206.05	32699.94	7723.35	0.00
2000	31368.30	4836.07	22236.06	5639.19	0.00
2001	13663.38	3705.04	7830.83	2687.75	0.00
2002	16149.89	5382.53	7804.82	2962.54	0.00
2003	63082.11	5544.03	30549.62	9091.98	8894.77
2004	18172.43	5478.45	17798.98	3896.71	0.00
2005	60518.45	4516.34	27166.06	7855.28	14485.67
2006	42556.67	5544.03	30851.26	7601.66	0.00
2007	56439.94	5544.03	29278.75	7558.62	8527.01
2008	25100.76	4892.02	25954.71	4840.37	0.00
2009	35276.00	4717.06	22963.50	6128.25	0.00
2010	54670.90	5411.30	28569.92	8214.43	9450.37
多年平均	55451.85	5363.29	30601.43	7754.28	11973.57

附表 2 金盆水库调节计算成果（方案二） 单位：万立方米

年份	来水量	生态用水量	城市供水量	灌溉供水量	弃水量
1956	88069. 94	3946. 476	44271. 360	6858. 778	43389. 522
1957	71625. 86	3935. 693	41580. 443	6714. 248	22855. 813
1958	118901. 95	3935. 693	37130. 843	6581. 261	60853. 286
1959	53242. 10	3935. 693	44150. 400	6858. 778	3027. 943
1960	44389. 38	3946. 476	37618. 226	5806. 685	0. 000
1961	95739. 06	3935. 693	40280. 769	6767. 418	36438. 840
1962	58008. 18	3935. 693	41853. 556	6577. 943	6862. 479
1963	83467. 84	3935. 693	44150. 400	6858. 778	29553. 918
1964	129088. 51	3946. 476	44271. 360	6858. 778	72794. 468
1965	52613. 02	3935. 693	44150. 400	6858. 778	3406. 634
1966	42241. 56	3935. 693	36682. 237	5728. 044	0. 000
1967	73729. 27	3935. 693	39181. 018	6858. 778	17029. 066
1968	86107. 36	3946. 476	44271. 360	6858. 778	26600. 397
1969	34633. 27	3935. 693	39483. 034	6379. 672	0. 000
1970	52858. 92	3935. 693	33573. 053	6400. 166	0. 000
1971	50077. 53	3935. 693	42929. 050	6641. 706	0. 000
1972	44840. 65	3946. 476	39556. 477	6858. 778	0. 000
1973	55524. 61	3935. 693	29465. 597	5780. 557	5310. 804
1974	50605. 52	3935. 693	39877. 226	6463. 947	1533. 779
1975	87045. 41	3935. 693	41985. 970	6616. 875	31140. 913
1976	66160. 37	3946. 476	44271. 360	6858. 778	15668. 176
1977	34186. 49	3935. 693	33469. 056	5390. 116	0. 000
1978	61336. 57	3935. 693	31965. 183	6246. 288	11241. 044
1979	32625. 24	3935. 693	32308. 704	4329. 210	0. 000
1980	75560. 69	3946. 476	33162. 083	6187. 432	20915. 908
1981	125553. 72	3935. 693	40739. 979	6190. 716	73885. 294
1982	62073. 39	3935. 693	44150. 400	6858. 778	9121. 766
1983	129286. 45	3935. 693	43650. 743	6807. 836	71633. 742
1984	93541. 05	3946. 476	44271. 360	6858. 778	40118. 599
1985	55971. 65	3935. 693	44150. 400	6858. 778	1118. 981
1986	53670. 64	3935. 693	42820. 355	6823. 889	4793. 202
1987	73355. 16	3935. 693	40767. 022	6336. 732	22187. 457

续表

年份	来水量	生态用水量	城市供水量	灌溉供水量	弃水量
1988	69216.42	3946.476	40494.222	6488.260	13554.625
1989	68400.46	3935.693	44150.400	6858.778	16839.052
1990	71622.58	3935.693	44150.400	6858.778	15406.399
1991	46041.26	3935.693	43746.768	6857.758	0.000
1992	46396.11	3946.476	31569.074	5824.431	0.000
1993	57562.36	3935.693	42211.860	6801.356	2680.169
1994	32059.41	3935.693	30426.791	5903.470	0.000
1995	19176.65	3935.693	12443.121	2797.839	0.000
1996	30935.69	3446.22	22957.793	4531.680	0.000
1997	14436.49	2605.772	9662.786	2167.932	0.000
1998	65591.77	3275.459	32072.008	6080.124	18434.673
1999	43150.49	3735.625	36609.436	5818.401	0.000
2000	33746.37	3557.088	26698.412	4904.738	0.000
2001	17002.31	2866.648	13175.965	2262.367	0.000
2002	18526.58	3934.691	11312.663	3279.226	0.000
2003	68502.15	3935.693	35895.036	6858.778	13094.669
2004	20359.04	3946.476	22148.962	2981.578	0.000
2005	64568.02	3276.841	32005.308	6075.544	17483.513
2006	44611.95	3935.693	35484.197	5964.468	0.000
2007	60011.11	3935.693	33939.510	6278.498	10945.760
2008	27623.89	3817.048	29534.593	4138.301	0.000
2009	37953.88	3594.482	27870.100	5296.942	0.000
2010	59584.46	3935.693	33630.664	6261.132	11109.957
多年平均	59149.288	3842.448	35897.76	5970.299	13688.106

附表3　金盆水库调节计算成果（方案三）　　单位：万立方米

年份	来水量	生态用水量	城市供水量	灌溉供水量	弃水量
1956	88069.94	3946.48	50595.84	6858.78	38877.39
1957	71625.86	3935.69	44381.86	6714.25	20798.51
1958	118901.95	3935.69	38928.95	6581.26	57189.93
1959	53242.10	3935.69	50457.60	6858.78	0.00
1960	44389.38	3946.48	36560.52	5693.29	0.00

续表

年份	来水量	生态用水量	城市供水量	灌溉供水量	弃水量
1961	95739.06	3935.69	41991.49	6767.42	32568.12
1962	58008.18	3935.69	44554.47	6140.71	4724.94
1963	83467.84	3935.69	50457.60	6858.78	23898.17
1964	129088.51	3946.48	50595.84	6858.78	65780.90
1965	52613.02	3935.69	50457.60	6858.78	0.00
1966	42241.56	3935.69	36144.02	5696.21	0.00
1967	73729.27	3935.69	40943.75	6858.78	13684.94
1968	86107.36	3946.48	50154.36	6858.78	20072.05
1969	34633.27	3935.69	39396.41	5634.65	0.00
1970	52858.92	3935.69	37539.95	6336.96	0.00
1971	50077.53	3935.69	43837.30	6396.14	0.00
1972	44840.65	3946.48	36064.79	5784.08	0.00
1973	55524.61	3935.69	32243.06	5716.05	3815.96
1974	50605.52	3935.69	40898.37	6263.72	911.70
1975	87045.41	3935.69	45488.64	6155.48	27525.80
1976	66160.37	3946.48	48154.21	6745.44	12874.57
1977	34186.49	3935.69	32233.12	4807.02	0.00
1978	61336.57	3935.69	35739.38	6239.13	8976.85
1979	32625.24	3935.69	30950.22	4184.85	0.00
1980	75560.69	3946.48	37433.85	6187.43	18337.58
1981	125553.72	3935.69	42337.17	6045.05	72157.29
1982	62073.39	3935.69	46526.32	6244.68	7359.94
1983	129286.45	3935.69	47338.78	6285.95	67928.94
1984	93541.05	3946.48	50595.84	6858.78	34332.77
1985	55971.65	3935.69	48635.61	6837.90	0.00
1986	53670.64	3935.69	42236.69	6464.12	2821.52
1987	73355.16	3935.69	43351.95	6311.00	19750.51
1988	69216.42	3946.48	42319.25	6394.29	10905.83
1989	68400.46	3935.69	50457.60	6858.78	10903.73
1990	71622.58	3935.69	48375.68	6858.78	11915.50
1991	46041.26	3935.69	43130.08	6533.60	0.00
1992	46396.11	3946.48	33390.06	5741.19	0.00

续表

年份	来水量	生态用水量	城市供水量	灌溉供水量	弃水量
1993	57562.36	3935.69	43974.42	6801.36	36.33
1994	32059.41	3935.69	28487.58	5769.08	0.00
1995	19176.65	3935.69	12464.36	2776.60	0.00
1996	30935.69	3438.75	23477.42	4019.52	0.00
1997	14436.49	2605.77	9681.50	2149.22	0.00
1998	65591.77	3275.46	36305.61	6080.12	16252.62
1999	43150.49	3709.77	37419.97	5698.70	0.00
2000	33746.37	3388.64	25673.66	4684.07	0.00
2001	17002.31	2825.19	11914.75	2262.37	0.00
2002	18526.58	3934.69	11312.66	3279.23	0.00
2003	68502.15	3935.69	40577.92	6858.78	9831.50
2004	20359.04	3946.48	20827.99	2882.84	0.00
2005	64568.02	3276.84	36238.91	6075.54	15276.84
2006	44611.95	3935.69	35928.55	5705.03	0.00
2007	60011.11	3935.69	35131.83	6278.50	8785.76
2008	27623.89	3813.97	29265.89	3165.92	0.00
2009	37953.88	3593.74	29486.90	4873.24	0.00
2010	59584.46	3935.69	35913.68	6260.98	9474.96
多年平均	59149.29	3837.96	37981.46	5802.01	11777.66

附表4　金盆水库调节计算成果（方案四）　　单位：万立方米

年份	来水量	生态用水量	城市供水量	灌溉供水量	弃水量
1956	88069.94	3946.48	56750.27	6858.78	34587.95
1957	71625.86	3935.69	45881.19	6674.39	18801.04
1958	118901.95	3935.69	41939.82	6581.26	53557.74
1959	53242.10	3935.69	55391.16	6802.68	0.00
1960	44389.38	3946.48	33491.27	5693.29	0.00
1961	95739.06	3935.69	43987.66	6767.42	28697.40
1962	58008.18	3935.69	46937.59	6021.27	2880.58
1963	83467.84	3935.69	56134.73	6858.78	18605.61
1964	129088.51	3946.48	55795.54	6858.78	59915.45
1965	52613.02	3935.69	54428.32	6596.61	0.00

续表

年份	来水量	生态用水量	城市供水量	灌溉供水量	弃水量
1966	42241.56	3935.69	32779.28	5526.59	0.00
1967	73729.27	3935.69	44813.19	6858.78	10355.41
1968	86107.36	3946.48	53290.79	6858.78	16431.68
1969	34633.27	3935.69	39372.11	4671.30	0.00
1970	52858.92	3935.69	40529.05	6060.82	0.00
1971	50077.53	3935.69	42527.06	5948.12	0.00
1972	44840.65	3946.48	36030.36	4863.82	0.00
1973	55524.61	3935.69	34811.65	5682.32	2517.82
1974	50605.52	3935.69	41907.18	6057.24	289.62
1975	87045.41	3935.69	47363.90	6057.57	25230.41
1976	66160.37	3946.48	50034.65	6437.11	12269.29
1977	34186.49	3935.69	30583.43	4590.95	0.00
1978	61336.57	3935.69	39506.42	6239.13	6934.33
1979	32625.24	3935.69	29244.61	4165.93	0.00
1980	75560.69	3946.48	41511.93	6187.43	15969.85
1981	125553.72	3935.69	43924.49	5892.32	70429.29
1982	62073.39	3935.69	47925.24	6107.20	6109.71
1983	129286.45	3935.69	50348.94	6285.95	64459.85
1984	93541.05	3946.48	53481.18	6808.98	31944.95
1985	55971.65	3935.69	49470.87	6572.88	0.00
1986	53670.64	3935.69	44068.37	6464.12	989.51
1987	73355.16	3935.69	45771.48	6311.00	17331.31
1988	69216.42	3946.48	43507.49	6346.53	8865.56
1989	68400.46	3935.69	55055.18	6858.78	6667.55
1990	71622.58	3935.69	51333.28	6858.78	9764.81
1991	46041.26	3935.69	41796.91	5611.06	0.00
1992	46396.11	3946.48	36398.02	5688.11	0.00
1993	57562.36	3935.69	45736.98	6801.36	0.00
1994	32059.41	3935.69	23806.47	5769.08	0.00
1995	19176.65	3935.69	12464.36	2776.60	0.00
1996	30935.69	3438.75	23748.96	3747.98	0.00
1997	14436.49	2605.77	9681.50	2149.22	0.00

续表

年份	来水量	生态用水量	城市供水量	灌溉供水量	弃水量
1998	65591.77	3275.46	40539.21	6080.12	14096.56
1999	43150.49	3688.61	36149.81	4912.50	0.00
2000	33746.37	3388.64	26086.10	4271.63	0.00
2001	17002.31	2825.19	11914.75	2262.37	0.00
2002	18526.58	3934.69	11331.48	3260.41	0.00
2003	68502.15	3935.69	45181.60	6858.78	6671.19
2004	20359.04	3946.48	19384.61	2882.84	0.00
2005	64568.02	3276.84	40472.51	6075.54	13082.28
2006	44611.95	3935.69	36154.58	5651.80	0.00
2007	60011.11	3935.69	36044.68	6278.50	6905.23
2008	27623.89	3810.55	28418.81	2772.26	0.00
2009	37953.88	3592.05	30591.67	3770.17	0.00
2010	59584.46	3935.69	38945.94	6155.91	8396.72
多年平均	59149.29	3837.48	39541.43	5640.04	10413.79

附表5　金盆水库调节计算成果（方案五）　　单位：万立方米

年份	来水量	生态用水量	城市供水量	灌溉供水量	弃水量
1956	88069.94	3946.48	60334.60	6851.42	32910.72
1957	71625.86	3935.69	45924.91	6298.21	17233.78
1958	118901.95	3935.69	46035.18	6581.26	50170.86
1959	53242.10	3935.69	55238.32	6247.05	0.00
1960	44389.38	3946.48	34749.61	5693.29	0.00
1961	95739.06	3935.69	47239.39	6767.42	24826.68
1962	58008.18	3935.69	49399.97	5822.57	1253.03
1963	83467.84	3935.69	59491.24	6784.04	15607.70
1964	129088.51	3946.48	58970.91	6858.78	55984.96
1965	52613.02	3935.69	54727.57	5493.12	0.00
1966	42241.56	3935.69	33462.74	4843.13	0.00
1967	73729.27	3935.69	49627.68	6858.78	7044.28
1968	86107.36	3946.48	56297.51	6858.78	13127.81
1969	34633.27	3935.69	38813.33	4023.87	0.00
1970	52858.92	3935.69	43011.34	5766.23	0.00

续表

年份	来水量	生态用水量	城市供水量	灌溉供水量	弃水量
1971	50077.53	3935.69	41041.76	5245.72	0.00
1972	44840.65	3946.48	36121.65	4772.53	0.00
1973	55524.61	3935.69	37135.17	5674.32	1539.41
1974	50605.52	3935.69	42609.10	6057.24	0.00
1975	87045.41	3935.69	48870.47	5946.55	23036.16
1976	66160.37	3946.48	51721.63	6193.65	11772.39
1977	34186.49	3935.69	28808.50	4468.56	0.00
1978	61336.57	3935.69	43273.04	6239.13	4899.23
1979	32625.24	3935.69	27513.09	4165.93	0.00
1980	75560.69	3946.48	45590.01	6187.43	13606.19
1981	125553.72	3935.69	45355.03	5892.32	68701.29
1982	62073.39	3935.69	49193.58	6100.31	4879.45
1983	129286.45	3935.69	52909.76	6285.95	61450.95
1984	93541.05	3946.48	56277.05	6611.28	29763.68
1985	55971.65	3935.69	50051.12	6562.87	0.00
1986	53670.64	3935.69	45606.40	6464.12	370.64
1987	73355.16	3935.69	47122.66	6311.00	15072.45
1988	69216.42	3946.48	44679.06	6303.97	7761.35
1989	68400.46	3935.69	57551.40	6858.78	3616.66
1990	71622.58	3935.69	54270.88	6858.78	7622.09
1991	46041.26	3935.69	39755.59	5388.70	0.00
1992	46396.11	3946.48	36896.17	5553.46	0.00
1993	57562.36	3935.69	47115.51	6511.16	0.00
1994	32059.41	3935.69	22362.38	5761.34	0.00
1995	19176.65	3935.69	12474.12	2766.84	0.00
1996	30935.69	3438.75	24091.86	3405.08	0.00
1997	14436.49	2605.77	9681.50	2149.22	0.00
1998	65591.77	3271.85	44284.76	6080.12	11955.04
1999	43150.49	3674.63	34660.93	4814.93	0.00
2000	33746.37	3375.54	26455.18	3915.65	0.00
2001	17002.31	2825.19	11914.75	2262.37	0.00
2002	18526.58	3934.69	11331.48	3260.41	0.00

续表

年份	来水量	生态用水量	城市供水量	灌溉供水量	弃水量
2003	68502.15	3935.69	49657.12	6858.78	3664.35
2004	20359.04	3946.48	17935.70	2863.07	0.00
2005	64568.02	3274.53	44313.48	6075.54	10904.46
2006	44611.95	3935.69	35122.43	5553.83	0.00
2007	60011.11	3935.69	38635.40	6267.46	5052.54
2008	27623.89	3787.72	27353.44	2602.75	0.00
2009	37953.88	3589.99	31513.16	2850.73	0.00
2010	59584.46	3935.69	42056.43	5963.17	7327.94
多年平均	59149.29	3836.43	40847.93	5488.24	9293.75

附表6　金盆水库调节计算成果（方案六）　　单位：万立方米

年份	来水量	生态用水量	城市供水量	灌溉供水量	弃水量
1956	88069.94	3946.48	63748.13	6851.42	31263.92
1957	71625.86	3935.69	45324.69	5824.47	16541.01
1958	118901.95	3935.69	50130.54	6581.26	46783.98
1959	53242.10	3935.69	54600.58	6176.30	0.00
1960	44389.38	3946.48	35051.48	5391.43	0.00
1961	95739.06	3935.69	51188.32	6682.09	21702.54
1962	58008.18	3935.69	51813.46	5572.66	0.00
1963	83467.84	3935.69	62334.02	6784.04	12693.50
1964	129088.51	3946.48	62127.04	6858.78	52107.55
1965	52613.02	3935.69	53924.40	5438.98	0.00
1966	42241.56	3935.69	34104.46	4201.41	0.00
1967	73729.27	3935.69	54238.15	6858.78	3951.23
1968	86107.36	3946.48	59290.16	6858.78	9837.85
1969	34633.27	3935.69	37734.44	3882.64	0.00
1970	52858.92	3935.69	43407.26	5515.97	0.00
1971	50077.53	3935.69	40896.11	5245.72	0.00
1972	44840.65	3946.48	36195.38	4698.79	0.00
1973	55524.61	3935.69	39450.69	5674.32	640.85
1974	50605.52	3935.69	43231.18	6057.24	0.00
1975	87045.41	3935.69	50063.93	5859.01	20869.40

续表

年份	来水量	生态用水量	城市供水量	灌溉供水量	弃水量
1976	66160.37	3946.48	53156.68	6078.64	11407.97
1977	34186.49	3935.69	26874.68	4468.56	0.00
1978	61336.57	3935.69	47029.96	6231.98	2894.75
1979	32625.24	3935.69	25767.81	4165.93	0.00
1980	75560.69	3946.48	49668.09	6187.43	11256.11
1981	125553.72	3935.69	46771.99	5892.32	66973.29
1982	62073.39	3935.69	50470.12	6085.20	3661.28
1983	129286.45	3935.69	55458.50	6285.95	58465.97
1984	93541.05	3946.48	58617.52	6581.87	27845.60
1985	55971.65	3935.69	50650.27	6533.97	0.00
1986	53670.64	3935.69	44393.46	6287.22	0.00
1987	73355.16	3935.69	49833.13	6311.00	13275.33
1988	69216.42	3946.48	46758.63	6212.00	6672.71
1989	68400.46	3935.69	59957.22	6858.78	656.65
1990	71622.58	3935.69	57192.42	6858.78	5496.46
1991	46041.26	3935.69	37474.82	5388.70	0.00
1992	46396.11	3946.48	37146.16	5303.47	0.00
1993	57562.36	3935.69	47749.91	5876.76	0.00
1994	32059.41	3935.69	22463.81	5659.91	0.00
1995	19176.65	3935.69	12485.51	2755.45	0.00
1996	30935.69	3438.75	24287.83	3209.10	0.00
1997	14436.49	2605.77	9681.50	2149.22	0.00
1998	65591.77	3241.52	46692.49	5817.04	9840.72
1999	43150.49	3674.63	34677.16	4798.71	0.00
2000	33746.37	3352.20	26785.31	3608.86	0.00
2001	17002.31	2825.19	11914.75	2262.37	0.00
2002	18526.58	3934.69	11331.48	3260.41	0.00
2003	68502.15	3935.69	54124.80	6858.78	682.76
2004	20359.04	3946.48	16449.62	2863.07	0.00
2005	64568.02	3258.52	46709.82	5865.07	8734.60
2006	44611.95	3935.69	35469.57	5206.69	0.00
2007	60011.11	3935.69	41745.80	6267.46	3213.67

续表

年份	来水量	生态用水量	城市供水量	灌溉供水量	弃水量
2008	27623.89	3778.08	26091.55	2602.75	0.00
2009	37953.88	3586.31	32157.60	2209.97	0.00
2010	59584.46	3930.44	43493.07	5880.29	6280.66
多年平均	59149.29	3834.82	42007.02	5379.96	8250.01

附表7　金盆水库调节计算成果（方案七）　　单位：万立方米

年份	来水量	生态用水量	城市供水量	灌溉供水量	弃水量
1956	88069.94	3946.48	65506.84	6714.30	29642.33
1957	71625.86	3935.69	46122.65	5717.71	15849.81
1958	118901.95	3935.69	54225.90	6581.26	43411.86
1959	53242.10	3935.69	53928.60	6125.05	0.00
1960	44389.38	3946.48	35403.51	5039.40	0.00
1961	95739.06	3935.69	54760.29	6531.56	19227.94
1962	58008.18	3935.69	53826.75	5514.20	0.00
1963	83467.84	3935.69	63925.15	6784.04	9793.98
1964	129088.51	3946.48	65268.47	6858.78	48265.93
1965	52613.02	3935.69	53034.48	5435.80	0.00
1966	42241.56	3935.69	34419.38	3886.50	0.00
1967	73729.27	3935.69	58782.79	6858.78	1012.11
1968	86107.36	3946.48	60733.18	6858.78	8028.53
1969	34633.27	3935.69	36495.22	3882.64	0.00
1970	52858.92	3935.69	43757.31	5165.91	0.00
1971	50077.53	3935.69	40917.78	5224.06	0.00
1972	44840.65	3946.48	36260.73	4633.44	0.00
1973	55524.61	3935.69	41596.52	5674.32	0.00
1974	50605.52	3935.69	43839.17	5983.32	0.00
1975	87045.41	3935.69	51197.82	5831.03	18722.00
1976	66160.37	3946.48	53607.60	6050.92	11079.65
1977	34186.49	3935.69	25782.24	4468.56	0.00
1978	61336.57	3935.69	49978.42	6231.31	1191.15
1979	32625.24	3935.69	24523.62	4165.93	0.00
1980	75560.69	3946.48	53746.17	6187.43	8911.98

续表

年份	来水量	生态用水量	城市供水量	灌溉供水量	弃水量
1981	125553. 72	3935. 69	48183. 01	5892. 32	65245. 29
1982	62073. 39	3935. 69	51731. 56	6085. 20	2457. 45
1983	129286. 45	3935. 69	57992. 88	6285. 95	55505. 45
1984	93541. 05	3946. 48	60904. 12	6581. 87	25927. 52
1985	55971. 65	3935. 69	50191. 81	6521. 20	0. 00
1986	53670. 64	3935. 69	43926. 87	5808. 08	0. 00
1987	73355. 16	3935. 69	51798. 99	6132. 69	11487. 78
1988	69216. 42	3946. 48	49891. 82	6206. 49	5584. 07
1989	68400. 46	3935. 69	61193. 55	6858. 78	0. 00
1990	71622. 58	3935. 69	57459. 57	6856. 29	3371. 02
1991	46041. 26	3935. 69	36716. 87	5388. 70	0. 00
1992	46396. 11	3946. 48	37372. 60	5077. 04	0. 00
1993	57562. 36	3935. 69	47830. 31	5796. 35	0. 00
1994	32059. 41	3935. 69	22524. 58	5599. 13	0. 00
1995	19176. 65	3935. 69	12485. 51	2755. 45	0. 00
1996	30935. 69	3435. 51	24409. 16	3091. 03	0. 00
1997	14436. 49	2605. 77	9681. 50	2149. 22	0. 00
1998	65591. 77	3219. 35	48660. 82	5257. 63	8453. 97
1999	43150. 49	3674. 63	34677. 16	4798. 71	0. 00
2000	33746. 37	3337. 39	27046. 47	3362. 52	0. 00
2001	17002. 31	2825. 19	11914. 75	2262. 37	0. 00
2002	18526. 58	3934. 69	11331. 48	3260. 41	0. 00
2003	68502. 15	3935. 69	57621. 73	6858. 78	0. 00
2004	20359. 04	3946. 48	13635. 44	2863. 07	0. 00
2005	64568. 02	3249. 99	48917. 50	5449. 42	6951. 11
2006	44611. 95	3935. 69	35841. 55	4834. 70	0. 00
2007	60011. 11	3935. 69	44856. 20	6267. 46	1381. 99
2008	27623. 89	3774. 92	24815. 99	2602. 75	0. 00
2009	37953. 88	3580. 16	32248. 28	2125. 44	0. 00
2010	59584. 46	3930. 44	44957. 70	5452. 46	5243. 86
多年平均	59149. 29	3833. 77	42953. 81	5288. 85	7395. 40

附表 8　金盆水库调节计算成果（方案八）　　单位：万立方米

年份	来水量	生态用水量	城市供水量	灌溉供水量	弃水量
1956	88069.94	3946.48	67523.28	6304.90	28035.29
1957	71625.86	3935.69	46851.41	5675.84	15162.91
1958	118901.95	3935.69	58321.26	6581.26	40572.46
1959	53242.10	3935.69	52698.15	6099.53	0.00
1960	44389.38	3946.48	35707.56	4735.34	0.00
1961	95739.06	3935.69	58214.54	6498.75	16762.16
1962	58008.18	3935.69	55756.85	5514.20	0.00
1963	83467.84	3935.69	65532.19	6784.04	6908.81
1964	129088.51	3946.48	68395.56	6858.78	44449.95
1965	52613.02	3935.69	52115.73	5435.80	0.00
1966	42241.56	3935.69	34419.38	3886.50	0.00
1967	73729.27	3935.69	62934.80	6858.78	0.00
1968	86107.36	3946.48	59857.70	6771.65	7095.41
1969	34633.27	3935.69	35251.06	3882.64	0.00
1970	52858.92	3935.69	44086.88	4836.34	0.00
1971	50077.53	3935.69	40917.78	5224.06	0.00
1972	44840.65	3946.48	36276.42	4617.75	0.00
1973	55524.61	3935.69	43739.24	5674.32	0.00
1974	50605.52	3935.69	42968.71	5876.48	0.00
1975	87045.41	3935.69	53177.37	5831.03	16593.78
1976	66160.37	3946.48	53050.68	5909.07	10761.68
1977	34186.49	3935.69	25794.29	4456.51	0.00
1978	61336.57	3935.69	51301.90	6098.98	0.00
1979	32625.24	3935.69	24523.62	4165.93	0.00
1980	75560.69	3946.48	57666.95	6187.43	6736.48
1981	125553.72	3935.69	49582.69	5892.32	63517.29
1982	62073.39	3935.69	52725.51	6085.20	1532.62
1983	129286.45	3935.69	60515.76	6285.95	52550.57
1984	93541.05	3946.48	63185.08	6581.87	24013.05
1985	55971.65	3935.69	48885.51	6406.92	0.00
1986	53670.64	3935.69	44354.55	5380.40	0.00
1987	73355.16	3935.69	53733.73	5870.07	9815.67

续表

年份	来水量	生态用水量	城市供水量	灌溉供水量	弃水量
1988	69216.42	3946.48	53022.25	6203.74	4565.36
1989	68400.46	3935.69	59240.67	6702.69	0.00
1990	71622.58	3935.69	59619.02	6809.34	1258.53
1991	46041.26	3935.69	36716.87	5388.70	0.00
1992	46396.11	3946.48	37603.99	4845.64	0.00
1993	57562.36	3935.69	47839.44	5787.23	0.00
1994	32059.41	3935.69	22557.62	5566.10	0.00
1995	19176.65	3935.69	12485.51	2755.45	0.00
1996	30935.69	3433.62	24502.06	3000.02	0.00
1997	14436.49	2605.77	9681.50	2149.22	0.00
1998	65591.77	3192.29	50210.42	4685.49	7503.57
1999	43150.49	3674.63	34710.15	4765.72	0.00
2000	33746.37	3324.40	27306.17	3115.81	0.00
2001	17002.31	2825.19	11914.75	2262.37	0.00
2002	18526.58	3934.69	11331.48	3260.41	0.00
2003	68502.15	3935.69	57841.93	6724.53	0.00
2004	20359.04	3946.48	13549.49	2863.07	0.00
2005	64568.02	3222.43	50459.53	4942.56	5943.50
2006	44611.95	3935.69	36106.77	4569.49	0.00
2007	60011.11	3935.69	47966.60	6267.46	0.00
2008	27623.89	3771.83	23090.68	2602.75	0.00
2009	37953.88	3580.16	32284.73	2089.00	0.00
2010	59584.46	3930.44	46436.38	5010.58	4207.06
多年平均	59149.29	3832.45	43755.35	5193.38	6690.66

附表9　金盆水库调节计算成果（方案九）　　单位：万立方米

年份	来水量	生态用水量	城市供水量	灌溉供水量	弃水量
1956	88069.94	3946.48	69538.63	5880.63	26444.21
1957	71625.86	3935.69	47530.07	5671.11	14488.99
1958	118901.95	3935.69	62416.62	6581.26	38429.74
1959	53242.10	3935.69	50745.51	6099.53	0.00
1960	44389.38	3946.48	35827.02	4615.89	0.00

续表

年份	来水量	生态用水量	城市供水量	灌溉供水量	弃水量
1961	95739.06	3935.69	61635.98	6498.75	14308.40
1962	58008.18	3935.69	57674.93	5514.20	0.00
1963	83467.84	3935.69	67120.96	6784.04	4075.08
1964	129088.51	3946.48	71489.48	6858.78	40664.99
1965	52613.02	3935.69	51165.97	5435.80	0.00
1966	42241.56	3935.69	34441.48	3864.40	0.00
1967	73729.27	3935.69	63169.23	6624.34	0.00
1968	86107.36	3946.48	62080.96	6725.67	6177.31
1969	34633.27	3935.69	33999.62	3874.90	0.00
1970	52858.92	3935.69	44354.60	4568.62	0.00
1971	50077.53	3935.69	40928.47	5213.36	0.00
1972	44840.65	3946.48	36280.02	4614.16	0.00
1973	55524.61	3935.69	45881.96	5674.32	0.00
1974	50605.52	3935.69	41038.67	5663.80	0.00
1975	87045.41	3935.69	56322.33	5831.03	14484.05
1976	66160.37	3946.48	52532.40	5695.44	10458.36
1977	34186.49	3935.69	25802.96	4447.84	0.00
1978	61336.57	3935.69	51740.69	5660.18	0.00
1979	32625.24	3935.69	24523.62	4165.93	0.00
1980	75560.69	3946.48	60148.56	6175.09	5290.55
1981	125553.72	3935.69	51704.30	5892.32	61789.29
1982	62073.39	3935.69	53412.87	6085.20	871.73
1983	129286.45	3935.69	63081.30	6285.95	49605.53
1984	93541.05	3946.48	65456.20	6581.87	22112.25
1985	55971.65	3935.69	47648.66	6209.53	0.00
1986	53670.64	3935.69	44354.55	5380.40	0.00
1987	73355.16	3935.69	55458.75	5545.08	8415.63
1988	69216.42	3946.48	55423.83	6203.74	3642.37
1989	68400.46	3935.69	58141.64	6323.13	0.00
1990	71622.58	3935.69	60975.57	6565.78	145.54
1991	46041.26	3935.69	36730.94	5374.63	0.00
1992	46396.11	3946.48	37774.87	4674.76	0.00

续表

年份	来水量	生态用水量	城市供水量	灌溉供水量	弃水量
1993	57562.36	3935.69	47900.21	5726.45	0.00
1994	32059.41	3935.69	22578.98	5544.74	0.00
1995	19176.65	3935.69	12485.51	2755.45	0.00
1996	30935.69	3433.62	24526.14	2975.93	0.00
1997	14436.49	2605.77	9681.50	2149.22	0.00
1998	65591.77	3192.29	51468.91	4377.40	6553.17
1999	43150.49	3674.63	34769.36	4706.50	0.00
2000	33746.37	3324.40	27416.29	3005.68	0.00
2001	17002.31	2825.19	11914.75	2262.37	0.00
2002	18526.58	3934.69	11331.48	3260.41	0.00
2003	68502.15	3935.69	58204.98	6361.48	0.00
2004	20359.04	3946.48	13549.49	2863.07	0.00
2005	64568.02	3222.43	51751.74	4633.01	4960.83
2006	44611.95	3935.69	36378.32	4297.93	0.00
2007	60011.11	3935.69	49807.96	6267.46	0.00
2008	27623.89	3769.10	21252.05	2602.75	0.00
2009	37953.88	3580.16	32365.13	2008.59	0.00
2010	59584.46	3930.44	47820.84	4649.03	3184.16
多年平均	59149.29	3832.40	44431.96	5096.53	6110.95

附表 10　金盆水库调节计算成果（方案十）　　单位：万立方米

年份	来水量	生态用水量	城市供水量	灌溉供水量	弃水量
1956	88069.94	3946.48	71469.51	5538.74	24855.21
1957	71625.86	3935.69	48204.14	5670.95	13815.07
1958	118901.95	3935.69	66511.98	6581.26	36301.78
1959	53242.10	3935.69	48778.12	6099.53	0.00
1960	44389.38	3946.48	35827.02	4615.89	0.00
1961	95739.06	3935.69	65057.42	6498.75	11856.52
1962	58008.18	3935.69	56957.73	5505.44	0.00
1963	83467.84	3935.69	70972.73	6784.04	1621.32
1964	129088.51	3946.48	74582.60	6858.78	36897.95
1965	52613.02	3935.69	50301.82	5332.28	0.00

续表

年份	来水量	生态用水量	城市供水量	灌溉供水量	弃水量
1966	42241.56	3935.69	34441.48	3864.40	0.00
1967	73729.27	3935.69	63342.16	6451.42	0.00
1968	86107.36	3946.48	64288.25	6695.65	5268.02
1969	34633.27	3935.69	32731.63	3874.90	0.00
1970	52858.92	3935.69	44613.71	4309.51	0.00
1971	50077.53	3935.69	40928.47	5213.36	0.00
1972	44840.65	3946.48	36280.02	4614.16	0.00
1973	55524.61	3935.69	45945.26	5643.67	0.00
1974	50605.52	3935.69	41217.66	5452.17	0.00
1975	87045.41	3935.69	59467.29	5831.03	12382.78
1976	66160.37	3946.48	51996.53	5446.81	10199.16
1977	34186.49	3935.69	25820.48	4430.32	0.00
1978	61336.57	3935.69	52215.22	5185.66	0.00
1979	32625.24	3935.69	24527.49	4162.06	0.00
1980	75560.69	3946.48	61601.00	6124.69	3888.52
1981	125553.72	3935.69	54849.26	5892.32	60061.29
1982	62073.39	3935.69	52652.55	6085.20	215.09
1983	129286.45	3935.69	67090.26	6285.95	46668.51
1984	93541.05	3946.48	67719.30	6581.87	20228.03
1985	55971.65	3935.69	46417.53	5989.85	0.00
1986	53670.64	3935.69	44354.55	5380.40	0.00
1987	73355.16	3935.69	57077.96	5325.56	7015.95
1988	69216.42	3946.48	56394.55	6114.30	2761.09
1989	68400.46	3935.69	58490.62	5974.15	0.00
1990	71622.58	3935.69	61415.25	6271.64	0.00
1991	46041.26	3935.69	36798.19	5307.38	0.00
1992	46396.11	3946.48	37774.87	4674.76	0.00
1993	57562.36	3935.69	47900.37	5726.30	0.00
1994	32059.41	3935.69	22578.98	5544.74	0.00
1995	19176.65	3935.69	12485.51	2755.45	0.00
1996	30935.69	3433.62	24526.14	2975.93	0.00
1997	14436.49	2605.77	9681.50	2149.22	0.00

续表

年份	来水量	生态用水量	城市供水量	灌溉供水量	弃水量
1998	65591.77	3192.29	52690.60	4106.11	5602.77
1999	43150.49	3674.63	34813.58	4662.28	0.00
2000	33746.37	3324.40	27445.05	2976.93	0.00
2001	17002.31	2825.19	11914.75	2262.37	0.00
2002	18526.58	3934.69	11331.48	3260.41	0.00
2003	68502.15	3935.69	58540.67	6025.80	0.00
2004	20359.04	3946.48	13549.49	2863.07	0.00
2005	64568.02	3222.43	52979.25	4366.29	4000.05
2006	44611.95	3935.69	36378.32	4297.93	0.00
2007	60011.11	3935.69	50091.89	5983.53	0.00
2008	27623.89	3769.10	21252.05	2602.75	0.00
2009	37953.88	3580.16	32453.74	1919.98	0.00
2010	59584.46	3930.44	49164.48	4324.91	2164.64
多年平均	59149.29	3832.40	45070.77	5008.60	5560.07

附表 11　金盆水库调节计算成果（方案十一）　　单位：万立方米

年份	来水量	生态用水量	城市供水量	灌溉供水量	弃水量
1956	88069.94	3946.48	75078.80	5073.48	21711.19
1957	71625.86	3935.69	49551.98	5670.95	12467.23
1958	118901.95	3935.69	73362.15	6581.26	33409.23
1959	53242.10	3935.69	44820.50	6099.53	0.00
1960	44389.38	3946.48	35827.02	4615.89	0.00
1961	95739.06	3935.69	71900.30	6498.75	7312.45
1962	58008.18	3935.69	54786.32	5378.04	0.00
1963	83467.84	3935.69	72949.25	6582.90	0.00
1964	129088.51	3946.48	83897.98	6858.78	29397.27
1965	52613.02	3935.69	48364.97	5300.36	0.00
1966	42241.56	3935.69	34442.93	3862.94	0.00
1967	73729.27	3935.69	63342.16	6451.42	0.00
1968	86107.36	3946.48	68649.17	6689.30	3470.90
1969	34633.27	3935.69	30174.19	3874.90	0.00
1970	52858.92	3935.69	44673.03	4250.19	0.00

续表

年份	来水量	生态用水量	城市供水量	灌溉供水量	弃水量
1971	50077.53	3935.69	40928.47	5213.36	0.00
1972	44840.65	3946.48	36280.02	4614.16	0.00
1973	55524.61	3935.69	46378.43	5210.49	0.00
1974	50605.52	3935.69	41620.50	5049.32	0.00
1975	87045.41	3935.69	65230.74	5831.03	8781.63
1976	66160.37	3946.48	50670.70	5108.11	9701.40
1977	34186.49	3935.69	25820.48	4430.32	0.00
1978	61336.57	3935.69	52605.33	4795.55	0.00
1979	32625.24	3935.69	24531.36	4158.19	0.00
1980	75560.69	3946.48	64168.70	5882.87	1562.64
1981	125553.72	3935.69	59107.29	5892.32	56618.41
1982	62073.39	3935.69	52340.08	5797.61	0.00
1983	129286.45	3935.69	75108.18	6285.95	40827.87
1984	93541.05	3946.48	69672.78	6565.48	16485.07
1985	55971.65	3935.69	46359.03	5676.93	0.00
1986	53670.64	3935.69	44354.55	5380.40	0.00
1987	73355.16	3935.69	59980.34	5222.53	4216.59
1988	69216.42	3946.48	58460.69	5799.86	1009.40
1989	68400.46	3935.69	58662.32	5802.45	0.00
1990	71622.58	3935.69	61527.91	6158.97	0.00
1991	46041.26	3935.69	36837.80	5267.77	0.00
1992	46396.11	3946.48	37802.75	4646.89	0.00
1993	57562.36	3935.69	47900.37	5726.30	0.00
1994	32059.41	3935.69	22578.98	5544.74	0.00
1995	19176.65	3935.69	12485.51	2755.45	0.00
1996	30935.69	3433.62	24534.25	2967.82	0.00
1997	14436.49	2605.77	9681.50	2149.22	0.00
1998	65591.77	3192.29	54778.48	3919.03	3701.97
1999	43150.49	3674.63	34826.94	4648.92	0.00
2000	33746.37	3324.40	27456.00	2965.97	0.00
2001	17002.31	2825.19	11914.75	2262.37	0.00
2002	18526.58	3934.69	11331.48	3260.41	0.00

续表

年份	来水量	生态用水量	城市供水量	灌溉供水量	弃水量
2003	68502. 15	3935. 69	58750. 70	5815. 76	0. 00
2004	20359. 04	3946. 48	13549. 49	2863. 07	0. 00
2005	64568. 02	3222. 43	55066. 77	4179. 57	2099. 25
2006	44611. 95	3935. 69	36378. 32	4297. 93	0. 00
2007	60011. 11	3935. 69	50925. 20	5150. 22	0. 00
2008	27623. 89	3766. 35	21254. 80	2602. 75	0. 00
2009	37953. 88	3580. 16	32541. 83	1831. 89	0. 00
2010	59584. 46	3930. 44	51621. 11	3902. 58	130. 33
多年平均	59149. 29	3832. 35	46142. 65	4898. 60	5598. 23

附表 12　西骆峪水库调节计算成果（合理供水方案） 单位：万立方米

年份	来水量	生态用水量	城市供水量	灌溉供水量	弃水量
1956	2587. 16	154. 95	1785. 52	719. 49	267. 21
1957	3098. 56	154. 53	1062. 31	792. 00	1089. 72
1958	3900. 79	154. 53	2058. 84	1173. 37	514. 06
1959	1571. 01	154. 53	586. 01	830. 48	0. 00
1960	1690. 68	154. 95	1012. 66	523. 07	0. 00
1961	2948. 75	154. 53	1772. 61	1014. 07	7. 54
1962	1719. 62	154. 53	1017. 63	547. 46	0. 00
1963	3140. 64	154. 53	1990. 90	848. 15	147. 06
1964	4580. 24	154. 95	2754. 73	1050. 33	620. 23
1965	1860. 97	154. 53	943. 11	763. 34	0. 00
1966	973. 81	154. 53	382. 60	436. 69	0. 00
1967	2565. 30	154. 53	1394. 91	996. 85	19. 02
1968	3391. 11	154. 95	2001. 59	852. 30	382. 27
1969	1544. 05	154. 53	869. 31	520. 21	0. 00
1970	2414. 62	154. 53	1472. 37	675. 12	112. 60
1971	1906. 68	154. 53	1034. 44	717. 71	0. 00
1972	1469. 15	154. 95	676. 13	638. 06	0. 00
1973	2412. 98	154. 53	1484. 84	588. 26	185. 35
1974	2359. 15	154. 53	1398. 34	683. 21	123. 08
1975	3754. 77	154. 53	2129. 76	881. 72	588. 76

续表

年份	来水量	生态用水量	城市供水量	灌溉供水量	弃水量
1976	1646. 35	154. 95	964. 08	527. 33	0. 00
1977	1064. 71	154. 53	410. 88	499. 31	0. 00
1978	1800. 32	154. 37	957. 75	600. 71	87. 49
1979	1148. 52	154. 53	441. 06	552. 93	0. 00
1980	2368. 14	154. 95	1347. 18	781. 63	84. 38
1981	3217. 45	154. 53	1720. 49	734. 12	608. 31
1982	2039. 73	154. 53	1215. 92	669. 29	0. 00
1983	5002. 73	154. 53	2711. 73	1096. 37	1040. 10
1984	3288. 21	154. 95	1985. 61	810. 39	337. 27
1985	2034. 81	154. 53	1248. 92	584. 32	47. 03
1986	1296. 35	154. 53	628. 84	512. 98	0. 00
1987	3766. 44	154. 53	1619. 46	1034. 31	958. 14
1988	2645. 05	154. 95	1470. 29	994. 12	25. 69
1989	2346. 36	154. 53	1211. 04	958. 94	21. 86
1990	2382. 39	154. 53	1191. 63	1036. 24	0. 00
1991	1348. 70	154. 53	632. 78	561. 39	0. 00
1992	1569. 46	154. 95	1083. 61	330. 89	0. 00
1993	1912. 20	154. 53	931. 09	826. 59	0. 00
1994	1348. 27	154. 53	682. 15	511. 59	0. 00
1995	641. 78	154. 53	291. 40	195. 85	0. 00
1996	1216. 86	152. 38	744. 09	320. 39	0. 00
1997	603. 07	118. 23	200. 87	283. 97	0. 00
1998	2454. 19	154. 53	1379. 53	773. 69	146. 45
1999	1425. 00	153. 83	696. 00	567. 96	7. 21
2000	1355. 53	154. 95	788. 37	412. 21	0. 00
2001	955. 50	154. 53	486. 62	314. 35	0. 00
2002	1056. 76	154. 53	388. 21	514. 02	0. 00
2003	3140. 64	154. 53	1990. 90	848. 15	147. 06
2004	1158. 36	152. 31	700. 17	305. 89	0. 00
2005	2614. 46	154. 53	1205. 96	1052. 02	201. 96
2006	1136. 51	154. 53	607. 29	374. 69	0. 00
2007	2007. 68	154. 53	1141. 67	711. 48	0. 00

续表

年份	来水量	生态用水量	城市供水量	灌溉供水量	弃水量
2008	1752.88	154.95	1021.59	576.34	0.00
2009	2128.90	154.53	1256.97	717.40	0.00
2010	2384.21	154.53	1338.28	872.55	18.85
多年平均	2148.16	153.86	1173.11	685.75	141.61

附表 13　就峪河峪口以上径流引水城市供水量（方案一）

单位：万立方米

年份	城市供水量	年份	城市供水量	年份	城市供水量
1956	893.52	1975	1318.13	1994	731.47
1957	824.01	1976	837.64	1995	332.32
1958	1285.67	1977	620.12	1996	606.92
1959	990.52	1978	748.20	1997	347.56
1960	932.98	1979	658.55	1998	806.06
1961	1359.43	1980	1047.26	1999	548.98
1962	939.39	1981	1012.61	2000	670.15
1963	1315.28	1982	975.69	2001	546.51
1964	1696.10	1983	1466.81	2002	604.98
1965	924.00	1984	1191.73	2003	1315.28
1966	589.28	1985	1006.75	2004	580.12
1967	1221.13	1986	559.21	2005	1213.29
1968	1300.57	1987	1038.96	2006	597.53
1969	767.86	1988	1081.03	2007	833.75
1970	1169.26	1989	1110.68	2008	893.42
1971	929.71	1990	1039.93	2009	900.82
1972	784.70	1991	620.04	2010	1041.16
1973	983.38	1992	695.91	多年平均	916.64
1974	956.24	1993	955.03		

附表 14　就峪河峪口以上径流引水城市供水量（方案二）

单位：万立方米

年份	城市供水量	年份	城市供水量	年份	城市供水量
1956	1176.04	1975	1754.52	1994	811.72
1957	1033.60	1976	967.43	1995	350.61

续表

年份	城市供水量	年份	城市供水量	年份	城市供水量
1958	1716.09	1977	671.26	1996	730.45
1959	1098.52	1978	904.25	1997	363.28
1960	1089.52	1979	741.19	1998	1106.13
1961	1776.74	1980	1239.46	1999	693.12
1962	1123.61	1981	1391.07	2000	806.85
1963	1666.87	1982	1229.17	2001	597.06
1964	2354.71	1983	2094.71	2002	672.41
1965	1098.97	1984	1586.77	2003	1666.87
1966	617.64	1985	1258.47	2004	697.34
1967	1471.96	1986	685.92	2005	1396.33
1968	1636.95	1987	1382.89	2006	665.03
1969	937.38	1988	1415.57	2007	1032.61
1970	1418.90	1989	1342.17	2008	1059.15
1971	1143.83	1990	1321.04	2009	1154.27
1972	899.54	1991	718.13	2010	1293.66
1973	1249.10	1992	940.61	多年平均	1137.41
1974	1169.18	1993	1139.71		

附表 15　就峪河峪口以上径流引水城市供水量（方案三）

单位：万立方米

年份	城市供水量	年份	城市供水量	年份	城市供水量
1956	1365.17	1975	2052.65	1994	854.92
1957	1151.85	1976	1044.66	1995	350.61
1958	1943.86	1977	696.04	1996	792.60
1959	1106.49	1978	995.56	1997	363.28
1960	1145.46	1979	757.80	1998	1313.70
1961	1961.49	1980	1359.32	1999	779.91
1962	1185.32	1981	1633.23	2000	861.21
1963	1858.28	1982	1357.98	2001	606.44
1964	2765.13	1983	2447.24	2002	685.21
1965	1188.45	1984	1836.61	2003	1858.28
1966	619.59	1985	1354.68	2004	754.76
1967	1599.95	1986	765.01	2005	1509.14

续表

年份	城市供水量	年份	城市供水量	年份	城市供水量
1968	1863.13	1987	1616.90	2006	693.11
1969	1006.53	1988	1600.88	2007	1148.79
1970	1540.20	1989	1444.88	2008	1153.74
1971	1238.30	1990	1499.96	2009	1327.52
1972	960.68	1991	779.68	2010	1438.09
1973	1389.27	1992	1062.54	多年平均	1258.78
1974	1315.85	1993	1232.73		

附表16　就峪河峪口以上径流引水城市供水量（方案四）

单位：万立方米

年份	城市供水量	年份	城市供水量	年份	城市供水量
1956	1496.28	1975	2281.80	1994	883.81
1957	1232.60	1976	1087.95	1995	350.61
1958	2101.91	1977	696.04	1996	813.58
1959	1106.49	1978	1048.77	1997	363.28
1960	1170.70	1979	764.02	1998	1465.83
1961	2045.61	1980	1442.77	1999	844.84
1962	1209.18	1981	1815.09	2000	894.51
1963	1990.62	1982	1424.57	2001	606.44
1964	3032.80	1983	2689.25	2002	688.82
1965	1257.91	1984	2003.04	2003	1990.62
1966	619.59	1985	1406.16	2004	769.79
1967	1679.59	1986	810.02	2005	1569.99
1968	2030.68	1987	1779.04	2006	711.02
1969	1037.97	1988	1720.64	2007	1223.67
1970	1608.91	1989	1512.11	2008	1208.15
1971	1287.56	1990	1599.81	2009	1436.03
1972	992.75	1991	817.52	2010	1536.04
1973	1482.26	1992	1102.73	多年平均	1335.59
1974	1416.48	1993	1292.68		

附表 17　就峪河峪口以上径流引水城市供水量（方案五）

单位：万立方米

年份	城市供水量	年份	城市供水量	年份	城市供水量
1956	935.28	1975	1355.97	1994	776.58
1957	866.78	1976	882.02	1995	376.74
1958	1323.55	1977	665.79	1996	641.50
1959	1034.58	1978	787.58	1997	378.78
1960	976.27	1979	703.53	1998	839.82
1961	1396.63	1980	1084.73	1999	585.46
1962	981.97	1981	1052.61	2000	712.25
1963	1354.42	1982	1017.47	2001	592.39
1964	1728.60	1983	1501.80	2002	649.72
1965	966.63	1984	1230.87	2003	1354.42
1966	635.53	1985	1047.96	2004	614.17
1967	1261.86	1986	603.97	2005	1256.83
1968	1341.25	1987	1076.40	2006	642.89
1969	810.63	1988	1121.46	2007	876.18
1970	1210.08	1989	1152.54	2008	937.14
1971	971.42	1990	1081.40	2009	942.83
1972	829.15	1991	664.73	2010	1081.98
1973	1024.58	1992	738.45	多年平均	957.67
1974	999.14	1993	997.36		

附表 18　就峪河峪口以上径流引水城市供水量（方案六）

单位：万立方米

年份	城市供水量	年份	城市供水量	年份	城市供水量
1956	1220.11	1975	1796.51	1994	858.13
1957	1078.57	1976	1013.31	1995	395.68
1958	1758.99	1977	717.92	1996	766.34
1959	1145.44	1978	945.14	1997	395.02
1960	1135.40	1979	787.98	1998	1142.10
1961	1820.02	1980	1279.61	1999	731.03
1962	1169.36	1981	1433.94	2000	851.05
1963	1710.55	1982	1274.01	2001	643.85
1964	2395.15	1983	2134.94	2002	719.09
1965	1144.46	1984	1629.79	2003	1710.55

续表

年份	城市供水量	年份	城市供水量	年份	城市供水量
1966	664.80	1985	1303.57	2004	732.83
1967	1516.32	1986	731.67	2005	1441.69
1968	1680.41	1987	1423.64	2006	711.69
1969	983.00	1988	1459.11	2007	1077.23
1970	1463.87	1989	1387.45	2008	1104.64
1971	1189.30	1990	1365.10	2009	1198.61
1972	945.81	1991	764.38	2010	1336.99
1973	1293.53	1992	985.09	多年平均	1181.11
1974	1214.02	1993	1185.02		

附表 19 就峪河峪口以上径流引水城市供水量（方案七）

单位：万立方米

年份	城市供水量	年份	城市供水量	年份	城市供水量
1956	1410.01	1975	2096.20	1994	901.33
1957	1197.72	1976	1091.31	1995	395.68
1958	1988.44	1977	743.34	1996	829.01
1959	1153.79	1978	1037.22	1997	395.02
1960	1192.51	1979	804.97	1998	1350.58
1961	2007.11	1980	1400.37	1999	818.21
1962	1232.10	1981	1677.26	2000	905.80
1963	1903.42	1982	1403.99	2001	653.74
1964	2807.25	1983	2490.43	2002	732.15
1965	1234.59	1984	1880.94	2003	1903.42
1966	666.87	1985	1400.95	2004	790.91
1967	1645.47	1986	811.54	2005	1555.02
1968	1907.58	1987	1658.59	2006	740.03
1969	1053.18	1988	1646.24	2007	1194.19
1970	1586.08	1989	1491.15	2008	1200.13
1971	1284.68	1990	1545.09	2009	1372.51
1972	1007.34	1991	826.32	2010	1482.33
1973	1434.91	1992	1108.44	多年平均	1303.28
1974	1361.24	1993	1278.82		

附表 20　就峪河峪口以上径流引水城市供水量（方案八）

单位：万立方米

年份	城市供水量	年份	城市供水量	年份	城市供水量
1956	1542. 03	1975	2326. 00	1994	930. 61
1957	1278. 73	1976	1134. 74	1995	395. 68
1958	2147. 01	1977	743. 34	1996	850. 63
1959	1153. 79	1978	1090. 82	1997	395. 02
1960	1217. 87	1979	811. 32	1998	1503. 62
1961	2091. 87	1980	1483. 95	1999	883. 40
1962	1256. 23	1981	1860. 29	2000	939. 36
1963	2036. 11	1982	1471. 22	2001	653. 74
1964	3077. 51	1983	2733. 32	2002	735. 89
1965	1304. 31	1984	2048. 53	2003	2036. 11
1966	666. 87	1985	1452. 82	2004	806. 31
1967	1725. 64	1986	856. 69	2005	1616. 52
1968	2076. 04	1987	1821. 47	2006	758. 06
1969	1084. 88	1988	1766. 65	2007	1269. 47
1970	1655. 43	1989	1558. 51	2008	1254. 93
1971	1334. 19	1990	1646. 08	2009	1481. 93
1972	1039. 80	1991	864. 41	2010	1580. 93
1973	1528. 25	1992	1149. 54	多年平均	1380. 46
1974	1462. 49	1993	1339. 42		

附表 21　田峪河峪口以上径流引水供水量（方案一）　单位：万立方米

年份	城市供水量	灌溉供水量	年份	城市供水量	灌溉供水量	年份	城市供水量	灌溉供水量
1956	1678. 98	594. 51	1975	2023. 63	692. 12	1994	1195. 99	518. 35
1957	1678. 98	633. 30	1976	1715. 34	590. 46	1995	863. 99	232. 36
1958	1678. 98	680. 66	1977	1297. 49	521. 31	1996	1170. 38	428. 89
1959	1678. 98	704. 81	1978	1497. 22	536. 76	1997	834. 19	368. 86
1960	1678. 98	625. 92	1979	1262. 50	500. 71	1998	1280. 37	531. 81
1961	1678. 98	712. 71	1980	1764. 84	624. 45	1999	1086. 17	421. 92
1962	1678. 98	607. 91	1981	1668. 69	551. 11	2000	1343. 61	448. 37
1963	1678. 98	707. 30	1982	1760. 32	585. 30	2001	1191. 80	379. 41
1964	1678. 98	723. 64	1983	2092. 04	653. 40	2002	1193. 86	475. 35
1965	1678. 98	622. 00	1984	2004. 22	656. 93	2003	2103. 19	707. 30

续表

年份	城市供水量	灌溉供水量	年份	城市供水量	灌溉供水量	年份	城市供水量	灌溉供水量
1966	1678.98	452.84	1985	1742.20	596.76	2004	1140.09	415.06
1967	1678.98	678.01	1986	1214.77	518.17	2005	2503.27	710.48
1968	1678.98	696.42	1987	1751.69	587.07	2006	1314.07	470.53
1969	1678.98	580.07	1988	1809.50	652.59	2007	1516.18	538.33
1970	1678.98	611.95	1989	2064.99	649.89	2008	1726.75	592.08
1971	1678.98	631.02	1990	1993.74	635.84	2009	1719.90	591.68
1972	1678.98	564.29	1991	1306.60	478.63	2010	1967.00	657.23
1973	1678.98	603.92	1992	1243.52	448.79	多年平均	1650.95	576.00
1974	1678.98	674.92	1993	1754.41	605.60			

附表 22 田峪河峪口以上径流引水供水量（方案二） 单位：万立方米

年份	城市供水量	灌溉供水量	年份	城市供水量	灌溉供水量	年份	城市供水量	灌溉供水量
1956	2427.81	594.51	1975	3312.39	692.12	1994	1878.09	518.35
1957	2183.67	633.30	1976	2426.24	590.46	1995	1136.71	232.36
1958	3328.47	680.66	1977	1846.13	521.31	1996	1738.35	428.89
1959	2858.67	704.81	1978	2172.63	536.76	1997	1108.53	368.86
1960	2553.52	625.92	1979	1915.87	500.71	1998	2024.48	531.81
1961	3408.66	712.71	1980	2868.66	624.45	1999	1554.10	421.92
1962	2641.88	607.91	1981	2658.47	551.11	2000	1902.07	448.37
1963	3423.98	707.30	1982	2690.55	585.30	2001	1690.21	379.41
1964	4138.93	723.64	1983	3582.38	653.40	2002	1781.11	475.35
1965	2629.68	622.00	1984	3099.07	656.93	2003	3419.75	707.30
1966	1949.32	452.84	1985	2709.20	596.76	2004	1681.96	415.06
1967	3384.04	678.01	1986	1592.39	518.17	2005	3705.05	710.48
1968	3414.47	696.42	1987	2732.57	587.07	2006	1760.41	470.53
1969	1987.47	580.07	1988	2843.39	652.59	2007	2285.08	538.33
1970	3057.01	611.95	1989	3118.13	649.89	2008	2523.09	592.08
1971	2520.42	631.02	1990	2953.21	635.84	2009	2490.93	591.68
1972	2261.34	564.29	1991	1816.78	478.63	2010	2993.29	657.23
1973	2556.49	603.92	1992	1826.41	448.79	多年平均	2507.21	576.00
1974	2665.62	674.92	1993	2668.58	605.60			

附表 23　田峪河峪口以上径流引水供水量（方案三）　单位：万立方米

年份	城市供水量	灌溉供水量	年份	城市供水量	灌溉供水量	年份	城市供水量	灌溉供水量
1956	2926.88	594.51	1975	4247.79	692.12	1994	2437.10	518.35
1957	2681.16	633.30	1976	2811.66	590.46	1995	1253.71	232.36
1958	4229.45	680.66	1977	2123.60	521.31	1996	2039.45	428.89
1959	3347.78	704.81	1978	2533.29	536.76	1997	1180.16	368.86
1960	3093.11	625.92	1979	2243.26	500.71	1998	2556.87	531.81
1961	4373.61	712.71	1980	3537.29	624.45	1999	1856.22	421.92
1962	3122.09	607.91	1981	3340.86	551.11	2000	2246.08	448.37
1963	4338.58	707.30	1982	3267.56	585.30	2001	1935.78	379.41
1964	5434.72	723.64	1983	4721.06	653.40	2002	2066.92	475.35
1965	3111.89	622.00	1984	3901.39	656.93	2003	4334.35	707.30
1966	2109.49	452.84	1985	3323.19	596.76	2004	1962.94	415.06
1967	4147.98	678.01	1986	1831.09	518.17	2005	4259.24	710.48
1968	4346.00	696.42	1987	3401.33	587.07	2006	2008.97	470.53
1969	2442.72	580.07	1988	3557.31	652.59	2007	2757.69	538.33
1970	3887.58	611.95	1989	3807.30	649.89	2008	2990.98	592.08
1971	3066.77	631.02	1990	3526.91	635.84	2009	2978.71	591.68
1972	2648.71	564.29	1991	2085.29	478.63	2010	3535.08	657.23
1973	3175.36	603.92	1992	2251.07	448.79	多年平均	3050.82	576.00
1974	3167.01	674.92	1993	3233.05	605.60			

附表 24　田峪河峪口以上径流引水供水量（方案四）　单位：万立方米

年份	城市供水量	灌溉供水量	年份	城市供水量	灌溉供水量	年份	城市供水量	灌溉供水量
1956	3324.52	594.51	1975	4979.38	692.12	1994	2713.86	518.35
1957	3040.36	633.30	1976	3073.58	590.46	1995	1307.20	232.36
1958	4940.85	680.66	1977	2241.99	521.31	1996	2236.27	428.89
1959	3647.43	704.81	1978	2776.28	536.76	1997	1214.72	368.86
1960	3430.87	625.92	1979	2447.40	500.71	1998	3017.22	531.81
1961	5140.40	712.71	1980	3922.85	624.45	1999	2075.50	421.92
1962	3467.60	607.91	1981	3870.99	551.11	2000	2482.55	448.37
1963	4988.02	707.30	1982	3677.06	585.30	2001	2076.80	379.41
1964	6495.82	723.64	1983	5626.86	653.40	2002	2247.46	475.35
1965	3452.18	622.00	1984	4518.96	656.93	2003	4983.79	707.30

续表

年份	城市供水量	灌溉供水量	年份	城市供水量	灌溉供水量	年份	城市供水量	灌溉供水量
1966	2182. 73	452. 84	1985	3777. 49	596. 76	2004	2149. 73	415. 06
1967	4653. 08	678. 01	1986	2011. 72	518. 17	2005	4590. 06	710. 48
1968	4913. 19	696. 42	1987	3923. 98	587. 07	2006	2166. 79	470. 53
1969	2780. 73	580. 07	1988	4111. 62	652. 59	2007	3093. 10	538. 33
1970	4425. 39	611. 95	1989	4285. 11	649. 89	2008	3296. 48	592. 08
1971	3462. 64	631. 02	1990	3947. 63	635. 84	2009	3354. 16	591. 68
1972	2904. 07	564. 29	1991	2267. 85	478. 63	2010	3919. 11	657. 23
1973	3657. 99	603. 92	1992	2576. 01	448. 79	多年平均	3435. 84	576. 00
1974	3509. 60	674. 92	1993	3594. 85	605. 60			

附表 25　田峪河峪口以上径流引水供水量（方案五） 单位：万立方米

年份	城市供水量	灌溉供水量	年份	城市供水量	灌溉供水量	年份	城市供水量	灌溉供水量
1956	1751. 99	618. 52	1975	2086. 26	700. 91	1994	1274. 22	545. 33
1957	1567. 14	653. 59	1976	1787. 30	614. 00	1995	935. 28	273. 45
1958	2050. 81	688. 43	1977	1377. 11	550. 35	1996	1206. 27	454. 40
1959	2068. 78	711. 22	1978	1542. 07	568. 07	1997	882. 27	270. 57
1960	1768. 32	637. 99	1979	1337. 56	528. 86	1998	1323. 24	556. 10
1961	2242. 43	716. 21	1980	1801. 64	645. 04	1999	1143. 47	446. 18
1962	1908. 93	624. 15	1981	1732. 52	574. 91	2000	1411. 15	476. 64
1963	2174. 81	714. 62	1982	1825. 04	606. 68	2001	1259. 29	420. 26
1964	2495. 73	724. 03	1983	2149. 00	661. 18	2002	1268. 73	504. 64
1965	1933. 55	642. 82	1984	2063. 83	674. 13	2003	2170. 09	714. 62
1966	1478. 86	482. 70	1985	1802. 70	622. 60	2004	1175. 97	438. 93
1967	2139. 20	691. 04	1986	1302. 34	547. 90	2005	2561. 54	716. 75
1968	2142. 00	704. 58	1987	1804. 23	608. 26	2006	1390. 93	506. 19
1969	1450. 82	607. 52	1988	1872. 18	671. 71	2007	1579. 92	565. 56
1970	1887. 53	636. 09	1989	2129. 24	664. 66	2008	1792. 65	615. 47
1971	1746. 67	651. 84	1990	2057. 41	653. 23	2009	1791. 44	611. 38
1972	1678. 81	590. 00	1991	1386. 40	506. 94	2010	2022. 38	673. 14
1973	1677. 59	629. 13	1992	1316. 68	483. 41	多年平均	1716. 09	594. 67
1974	1831. 91	688. 10	1993	1826. 62	622. 03			

附表 26　田峪河峪口以上径流引水供水量（方案六）　单位：万立方米

年份	城市供水量	灌溉供水量	年份	城市供水量	灌溉供水量	年份	城市供水量	灌溉供水量
1956	2518.67	618.52	1975	3396.53	700.91	1994	1965.15	545.33
1957	2279.67	653.59	1976	2521.11	614.00	1995	1220.29	273.45
1958	3413.75	688.43	1977	1941.50	550.35	1996	1790.50	454.40
1959	2965.79	711.22	1978	2244.13	568.07	1997	1173.95	270.57
1960	2654.56	637.99	1979	2008.81	528.86	1998	2082.17	556.10
1961	3498.47	716.21	1980	2930.56	645.04	1999	1625.34	446.18
1962	2741.19	624.15	1981	2740.55	574.91	2000	1989.88	476.64
1963	3508.97	714.62	1982	2779.00	606.68	2001	1775.24	420.26
1964	4215.13	724.03	1983	3658.74	661.18	2002	1874.26	504.64
1965	2722.96	642.82	1984	3183.56	674.13	2003	3504.25	714.62
1966	2047.16	482.70	1985	2790.28	622.60	2004	1734.98	438.93
1967	3468.74	691.04	1986	1692.00	547.90	2005	3806.48	716.75
1968	3498.35	704.58	1987	2807.86	608.26	2006	1853.34	506.19
1969	2078.21	607.52	1988	2928.67	671.71	2007	2372.71	565.56
1970	3130.07	636.09	1989	3207.55	664.66	2008	2614.78	615.47
1971	2610.83	651.84	1990	3045.38	653.23	2009	2587.05	611.38
1972	2356.21	590.00	1991	1915.02	506.94	2010	3081.71	673.14
1973	2641.58	629.13	1992	1909.87	483.41	多年平均	2593.33	594.67
1974	2767.82	688.10	1993	2762.48	622.03			

附表 27　田峪河峪口以上径流引水供水量（方案七）　单位：万立方米

年份	城市供水量	灌溉供水量	年份	城市供水量	灌溉供水量	年份	城市供水量	灌溉供水量
1956	3024.50	618.52	1975	4343.29	700.91	1994	2531.21	545.33
1957	2782.56	653.59	1976	2915.51	614.00	1995	1341.56	273.45
1958	4327.43	688.43	1977	2229.57	550.35	1996	2098.49	454.40
1959	3465.20	711.22	1978	2612.57	568.07	1997	1249.38	270.57
1960	3204.71	637.99	1979	2346.28	528.86	1998	2620.20	556.10
1961	4472.87	716.21	1980	3616.82	645.04	1999	1932.23	446.18
1962	3229.87	624.15	1981	3431.52	574.91	2000	2338.95	476.64
1963	4438.57	714.62	1982	3366.33	606.68	2001	2029.07	420.26
1964	5524.92	724.03	1983	4809.31	661.18	2002	2167.46	504.64
1965	3214.90	642.82	1984	3993.27	674.13	2003	4433.85	714.62

续表

年份	城市供水量	灌溉供水量	年份	城市供水量	灌溉供水量	年份	城市供水量	灌溉供水量
1966	2217.25	482.70	1985	3416.11	622.60	2004	2022.67	438.93
1967	4246.98	691.04	1986	1933.80	547.90	2005	4376.61	716.75
1968	4448.11	704.58	1987	3487.04	608.26	2006	2105.88	506.19
1969	2539.30	607.52	1988	3651.06	671.71	2007	2852.03	565.56
1970	3973.87	636.09	1989	3906.83	664.66	2008	3092.40	615.47
1971	3167.43	651.84	1990	3630.06	653.23	2009	3080.92	611.38
1972	2748.74	590.00	1991	2188.84	506.94	2010	3636.27	673.14
1973	3267.91	629.13	1992	2340.06	483.41	多年平均	3146.15	594.67
1974	3277.23	688.10	1993	3339.14	622.03			

附表 28　田峪河峪口以上径流引水供水量（方案八） 单位：万立方米

年份	城市供水量	灌溉供水量	年份	城市供水量	灌溉供水量	年份	城市供水量	灌溉供水量
1956	3425.34	618.52	1975	5082.96	700.91	1994	2821.72	545.33
1957	3147.70	653.59	1976	3180.93	614.00	1995	1396.23	273.45
1958	5046.61	688.43	1977	2350.97	550.35	1996	2298.43	454.40
1959	3772.05	711.22	1978	2858.10	568.07	1997	1284.03	270.57
1960	3548.05	637.99	1979	2552.95	528.86	1998	3083.48	556.10
1961	5247.42	716.21	1980	4009.93	645.04	1999	2154.52	446.18
1962	3578.50	624.15	1981	3967.81	574.91	2000	2580.47	476.64
1963	5097.83	714.62	1982	3781.26	606.68	2001	2173.20	420.26
1964	6594.19	724.03	1983	5724.45	661.18	2002	2351.50	504.64
1965	3558.49	642.82	1984	4619.39	674.13	2003	5093.11	714.62
1966	2291.46	482.70	1985	3874.90	622.60	2004	2211.80	438.93
1967	4761.41	691.04	1986	2115.99	547.90	2005	4713.96	716.75
1968	5025.55	704.58	1987	4013.57	608.26	2006	2267.59	506.19
1969	2881.59	607.52	1988	4212.47	671.71	2007	3192.88	565.56
1970	4523.83	636.09	1989	4395.16	664.66	2008	3403.73	615.47
1971	3567.95	651.84	1990	4054.66	653.23	2009	3460.85	611.38
1972	3010.32	590.00	1991	2374.34	506.94	2010	4024.96	673.14
1973	3755.59	629.13	1992	2667.77	483.41	多年平均	3536.57	594.67
1974	3624.05	688.10	1993	3706.14	622.03			

附表 29　田峪河峪坝址以上径流引水供水量（方案一）单位：万立方米

年份	城市供水量	灌溉供水量	年份	城市供水量	灌溉供水量	年份	城市供水量	灌溉供水量
1956	1499.15	543.45	1975	1869.02	662.15	1994	1074.75	461.27
1957	1323.30	582.06	1976	1527.29	533.08	1995	743.28	175.31
1958	1845.61	660.67	1977	1137.27	475.72	1996	1039.46	333.51
1959	1776.54	679.88	1978	1360.68	461.89	1997	709.38	160.60
1960	1505.63	593.79	1979	1136.21	453.24	1998	1160.04	461.36
1961	1965.29	700.12	1980	1640.10	557.79	1999	958.99	353.69
1962	1631.53	568.17	1981	1534.46	508.43	2000	1178.48	399.22
1963	1928.09	684.36	1982	1608.34	548.28	2001	1067.39	318.66
1964	2286.91	718.57	1983	1947.16	642.13	2002	1071.91	422.24
1965	1649.24	580.14	1984	1846.58	611.42	2003	1928.09	684.36
1966	1241.91	408.83	1985	1593.87	547.83	2004	1002.98	315.91
1967	1956.91	647.72	1986	1034.09	468.70	2005	2310.09	689.97
1968	1929.42	667.89	1987	1613.02	544.27	2006	1147.13	405.92
1969	1209.22	514.18	1988	1653.74	608.06	2007	1380.91	488.40
1970	1716.15	556.92	1989	1879.37	624.93	2008	1552.55	542.37
1971	1513.12	587.88	1990	1833.84	604.49	2009	1538.06	552.42
1972	1427.43	512.88	1991	1145.47	434.47	2010	1805.38	620.72
1973	1490.24	548.48	1992	1093.89	387.43	多年平均	1494.39	527.78
1974	1589.24	634.94	1993	1583.28	576.89			

附表 30　田峪河坝址以上径流引水供水量（方案二）单位：万立方米

年份	城市供水量	灌溉供水量	年份	城市供水量	灌溉供水量	年份	城市供水量	灌溉供水量
1956	2149.36	543.45	1975	3031.45	662.15	1994	1705.47	461.27
1957	1942.32	582.06	1976	2114.12	533.08	1995	954.20	175.31
1958	3034.13	660.67	1977	1595.20	475.72	1996	1510.20	333.51
1959	2486.89	679.88	1978	1903.98	461.89	1997	884.22	160.60
1960	2244.92	593.79	1979	1671.36	453.24	1998	1834.93	461.36
1961	3104.44	700.12	1980	2586.59	557.79	1999	1354.36	353.69
1962	2309.06	568.17	1981	2411.20	508.43	2000	1645.54	399.22
1963	3126.56	684.36	1982	2404.22	548.28	2001	1472.98	318.66
1964	3829.61	718.57	1983	3316.65	642.13	2002	1541.93	422.24
1965	2322.17	580.14	1984	2810.86	611.42	2003	3126.56	684.36

续表

年份	城市供水量	灌溉供水量	年份	城市供水量	灌溉供水量	年份	城市供水量	灌溉供水量
1966	1640.62	408.83	1985	2436.17	547.83	2004	1444.80	315.91
1967	3058.23	647.72	1986	1351.99	468.70	2005	3256.62	689.97
1968	3117.67	667.89	1987	2465.67	544.27	2006	1515.49	405.92
1969	1768.75	514.18	1988	2567.63	608.06	2007	2016.73	488.40
1970	2809.05	556.92	1989	2778.62	624.93	2008	2211.00	542.37
1971	2249.72	587.88	1990	2644.67	604.49	2009	2190.33	552.42
1972	1963.90	512.88	1991	1552.57	434.47	2010	2645.81	620.72
1973	2297.39	548.48	1992	1619.54	387.43	多年平均	2231.53	527.78
1974	2335.72	634.94	1993	2370.04	576.89			

附表 31　田峪河坝址以上径流引水供水量（方案三） 单位：万立方米

年份	城市供水量	灌溉供水量	年份	城市供水量	灌溉供水量	年份	城市供水量	灌溉供水量
1956	2589.80	543.45	1975	3859.04	662.15	1994	2169.38	461.27
1957	2374.07	582.06	1976	2426.77	533.08	1995	1033.91	175.31
1958	3841.28	660.67	1977	1775.54	475.72	1996	1753.52	333.51
1959	2882.67	679.88	1978	2199.24	461.89	1997	928.16	160.60
1960	2675.67	593.79	1979	1925.72	453.24	1998	2337.59	461.36
1961	3968.89	700.12	1980	3098.90	557.79	1999	1612.17	353.69
1962	2715.85	568.17	1981	3016.17	508.43	2000	1935.05	399.22
1963	3901.57	684.36	1982	2887.21	548.28	2001	1659.09	318.66
1964	4993.18	718.57	1983	4338.33	642.13	2002	1766.21	422.24
1965	2718.85	580.14	1984	3525.26	611.42	2003	3901.57	684.36
1966	1743.64	408.83	1985	2961.31	547.83	2004	1670.77	315.91
1967	3677.48	647.72	1986	1559.36	468.70	2005	3682.33	689.97
1968	3856.01	667.89	1987	3046.00	544.27	2006	1721.11	405.92
1969	2170.33	514.18	1988	3206.30	608.06	2007	2426.25	488.40
1970	3501.98	556.92	1989	3353.94	624.93	2008	2595.02	542.37
1971	2708.68	587.88	1990	3133.85	604.49	2009	2618.78	552.42
1972	2292.62	512.88	1991	1772.41	434.47	2010	3097.65	620.72
1973	2849.49	548.48	1992	1993.42	387.43	多年平均	2691.43	527.78
1974	2753.14	634.94	1993	2826.40	576.89			

附表 32　田峪河坝址以上径流引水供水量（方案四）　单位：万立方米

年份	城市供水量	灌溉供水量	年份	城市供水量	灌溉供水量	年份	城市供水量	灌溉供水量
1956	2949. 05	543. 45	1975	4502. 18	662. 15	1994	2308. 87	461. 27
1957	2677. 67	582. 06	1976	2643. 48	533. 08	1995	1075. 46	175. 31
1958	4450. 86	660. 67	1977	1858. 79	475. 72	1996	1927. 68	333. 51
1959	3102. 75	679. 88	1978	2410. 87	461. 89	1997	960. 34	160. 60
1960	2945. 41	593. 79	1979	2089. 60	453. 24	1998	2743. 67	461. 36
1961	4631. 32	700. 12	1980	3416. 85	557. 79	1999	1799. 06	353. 69
1962	3029. 18	568. 17	1981	3485. 58	508. 43	2000	2133. 23	399. 22
1963	4444. 64	684. 36	1982	3239. 60	548. 28	2001	1761. 26	318. 66
1964	5947. 52	718. 57	1983	5145. 83	642. 13	2002	1902. 70	422. 24
1965	3017. 23	580. 14	1984	4055. 69	611. 42	2003	4444. 64	684. 36
1966	1803. 22	408. 83	1985	3355. 33	547. 83	2004	1841. 31	315. 91
1967	4090. 28	647. 72	1986	1727. 00	468. 70	2005	3940. 34	689. 97
1968	4310. 28	667. 89	1987	3519. 45	544. 27	2006	1841. 05	405. 92
1969	2459. 51	514. 18	1988	3673. 41	608. 06	2007	2704. 98	488. 40
1970	3931. 49	556. 92	1989	3719. 83	624. 93	2008	2840. 76	542. 37
1971	3053. 74	587. 88	1990	3509. 17	604. 49	2009	2952. 36	552. 42
1972	2475. 16	512. 88	1991	1930. 52	434. 47	2010	3424. 86	620. 72
1973	3260. 65	548. 48	1992	2295. 70	387. 43	多年平均	3016. 74	527. 78
1974	3047. 43	634. 94	1993	3111. 94	576. 89			

附表 33　田峪河坝址以上径流引水供水量（方案五）　单位：万立方米

年份	城市供水量	灌溉供水量	年份	城市供水量	灌溉供水量	年份	城市供水量	灌溉供水量
1956	1576. 28	570. 93	1975	1933. 05	675. 82	1994	1150. 11	494. 78
1957	1401. 72	609. 40	1976	1599. 75	562. 60	1995	815. 64	228. 14
1958	1908. 74	671. 94	1977	1219. 44	506. 82	1996	1085. 41	398. 13
1959	1857. 57	693. 34	1978	1412. 80	511. 84	1997	764. 26	230. 56
1960	1582. 69	612. 93	1979	1210. 71	485. 47	1998	1212. 22	513. 30
1961	2041. 49	704. 92	1980	1679. 85	601. 73	1999	1021. 14	407. 43
1962	1709. 99	588. 73	1981	1598. 78	535. 09	2000	1255. 24	434. 97
1963	1996. 83	693. 84	1982	1676. 47	571. 63	2001	1138. 99	360. 49
1964	2343. 66	721. 17	1983	2006. 96	651. 18	2002	1143. 06	459. 50
1965	1728. 40	603. 52	1984	1906. 33	635. 80	2003	1996. 83	693. 84

续表

年份	城市供水量	灌溉供水量	年份	城市供水量	灌溉供水量	年份	城市供水量	灌溉供水量
1966	1320.69	441.31	1985	1657.47	576.26	2004	1049.98	381.65
1967	2014.78	663.99	1986	1124.74	500.33	2005	2372.72	700.32
1968	1993.36	679.16	1987	1671.72	576.15	2006	1224.24	445.97
1969	1286.59	548.40	1988	1719.74	630.92	2007	1449.52	520.25
1970	1768.04	586.03	1989	1952.74	640.48	2008	1625.60	568.45
1971	1587.77	612.81	1990	1906.81	622.37	2009	1615.45	575.44
1972	1505.20	540.41	1991	1226.21	466.14	2010	1870.89	642.64
1973	1550.15	579.42	1992	1167.42	426.79	多年平均	1562.84	556.51
1974	1662.42	655.69	1993	1657.82	596.95			

附表 34　田峪河坝址以上径流引水供水量（方案六） 单位：万立方米

年份	城市供水量	灌溉供水量	年份	城市供水量	灌溉供水量	年份	城市供水量	灌溉供水量
1956	2240.98	570.93	1975	3116.28	675.82	1994	1788.60	494.78
1957	2033.96	609.40	1976	2209.22	562.60	1995	1037.45	228.14
1958	3122.54	671.94	1977	1692.15	506.82	1996	1572.97	398.13
1959	2592.40	693.34	1978	1979.23	511.84	1997	953.06	230.56
1960	2342.15	612.93	1979	1764.70	485.47	1998	1900.01	513.30
1961	3197.66	704.92	1980	2652.74	601.73	1999	1428.92	407.43
1962	2407.92	588.73	1981	2495.34	535.09	2000	1735.80	434.97
1963	3215.05	693.84	1982	2495.78	571.63	2001	1560.85	360.49
1964	3909.10	721.17	1983	3396.25	651.18	2002	1633.19	459.50
1965	2418.85	603.52	1984	2892.33	635.80	2003	3215.05	693.84
1966	1742.58	441.31	1985	2520.49	576.26	2004	1506.99	381.65
1967	3148.73	663.99	1986	1451.38	500.33	2005	3361.22	700.32
1968	3203.72	679.16	1987	2545.43	576.15	2006	1604.97	445.97
1969	1855.84	548.40	1988	2653.56	630.92	2007	2104.69	520.25
1970	2882.81	586.03	1989	2873.63	640.48	2008	2305.12	568.45
1971	2340.71	612.81	1990	2741.48	622.37	2009	2286.17	575.44
1972	2060.45	540.41	1991	1650.38	466.14	2010	2740.52	642.64
1973	2379.60	579.42	1992	1702.70	426.79	多年平均	2319.30	556.51
1974	2432.91	655.69	1993	2464.68	596.95			

附表35　田峪河坝址以上径流引水供水量（方案七）　单位：万立方米

年份	城市供水量	灌溉供水量	年份	城市供水量	灌溉供水量	年份	城市供水量	灌溉供水量
1956	2687.17	570.93	1975	3954.54	675.82	1994	2266.26	494.78
1957	2473.48	609.40	1976	2527.53	562.60	1995	1120.66	228.14
1958	3939.49	671.94	1977	1881.68	506.82	1996	1822.28	398.13
1959	2998.68	693.34	1978	2280.46	511.84	1997	998.56	230.56
1960	2783.78	612.93	1979	2026.84	485.47	1998	2406.76	513.30
1961	4071.39	704.92	1980	3179.81	601.73	1999	1690.62	407.43
1962	2822.03	588.73	1981	3108.09	535.09	2000	2031.13	434.97
1963	4005.02	693.84	1982	2987.56	571.63	2001	1752.70	360.49
1964	5085.38	721.17	1983	4431.12	651.18	2002	1862.30	459.50
1965	2822.45	603.52	1984	3615.40	635.80	2003	4005.02	693.84
1966	1849.96	441.31	1985	3055.27	576.26	2004	1738.81	381.65
1967	3780.79	663.99	1986	1661.87	500.33	2005	3798.74	700.32
1968	3963.39	679.16	1987	3132.70	576.15	2006	1815.58	445.97
1969	2263.26	548.40	1988	3301.07	630.92	2007	2521.15	520.25
1970	3591.45	586.03	1989	3459.70	640.48	2008	2697.66	568.45
1971	2807.78	612.81	1990	3238.71	622.37	2009	2720.96	575.44
1972	2395.91	540.41	1991	1874.49	466.14	2010	3201.69	642.64
1973	2939.47	579.42	1992	2081.63	426.79	多年平均	2787.67	556.51
1974	2859.27	655.69	1993	2932.37	596.95			

附表36　田峪河坝址以上径流引水供水量（方案八）　单位：万立方米

年份	城市供水量	灌溉供水量	年份	城市供水量	灌溉供水量	年份	城市供水量	灌溉供水量
1956	3048.75	570.93	1975	4603.60	675.82	1994	2412.22	494.78
1957	2780.72	609.40	1976	2748.11	562.60	1995	1162.98	228.14
1958	4557.31	671.94	1977	1966.49	506.82	1996	1997.60	398.13
1959	3223.64	693.34	1978	2494.67	511.84	1997	1031.12	230.56
1960	3059.27	612.93	1979	2193.45	485.47	1998	2817.31	513.30
1961	4741.60	704.92	1980	3503.49	601.73	1999	1879.45	407.43
1962	3138.79	588.73	1981	3581.39	535.09	2000	2231.24	434.97
1963	4556.07	693.84	1982	3343.78	571.63	2001	1858.63	360.49
1964	6046.89	721.17	1983	5244.86	651.18	2002	2003.21	459.50
1965	3125.01	603.52	1984	4151.64	635.80	2003	4556.07	693.84

续表

年份	城市供水量	灌溉供水量	年份	城市供水量	灌溉供水量	年份	城市供水量	灌溉供水量
1966	1911. 10	441. 31	1985	3453. 64	576. 26	2004	1910. 25	381. 65
1967	4200. 03	663. 99	1986	1830. 67	500. 33	2005	4061. 80	700. 32
1968	4422. 70	679. 16	1987	3610. 82	576. 15	2006	1938. 63	445. 97
1969	2556. 33	548. 40	1988	3773. 46	630. 92	2007	2803. 77	520. 25
1970	4027. 80	586. 03	1989	3832. 19	640. 48	2008	2947. 28	568. 45
1971	3157. 51	612. 81	1990	3618. 42	622. 37	2009	3057. 26	575. 44
1972	2582. 95	540. 41	1991	2034. 55	466. 14	2010	3531. 68	642. 64
1973	3355. 30	579. 42	1992	2385. 07	426. 79	多年平均	3117. 13	556. 51
1974	3156. 93	655. 69	1993	3222. 91	596. 95			

附表 37 田峪水库调节计算成果（合理供水方案） 单位：万立方米

年份	来水量	生态用水量	城市供水量	灌溉供水量	弃水量
1956	7808. 14	508. 77	6191. 30	592. 10	2015. 97
1957	9356. 69	507. 73	4061. 43	618. 69	4168. 84
1958	11785. 91	507. 73	6109. 22	679. 74	4489. 22
1959	4741. 98	507. 73	3527. 82	706. 43	0. 00
1960	5103. 82	509. 12	3978. 54	616. 16	0. 00
1961	8909. 83	507. 73	7218. 97	712. 13	471. 00
1962	5198. 34	507. 73	4099. 65	590. 97	0. 00
1963	9487. 24	507. 73	7066. 22	711. 01	1202. 28
1964	13834. 02	509. 12	8960. 91	726. 44	3637. 55
1965	5627. 06	507. 73	4510. 30	609. 02	0. 00
1966	2938. 20	507. 73	1979. 25	451. 22	0. 00
1967	7742. 30	507. 73	5713. 60	673. 60	847. 37
1968	10252. 22	509. 12	7421. 25	699. 44	1622. 41
1969	4662. 06	507. 73	3594. 29	560. 04	0. 00
1970	7292. 42	507. 73	5848. 16	596. 26	340. 26
1971	5766. 08	507. 73	4635. 17	623. 18	0. 00
1972	4439. 66	508. 51	3375. 51	555. 65	0. 00
1973	7299. 16	507. 73	5606. 87	595. 43	589. 12
1974	7131. 89	507. 73	5230. 61	668. 54	725. 01
1975	11341. 47	507. 73	7512. 25	687. 89	2633. 60

续表

年份	来水量	生态用水量	城市供水量	灌溉供水量	弃水量
1976	4968. 60	508. 59	3811. 96	570. 78	77. 26
1977	3220. 91	507. 73	2206. 04	507. 13	0. 00
1978	5434. 91	505. 20	3984. 25	545. 98	399. 47
1979	3471. 29	507. 73	2475. 32	488. 25	0. 00
1980	7157. 38	508. 42	5507. 27	625. 95	515. 73
1981	9713. 17	507. 73	5153. 12	543. 75	3508. 58
1982	6169. 82	507. 73	4644. 75	565. 44	451. 91
1983	15113. 00	507. 73	8329. 11	655. 26	5620. 90
1984	9930. 82	508. 94	6031. 24	648. 91	2741. 73
1985	6146. 67	507. 73	4730. 85	595. 62	312. 47
1986	3920. 14	507. 73	2875. 31	508. 74	28. 36
1987	11376. 55	507. 50	5551. 06	589. 97	4728. 02
1988	7990. 10	508. 85	5507. 07	635. 31	1338. 87
1989	7093. 79	507. 73	5879. 78	642. 00	64. 27
1990	7197. 03	507. 73	5697. 51	645. 24	346. 56
1991	4077. 39	507. 73	2987. 40	479. 50	102. 76
1992	4738. 52	508. 51	3430. 66	440. 16	359. 19
1993	5771. 87	507. 73	4663. 29	600. 84	0. 00
1994	4075. 57	507. 73	3046. 71	521. 14	0. 00
1995	1934. 93	507. 66	1207. 71	219. 56	0. 00
1996	3672. 35	496. 09	2738. 29	437. 96	0. 00
1997	1820. 28	383. 96	1068. 77	367. 55	0. 00
1998	7415. 11	499. 44	5069. 71	518. 88	1327. 07
1999	4307. 47	504. 00	3295. 28	437. 99	70. 20
2000	4101. 58	509. 09	3136. 04	456. 44	0. 00
2001	2889. 13	507. 73	2026. 65	354. 75	0. 00
2002	3190. 49	507. 73	2219. 28	463. 48	0. 00
2003	9487. 24	507. 73	7066. 22	711. 01	1202. 28
2004	3497. 99	493. 22	2579. 26	425. 50	0. 00
2005	7897. 74	507. 73	5650. 52	706. 46	1033. 03
2006	3433. 54	507. 73	2471. 80	454. 01	0. 00
2007	6062. 77	507. 73	4563. 06	524. 28	467. 70

续表

年份	来水量	生态用水量	城市供水量	灌溉供水量	弃水量
2008	5293.30	509.12	4205.45	578.72	0.00
2009	6430.92	507.73	5223.53	584.88	114.78
2010	7202.74	507.34	5169.60	648.29	877.51
多年平均	6489.52	504.97	4560.82	570.43	880.57

附表 38　石砭峪水库（含引乾济石）调节计算成果（合理供水方案一）

单位：万立方米

年份	来水量	生态用水量	城市供水量	灌溉供水量	弃水量
1980	12986.70	569.20	11917.36	2935.14	0.00
1981	15558.05	567.65	8479.36	2958.71	3552.33
1982	14012.18	567.65	8526.58	3065.64	1852.31
1983	27548.47	567.65	11413.10	3392.83	11933.01
1984	20261.75	569.20	10672.38	3288.50	5835.97
1985	17094.50	567.65	11173.82	3378.32	1974.71
1986	6847.55	567.65	4156.75	2123.15	0.00
1987	17580.41	567.65	9560.27	2787.36	4665.13
1988	16625.61	569.20	10165.85	3262.61	2627.94
1989	15320.02	567.65	10531.62	3331.38	889.36
1990	10256.54	567.65	6824.65	2864.25	0.00
1991	7830.69	567.65	5037.17	2225.87	0.00
1992	11425.36	569.20	6863.04	2079.38	1913.74
1993	10576.22	567.65	7123.76	2884.82	0.00
1994	12605.76	567.65	8589.10	3449.01	0.00
1995	9447.75	567.65	6180.11	2699.99	0.00
1996	16778.53	569.20	11197.30	3583.96	1289.36
1997	6403.54	567.65	3517.67	2456.93	0.00
1998	16135.11	567.65	9012.29	2845.76	3709.42
1999	9380.79	567.65	6350.47	2462.68	0.00
2000	12563.86	569.20	8380.51	3368.02	246.12
2001	7786.02	567.65	5137.25	2081.13	0.00
2002	12674.36	567.65	9042.74	3063.97	0.00
2003	18388.34	567.65	11146.87	3690.84	2982.99

续表

年份	来水量	生态用水量	城市供水量	灌溉供水量	弃水量
2004	13537.67	569.20	9371.57	3596.90	0.00
2005	21161.00	567.65	11527.08	3813.72	5252.55
2006	7883.14	567.65	4707.25	2608.23	0.00
2007	12028.35	567.65	8091.15	3369.55	0.00
2008	11174.03	569.20	7559.99	3044.83	0.00
2009	13854.93	567.65	10047.40	3239.89	0.00
2010	14464.40	567.65	8417.72	2894.77	2584.26
多年平均	13554.57	568.05	8410.39	2995.10	1655.14

附表 39　石砭峪水库（含引乾济石）调节计算成果（合理供水方案二）

单位：万立方米

年份	来水量	生态用水量	城市供水量	灌溉供水量	弃水量
1980	12986.70	569.20	12340.12	2512.37	0.00
1981	15558.05	567.65	12068.96	2583.45	338.00
1982	14012.18	567.65	10757.31	2687.22	0.00
1983	27548.47	567.65	22757.25	2926.60	1296.97
1984	20261.75	569.20	16709.39	2744.88	238.27
1985	17094.50	567.65	13860.99	2665.86	0.00
1986	6847.55	567.65	4260.89	2019.00	0.00
1987	17580.41	567.65	13757.59	2752.60	502.57
1988	16625.61	569.20	13127.79	2928.61	0.00
1989	15320.02	567.65	11627.31	3125.06	0.00
1990	10256.54	567.65	7075.08	2613.82	0.00
1991	7830.69	567.65	5434.19	1828.85	0.00
1992	11425.36	569.20	9092.62	1763.54	0.00
1993	10576.22	567.65	7365.57	2643.01	0.00
1994	12605.76	567.65	9114.67	2923.44	0.00
1995	9447.75	567.65	6185.83	2694.28	0.00
1996	16778.53	569.20	13441.58	2767.75	0.00
1997	6403.54	567.65	3378.96	2456.93	0.00
1998	16135.11	567.65	12829.12	2712.17	26.17
1999	9380.79	567.65	6725.01	2088.13	0.00

续表

年份	来水量	生态用水量	城市供水量	灌溉供水量	弃水量
2000	12563.86	569.20	9269.42	2725.23	0.00
2001	7786.02	567.65	5199.22	2019.16	0.00
2002	12674.36	567.65	9239.75	2866.97	0.00
2003	18388.34	567.65	14949.51	2871.18	0.00
2004	13537.67	569.20	9553.27	3415.20	0.00
2005	21161.00	567.65	17419.00	3174.35	0.00
2006	7883.14	567.65	4731.15	2584.34	0.00
2007	12028.35	567.65	8181.11	3279.59	0.00
2008	11174.03	569.20	7611.14	2993.68	0.00
2009	13854.93	567.65	10355.29	2931.99	0.00
2010	14464.40	567.65	11226.37	2670.38	0.00
多年平均	13554.57	568.05	10311.14	2676.44	77.48

附表 40　高冠峪河峪口以上径流引水城市供水量（方案一）

单位：万立方米

年份	城市供水量	年份	城市供水量	年份	城市供水量
1956	1755.47	1975	2195.66	1994	1322.77
1957	1609.93	1976	1882.42	1995	841.47
1958	2126.02	1977	1355.13	1996	1311.59
1959	2128.31	1978	1623.02	1997	945.35
1960	1909.72	1979	1357.01	1998	1403.47
1961	2258.10	1980	1942.18	1999	1088.96
1962	1980.72	1981	1772.32	2000	1437.88
1963	2260.34	1982	1877.67	2001	1265.58
1964	2532.27	1983	2230.89	2002	1275.37
1965	1919.95	1984	2116.79	2003	2260.34
1966	1456.26	1985	1904.30	2004	1266.67
1967	2214.39	1986	1294.09	2005	2575.31
1968	2215.51	1987	1833.06	2006	1430.46
1969	1542.69	1988	1950.33	2007	1612.05
1970	2021.76	1989	2045.07	2008	1883.65
1971	1774.85	1990	1977.44	2009	1833.08
1972	1685.35	1991	1393.80	2010	2043.44

续表

年份	城市供水量	年份	城市供水量	年份	城市供水量
1973	1824.71	1992	1369.92	多年平均	1762.07
1974	1974.60	1993	1803.29		

附表 41　高冠峪河峪口以上径流引水城市供水量（方案二）

单位：万立方米

年份	城市供水量	年份	城市供水量	年份	城市供水量
1956	2459.87	1975	3410.15	1994	1992.44
1957	2256.36	1976	2481.36	1995	1056.87
1958	3335.10	1977	1872.24	1996	1795.85
1959	2917.64	1978	2187.54	1997	1152.29
1960	2672.64	1979	1941.78	1998	2112.16
1961	3491.85	1980	2951.33	1999	1527.28
1962	2709.88	1981	2670.94	2000	1935.97
1963	3520.87	1982	2706.35	2001	1667.67
1964	4189.37	1983	3672.56	2002	1802.42
1965	2636.84	1984	3154.48	2003	3520.87
1966	1905.58	1985	2774.70	2004	1716.80
1967	3343.76	1986	1650.03	2005	3644.44
1968	3500.20	1987	2759.40	2006	1823.16
1969	2122.51	1988	2899.08	2007	2353.60
1970	3156.93	1989	3053.95	2008	2592.13
1971	2566.52	1990	2875.75	2009	2534.83
1972	2288.87	1991	1837.39	2010	2952.46
1973	2658.81	1992	1913.18	多年平均	2548.44
1974	2749.99	1993	2687.37		

附表 42　高冠峪河峪口以上径流引水城市供水量（方案三）

单位：万立方米

年份	城市供水量	年份	城市供水量	年份	城市供水量
1956	2922.92	1975	4271.44	1994	2470.66
1957	2714.40	1976	2807.39	1995	1138.35
1958	4158.10	1977	2103.63	1996	2032.28
1959	3326.38	1978	2494.24	1997	1197.65

续表

年份	城市供水量	年份	城市供水量	年份	城市供水量
1960	3105.57	1979	2211.22	1998	2604.64
1961	4389.86	1980	3478.77	1999	1812.78
1962	3115.47	1981	3287.54	2000	2231.77
1963	4300.62	1982	3216.22	2001	1851.57
1964	5404.98	1983	4696.87	2002	2034.96
1965	3060.01	1984	3874.19	2003	4300.62
1966	2022.60	1985	3300.35	2004	1939.22
1967	4026.75	1986	1866.44	2005	4083.38
1968	4283.40	1987	3375.70	2006	2020.52
1969	2525.83	1988	3527.82	2007	2760.23
1970	3850.40	1989	3675.22	2008	2982.72
1971	3054.21	1990	3421.75	2009	2968.72
1972	2629.04	1991	2079.82	2010	3444.12
1973	3214.99	1992	2282.34	多年平均	3023.27
1974	3176.30	1993	3155.65		

附表 43　高冠峪河峪口以上径流引水城市供水量（方案四）

单位：万立方米

年份	城市供水量	年份	城市供水量	年份	城市供水量
1956	3296.90	1975	4897.12	1994	2613.90
1957	3025.03	1976	3015.07	1995	1183.66
1958	4775.90	1977	2208.27	1996	2203.13
1959	3553.35	1978	2710.77	1997	1227.93
1960	3366.81	1979	2375.98	1998	3004.36
1961	5058.60	1980	3793.03	1999	2012.29
1962	3417.33	1981	3758.54	2000	2437.90
1963	4837.42	1982	3574.95	2001	1946.09
1964	6373.91	1983	5511.28	2002	2180.72
1965	3360.82	1984	4408.15	2003	4837.42
1966	2088.10	1985	3702.14	2004	2102.42
1967	4437.16	1986	2032.32	2005	4342.59
1968	4746.81	1987	3849.90	2006	2141.67
1969	2817.67	1988	3993.06	2007	3045.15

续表

年份	城市供水量	年份	城市供水量	年份	城市供水量
1970	4270.76	1989	4042.25	2008	3225.96
1971	3407.42	1990	3813.28	2009	3303.60
1972	2821.16	1991	2239.89	2010	3792.11
1973	3624.14	1992	2579.88	多年平均	3351.35
1974	3473.48	1993	3467.10		

附表 44　高冠峪河峪口以上径流引水城市供水量（方案五）

单位：万立方米

年份	城市供水量	年份	城市供水量	年份	城市供水量
1956	1851.74	1975	2267.43	1994	1423.74
1957	1710.02	1976	1977.76	1995	953.98
1958	2193.33	1977	1459.90	1996	1384.20
1959	2210.42	1978	1703.96	1997	1014.23
1960	1996.29	1979	1456.50	1998	1473.11
1961	2324.04	1980	2002.20	1999	1171.95
1962	2070.25	1981	1856.25	2000	1531.00
1963	2327.95	1982	1962.80	2001	1374.48
1964	2579.36	1983	2286.85	2002	1377.83
1965	2013.49	1984	2195.84	2003	2327.95
1966	1558.95	1985	1986.64	2004	1340.82
1967	2279.08	1986	1408.13	2005	2639.58
1968	2280.96	1987	1902.80	2006	1539.74
1969	1648.20	1988	2029.24	2007	1701.60
1970	2097.13	1989	2123.39	2008	1976.47
1971	1864.28	1990	2058.26	2009	1923.40
1972	1781.35	1991	1498.81	2010	2115.70
1973	1909.97	1992	1471.83	多年平均	1846.59
1974	2061.86	1993	1885.87		

附表 45　高冠峪河峪口以上径流引水城市供水量（方案六）

单位：万立方米

年份	城市供水量	年份	城市供水量	年份	城市供水量
1956	2572.28	1975	3502.66	1994	2102.07
1957	2368.19	1976	2599.95	1995	1179.70

续表

年份	城市供水量	年份	城市供水量	年份	城市供水量
1958	3430.37	1977	1992.25	1996	1886.76
1959	3029.54	1978	2292.22	1997	1237.93
1960	2783.86	1979	2059.45	1998	2198.76
1961	3582.99	1980	3038.30	1999	1623.14
1962	2822.82	1981	2775.59	2000	2047.58
1963	3614.49	1982	2815.33	2001	1792.28
1964	4266.33	1983	3756.86	2002	1923.56
1965	2749.41	1984	3253.67	2003	3614.49
1966	2032.23	1985	2882.45	2004	1809.87
1967	3442.43	1986	1774.49	2005	3753.83
1968	3590.48	1987	2852.50	2006	1947.83
1969	2236.19	1988	3003.54	2007	2464.53
1970	3253.00	1989	3156.21	2008	2704.91
1971	2676.08	1990	2983.17	2009	2647.06
1972	2405.97	1991	1959.87	2010	3056.65
1973	2765.24	1992	2029.20	多年平均	2654.47
1974	2861.24	1993	2794.38		

附表 46　高冠峪河峪口以上径流引水城市供水量（方案七）

单位：万立方米

年份	城市供水量	年份	城市供水量	年份	城市供水量
1956	3041.44	1975	4375.84	1994	2596.70
1957	2834.40	1976	2931.48	1995	1264.89
1958	4263.70	1977	2233.29	1996	2128.78
1959	3449.38	1978	2604.98	1997	1285.90
1960	3226.99	1979	2338.28	1998	2696.23
1961	4492.77	1980	3581.08	1999	1912.98
1962	3236.59	1981	3400.05	2000	2348.20
1963	4408.20	1982	3334.36	2001	1980.85
1964	5494.89	1983	4793.29	2002	2162.70
1965	3180.25	1984	3983.44	2003	4408.20
1966	2154.83	1985	3416.27	2004	2036.70

续表

年份	城市供水量	年份	城市供水量	年份	城市供水量
1967	4136.75	1986	1993.88	2005	4204.49
1968	4394.09	1987	3477.34	2006	2149.47
1969	2647.30	1988	3640.39	2007	2880.82
1970	3963.74	1989	3789.79	2008	3106.04
1971	3171.95	1990	3537.67	2009	3087.85
1972	2754.62	1991	2207.15	2010	3557.25
1973	3329.70	1992	2403.35	多年平均	3138.24
1974	3297.42	1993	3274.35		

附表 47　高冠峪河峪口以上径流引水城市供水量（方案八）

单位：万立方米

年份	城市供水量	年份	城市供水量	年份	城市供水量
1956	3419.53	1975	5009.80	1994	2743.63
1957	3148.45	1976	3143.62	1995	1311.32
1958	4888.10	1977	2341.07	1996	2301.11
1959	3681.53	1978	2824.47	1997	1316.55
1960	3494.36	1979	2505.64	1998	3099.66
1961	5168.57	1980	3901.68	1999	2114.76
1962	3541.42	1981	3875.85	2000	2557.30
1963	4953.33	1982	3696.81	2001	2078.72
1964	6474.15	1983	5614.19	2002	2310.99
1965	3486.14	1984	4524.60	2003	4953.33
1966	2221.61	1985	3822.51	2004	2201.42
1967	4557.57	1986	2161.61	2005	4468.90
1968	4866.06	1987	3957.05	2006	2273.56
1969	2942.87	1988	4110.46	2007	3167.97
1970	4392.25	1989	4164.85	2008	3353.39
1971	3529.98	1990	3934.39	2009	3425.32
1972	2951.19	1991	2369.45	2010	3909.57
1973	3744.21	1992	2702.32	多年平均	3470.85
1974	3597.63	1993	3591.95		

附表 48　高冠峪河坝址以上径流引水城市供水量（方案一）

单位：万立方米

年份	城市供水量	年份	城市供水量	年份	城市供水量
1956	1738. 10	1975	2180. 69	1994	1307. 95
1957	1594. 24	1976	1861. 65	1995	826. 10
1958	2114. 52	1977	1341. 43	1996	1296. 84
1959	2109. 57	1978	1605. 48	1997	933. 34
1960	1891. 85	1979	1344. 30	1998	1390. 47
1961	2244. 99	1980	1929. 29	1999	1074. 68
1962	1959. 36	1981	1757. 38	2000	1423. 05
1963	2243. 06	1982	1860. 68	2001	1250. 94
1964	2522. 45	1983	2222. 74	2002	1259. 50
1965	1900. 15	1984	2098. 95	2003	2243. 06
1966	1439. 99	1985	1887. 36	2004	1255. 52
1967	2202. 98	1986	1276. 15	2005	2558. 49
1968	2201. 75	1987	1818. 10	2006	1410. 94
1969	1522. 82	1988	1934. 94	2007	1596. 78
1970	2007. 56	1989	2030. 10	2008	1865. 31
1971	1758. 55	1990	1961. 34	2009	1818. 27
1972	1669. 85	1991	1378. 37	2010	2027. 75
1973	1808. 43	1992	1356. 28	多年平均	1746. 55
1974	1955. 92	1993	1788. 62		

附表 49　高冠峪河坝址以上径流引水城市供水量（方案二）

单位：万立方米

年份	城市供水量	年份	城市供水量	年份	城市供水量
1956	2434. 12	1975	3383. 67	1994	1973. 03
1957	2234. 88	1976	2448. 74	1995	1036. 70
1958	3308. 18	1977	1849. 87	1996	1771. 17
1959	2884. 61	1978	2159. 63	1997	1132. 16
1960	2642. 25	1979	1919. 38	1998	2090. 55
1961	3466. 23	1980	2924. 28	1999	1506. 30
1962	2676. 63	1981	2645. 56	2000	1912. 21
1963	3489. 32	1982	2676. 80	2001	1644. 13
1964	4163. 52	1983	3649. 97	2002	1775. 79

续表

年份	城市供水量	年份	城市供水量	年份	城市供水量
1965	2607.53	1984	3125.94	2003	3489.32
1966	1876.54	1985	2744.30	2004	1695.91
1967	3315.75	1986	1626.34	2005	3602.72
1968	3471.81	1987	2732.03	2006	1795.68
1969	2097.81	1988	2870.78	2007	2326.63
1970	3131.83	1989	3026.26	2008	2564.03
1971	2539.97	1990	2845.92	2009	2508.55
1972	2262.50	1991	1813.11	2010	2919.80
1973	2631.23	1992	1892.43	多年平均	2521.69
1974	2718.02	1993	2660.01		

附表 50　高冠峪河坝址以上径流引水城市供水量（方案三）

单位：万立方米

年份	城市供水量	年份	城市供水量	年份	城市供水量
1956	2891.90	1975	4234.01	1994	2435.31
1957	2685.45	1976	2770.29	1995	1115.16
1958	4121.39	1977	2073.08	1996	2003.30
1959	3283.70	1978	2461.02	1997	1175.39
1960	3066.53	1979	2181.41	1998	2578.94
1961	4353.71	1980	3438.24	1999	1788.04
1962	3075.44	1981	3254.74	2000	2203.43
1963	4255.42	1982	3178.58	2001	1824.53
1964	5368.53	1983	4663.60	2002	2003.05
1965	3023.78	1984	3836.37	2003	4255.42
1966	1988.56	1985	3263.47	2004	1914.75
1967	3988.60	1986	1839.94	2005	4032.58
1968	4238.33	1987	3341.31	2006	1989.20
1969	2494.39	1988	3492.86	2007	2725.15
1970	3809.67	1989	3635.60	2008	2945.78
1971	3020.68	1990	3384.51	2009	2936.95
1972	2595.56	1991	2051.11	2010	3403.62
1973	3180.82	1992	2256.30	多年平均	2988.78
1974	3137.13	1993	3118.44		

附表 51　高冠峪河坝址以上径流引水城市供水量（方案四）

单位：万立方米

年份	城市供水量	年份	城市供水量	年份	城市供水量
1956	3260.21	1975	4849.68	1994	2574.34
1957	2991.39	1976	2972.97	1995	1159.12
1958	4731.84	1977	2173.93	1996	2171.82
1959	3504.50	1978	2674.11	1997	1205.18
1960	3319.80	1979	2342.92	1998	2973.70
1961	5014.00	1980	3744.39	1999	1984.28
1962	3373.35	1981	3720.60	2000	2406.41
1963	4782.72	1982	3533.35	2001	1915.00
1964	6323.95	1983	5470.68	2002	2145.64
1965	3317.77	1984	4362.13	2003	4782.72
1966	2052.47	1985	3660.20	2004	2075.94
1967	4386.78	1986	2003.98	2005	4285.53
1968	4691.77	1987	3808.52	2006	2107.08
1969	2781.49	1988	3952.57	2007	3007.28
1970	4220.31	1989	3994.27	2008	3184.33
1971	3367.90	1990	3769.84	2009	3268.68
1972	2782.25	1991	2208.76	2010	3746.44
1973	3582.79	1992	2552.90	多年平均	3311.36
1974	3430.03	1993	3422.17		

附表 52　高冠峪河坝址以上径流引水城市供水量（方案五）

单位：万立方米

年份	城市供水量	年份	城市供水量	年份	城市供水量
1956	1834.69	1975	2252.76	1994	1409.08
1957	1695.25	1976	1958.00	1995	938.91
1958	2182.22	1977	1446.20	1996	1370.60
1959	2193.19	1978	1688.39	1997	1003.21
1960	1979.65	1979	1444.06	1998	1462.58
1961	2311.84	1980	1989.81	1999	1158.33
1962	2048.99	1981	1842.29	2000	1516.65
1963	2310.72	1982	1946.40	2001	1360.16
1964	2569.90	1983	2279.40	2002	1362.55

续表

年份	城市供水量	年份	城市供水量	年份	城市供水量
1965	1994. 56	1984	2178. 37	2003	2310. 72
1966	1543. 05	1985	1970. 30	2004	1330. 01
1967	2268. 22	1986	1390. 21	2005	2623. 24
1968	2267. 50	1987	1888. 29	2006	1520. 88
1969	1628. 36	1988	2014. 64	2007	1686. 53
1970	2083. 31	1989	2109. 21	2008	1959. 85
1971	1848. 55	1990	2042. 70	2009	1909. 25
1972	1766. 24	1991	1483. 89	2010	2100. 78
1973	1894. 20	1992	1458. 40	多年平均	1831. 68
1974	2043. 95	1993	1871. 80		

附表 53　高冠峪河坝址以上径流引水城市供水量（方案六）

单位：万立方米

年份	城市供水量	年份	城市供水量	年份	城市供水量
1956	2546. 69	1975	3476. 37	1994	2082. 72
1957	2346. 73	1976	2567. 88	1995	1159. 63
1958	3404. 19	1977	1970. 40	1996	1863. 58
1959	2996. 97	1978	2264. 41	1997	1218. 27
1960	2754. 10	1979	2037. 52	1998	2179. 37
1961	3557. 61	1980	3011. 45	1999	1602. 79
1962	2789. 84	1981	2750. 23	2000	2023. 82
1963	3583. 13	1982	2786. 19	2001	1769. 21
1964	4241. 34	1983	3734. 67	2002	1897. 66
1965	2720. 10	1984	3225. 52	2003	3583. 13
1966	2003. 29	1985	2852. 86	2004	1789. 07
1967	3414. 94	1986	1750. 81	2005	3713. 35
1968	3563. 79	1987	2825. 61	2006	1920. 69
1969	2212. 19	1988	2976. 00	2007	2437. 74
1970	3228. 06	1989	3129. 06	2008	2677. 26
1971	2649. 72	1990	2953. 67	2009	2621. 27
1972	2379. 89	1991	1935. 71	2010	3024. 59
1973	2738. 57	1992	2008. 56	多年平均	2628. 18
1974	2830. 55	1993	2767. 29		

附表 54　高冠峪河坝址以上径流引水城市供水量（方案七）

单位：万立方米

年份	城市供水量	年份	城市供水量	年份	城市供水量
1956	3010.42	1975	4338.94	1994	2561.62
1957	2805.46	1976	2894.47	1995	1241.71
1958	4228.02	1977	2203.10	1996	2100.66
1959	3407.05	1978	2571.83	1997	1264.10
1960	3188.02	1979	2308.47	1998	2672.59
1961	4456.89	1980	3541.28	1999	1888.62
1962	3196.56	1981	3367.85	2000	2320.22
1963	4364.32	1982	3297.08	2001	1953.82
1964	5458.44	1983	4760.57	2002	2130.88
1965	3144.51	1984	3946.34	2003	4364.32
1966	2121.05	1985	3379.74	2004	2012.01
1967	4098.99	1986	1967.73	2005	4153.70
1968	4349.60	1987	3442.99	2006	2118.49
1969	2615.88	1988	3605.61	2007	2845.74
1970	3923.35	1989	3751.38	2008	3069.48
1971	3138.77	1990	3500.53	2009	3056.09
1972	2721.13	1991	2178.71	2010	3517.15
1973	3295.62	1992	2378.00	多年平均	3104.09
1974	3258.25	1993	3237.51		

附表 55　高冠峪河坝址以上径流引水城市供水量（方案八）

单位：万立方米

年份	城市供水量	年份	城市供水量	年份	城市供水量
1956	3383.18	1975	4962.63	1994	2704.10
1957	3115.38	1976	3101.52	1995	1286.77
1958	4844.41	1977	2306.93	1996	2271.13
1959	3632.77	1978	2787.80	1997	1294.27
1960	3447.60	1979	2472.58	1998	3071.43
1961	5123.97	1980	3853.77	1999	2087.46
1962	3497.80	1981	3837.91	2000	2525.82
1963	4899.19	1982	3655.20	2001	2047.63
1964	6424.62	1983	5573.87	2002	2276.07
1965	3443.71	1984	4478.79	2003	4899.19

续表

年份	城市供水量	年份	城市供水量	年份	城市供水量
1966	2186.18	1985	3780.67	2004	2174.69
1967	4507.56	1986	2133.27	2005	4411.84
1968	4811.03	1987	3915.77	2006	2238.97
1969	2906.88	1988	4070.06	2007	3130.10
1970	4341.89	1989	4116.87	2008	3311.76
1971	3490.73	1990	3890.95	2009	3390.41
1972	2912.28	1991	2338.31	2010	3864.07
1973	3703.52	1992	2675.34	多年平均	3431.11
1974	3554.76	1993	3547.53		

附表 56　高冠峪水库调节计算成果（合理供水方案） 单位：万立方米

年份	来水量	生态用水量	城市供水量	弃水量
1956	7238.85	468.01	8300.94	469.90
1957	8673.09	466.73	5434.43	2771.93
1958	10922.77	466.73	7365.90	3090.14
1959	4397.16	466.73	3930.42	0.00
1960	4731.44	468.01	4263.43	0.00
1961	8257.59	466.73	7790.86	0.00
1962	4816.97	466.73	4350.24	0.00
1963	8790.60	466.73	8235.99	87.87
1964	12825.48	468.01	9701.80	2086.94
1965	5214.59	466.73	5316.57	0.00
1966	2723.59	466.73	2256.85	0.00
1967	7179.93	466.73	6713.19	0.00
1968	9503.48	468.01	8024.33	561.85
1969	4319.31	466.73	4301.87	0.00
1970	6759.07	466.73	6292.34	0.00
1971	5342.63	466.73	4875.90	0.00
1972	4119.64	468.01	3651.63	0.00
1973	6759.07	466.73	6292.34	0.00
1974	6612.36	466.73	6145.63	0.00
1975	10509.26	466.73	8365.56	1247.29

续表

年份	来水量	生态用水量	城市供水量	弃水量
1976	4606. 16	468. 01	4567. 83	0. 00
1977	2987. 11	466. 73	2520. 37	0. 00
1978	5037. 55	464. 54	4573. 01	0. 00
1979	3218. 75	466. 73	2752. 01	0. 00
1980	6634. 92	468. 01	6166. 90	0. 00
1981	9002. 10	466. 73	6414. 73	2120. 64
1982	5715. 45	466. 73	5248. 71	0. 00
1983	14008. 72	466. 73	8800. 67	4247. 65
1984	9203. 85	468. 01	8333. 20	896. 30
1985	5696. 01	466. 73	5229. 27	0. 00
1986	3633. 38	466. 73	3166. 65	0. 00
1987	10540. 89	466. 58	6789. 50	3284. 81
1988	7406. 99	468. 01	6768. 74	170. 23
1989	6573. 57	466. 73	6106. 84	0. 00
1990	6670. 68	466. 73	6203. 95	0. 00
1991	3781. 21	466. 73	3314. 48	0. 00
1992	4393. 96	468. 01	3925. 95	0. 00
1993	5349. 02	466. 73	4882. 29	0. 00
1994	3774. 73	466. 73	3308. 00	0. 00
1995	1794. 61	466. 73	1327. 88	0. 00
1996	3404. 85	457. 18	2947. 67	0. 00
1997	1687. 22	353. 32	1333. 90	0. 00
1998	6871. 05	459. 98	6287. 68	123. 39
1999	3990. 56	463. 52	3527. 04	0. 00
2000	3806. 09	468. 01	3338. 08	0. 00
2001	2679. 61	466. 73	2212. 88	0. 00
2002	2957. 30	466. 73	2490. 57	0. 00
2003	8790. 60	466. 73	8235. 99	87. 87
2004	3245. 10	454. 19	2790. 91	0. 00
2005	7319. 03	466. 73	6852. 30	0. 00
2006	3180. 82	466. 73	2714. 08	0. 00
2007	5617. 99	466. 73	5151. 25	0. 00

续表

年份	来水量	生态用水量	城市供水量	弃水量
2008	4905.45	468.01	4437.43	0.00
2009	5962.90	466.73	5496.16	0.00
2010	6673.28	466.39	6206.89	0.00
多年平均	6014.88	464.32	5200.62	386.31

附表 57　沣河峪口以上径流引水城市供水量（方案一） 单位：万立方米

年份	城市供水量	年份	城市供水量	年份	城市供水量
1956	1904.26	1975	2311.03	1994	1416.96
1957	1746.49	1976	2045.69	1995	918.26
1958	2219.10	1977	1468.97	1996	1408.67
1959	2275.95	1978	1736.90	1997	1016.32
1960	2039.73	1979	1445.47	1998	1477.53
1961	2372.37	1980	2034.72	1999	1168.21
1962	2142.98	1981	1870.99	2000	1540.68
1963	2378.59	1982	1993.25	2001	1374.62
1964	2611.87	1983	2292.62	2002	1358.04
1965	2084.75	1984	2252.45	2003	2378.59
1966	1573.17	1985	2017.01	2004	1353.28
1967	2304.98	1986	1434.50	2005	2720.48
1968	2316.47	1987	1919.12	2006	1570.15
1969	1694.48	1988	2049.58	2007	1709.86
1970	2127.77	1989	2166.13	2008	2025.30
1971	1898.99	1990	2102.98	2009	1960.76
1972	1816.91	1991	1508.72	2010	2155.42
1973	1932.34	1992	1479.34	多年平均	1875.38
1974	2120.69	1993	1900.63		

附表 58　沣河峪口以上径流引水城市供水量（方案二） 单位：万立方米

年份	城市供水量	年份	城市供水量	年份	城市供水量
1956	2699.83	1975	3655.32	1994	2136.41
1957	2465.77	1976	2778.62	1995	1193.27

续表

年份	城市供水量	年份	城市供水量	年份	城市供水量
1958	3583.96	1977	2079.99	1996	2002.06
1959	3235.51	1978	2433.20	1997	1321.49
1960	2937.08	1979	2131.75	1998	2286.49
1961	3741.03	1980	3194.64	1999	1677.54
1962	3008.71	1981	2888.01	2000	2154.38
1963	3781.73	1982	2956.69	2001	1869.09
1964	4437.33	1983	3892.15	2002	1987.29
1965	2917.30	1984	3408.91	2003	3781.73
1966	2164.84	1985	3033.94	2004	1919.12
1967	3639.25	1986	1852.16	2005	4061.06
1968	3744.32	1987	2980.28	2006	2050.27
1969	2319.24	1988	3147.03	2007	2580.60
1970	3383.86	1989	3319.75	2008	2858.54
1971	2807.40	1990	3147.12	2009	2792.79
1972	2540.94	1991	2049.93	2010	3252.96
1973	2895.78	1992	2102.63	多年平均	2786.27
1974	3043.53	1993	2922.13		

附表 59　沣河峪口以上径流引水城市供水量（方案三） 单位：万立方米

年份	城市供水量	年份	城市供水量	年份	城市供水量
1956	3231.96	1975	4628.79	1994	2710.97
1957	2992.46	1976	3166.99	1995	1309.05
1958	4510.08	1977	2401.66	1996	2294.78
1959	3757.02	1978	2808.43	1997	1399.85
1960	3477.43	1979	2499.98	1998	2826.40
1961	4754.25	1980	3889.30	1999	2006.12
1962	3505.33	1981	3595.45	2000	2498.86
1963	4712.26	1982	3568.06	2001	2108.85
1964	5776.19	1983	5040.23	2002	2303.94
1965	3421.70	1984	4235.50	2003	4712.26
1966	2350.08	1985	3646.94	2004	2195.08

续表

年份	城市供水量	年份	城市供水量	年份	城市供水量
1967	4438.45	1986	2102.89	2005	4636.66
1968	4720.98	1987	3686.43	2006	2294.96
1969	2795.73	1988	3862.77	2007	3080.68
1970	4237.23	1989	4058.47	2008	3356.04
1971	3379.36	1990	3786.48	2009	3306.70
1972	2959.11	1991	2347.92	2010	3841.34
1973	3527.19	1992	2521.58	多年平均	3351.89
1974	3559.51	1993	3517.52		

附表 60　沣河峪口以上径流引水城市供水量（方案四）单位：万立方米

年份	城市供水量	年份	城市供水量	年份	城市供水量
1956	3647.20	1975	5366.13	1994	3009.66
1957	3369.60	1976	3438.63	1995	1370.65
1958	5232.82	1977	2556.14	1996	2490.13
1959	4066.93	1978	3065.64	1997	1434.41
1960	3823.98	1979	2704.92	1998	3282.08
1961	5532.97	1980	4287.77	1999	2247.35
1962	3847.65	1981	4125.08	2000	2746.83
1963	5366.74	1982	3986.41	2001	2251.58
1964	6880.03	1983	5955.72	2002	2483.05
1965	3781.99	1984	4856.80	2003	5366.74
1966	2430.35	1985	4109.79	2004	2379.46
1967	4993.75	1986	2293.23	2005	4984.50
1968	5318.70	1987	4231.35	2006	2453.93
1969	3135.72	1988	4409.16	2007	3412.63
1970	4775.67	1989	4547.49	2008	3662.41
1971	3797.97	1990	4250.02	2009	3682.89
1972	3221.34	1991	2542.92	2010	4259.69
1973	4015.01	1992	2843.25	多年平均	3748.16
1974	3918.24	1993	3907.96		

附表 61　沣河峪口以上径流引水城市供水量（方案五）单位：万立方米

年份	城市供水量	年份	城市供水量	年份	城市供水量
1956	2008.75	1975	2383.29	1994	1528.88
1957	1856.23	1976	2148.07	1995	1044.96
1958	2291.19	1977	1581.85	1996	1487.20
1959	2359.79	1978	1820.83	1997	1087.15
1960	2132.87	1979	1556.15	1998	1555.17
1961	2439.97	1980	2095.36	1999	1258.58
1962	2237.22	1981	1963.63	2000	1638.93
1963	2450.93	1982	2081.91	2001	1493.68
1964	2660.74	1983	2350.81	2002	1470.06
1965	2183.22	1984	2334.76	2003	2450.93
1966	1683.76	1985	2104.58	2004	1441.67
1967	2367.79	1986	1560.59	2005	2779.75
1968	2383.03	1987	1991.45	2006	1689.72
1969	1812.27	1988	2130.53	2007	1806.43
1970	2209.06	1989	2246.17	2008	2117.87
1971	1996.36	1990	2188.95	2009	2050.71
1972	1919.92	1991	1622.87	2010	2227.94
1973	2020.65	1992	1593.46	多年平均	1965.45
1974	2210.62	1993	1990.21		

附表 62　沣河峪口以上径流引水城市供水量（方案六）单位：万立方米

年份	城市供水量	年份	城市供水量	年份	城市供水量
1956	2823.45	1975	3754.39	1994	2258.66
1957	2590.83	1976	2908.17	1995	1332.93
1958	3685.15	1977	2212.08	1996	2102.62
1959	3357.28	1978	2546.51	1997	1417.36
1960	3058.59	1979	2261.22	1998	2385.65
1961	3840.10	1980	3285.17	1999	1783.15
1962	3132.75	1981	3003.34	2000	2279.81
1963	3880.37	1982	3074.99	2001	2007.12
1964	4517.10	1983	3981.66	2002	2119.63

续表

年份	城市供水量	年份	城市供水量	年份	城市供水量
1965	3040.92	1984	3516.37	2003	3880.37
1966	2301.42	1985	3150.20	2004	2020.68
1967	3745.25	1986	1992.04	2005	4172.86
1968	3841.10	1987	3082.92	2006	2189.13
1969	2447.09	1988	3261.26	2007	2701.38
1970	3487.35	1989	3430.02	2008	2982.34
1971	2928.49	1990	3262.37	2009	2916.33
1972	2670.06	1991	2186.16	2010	3365.10
1973	3014.50	1992	2232.58	多年平均	2902.22
1974	3167.57	1993	3038.81		

附表 63　沣河峪口以上径流引水城市供水量（方案七）单位：万立方米

年份	城市供水量	年份	城市供水量	年份	城市供水量
1956	3364.40	1975	4740.56	1994	2838.64
1957	3124.55	1976	3306.37	1995	1453.86
1958	4624.05	1977	2544.42	1996	2402.86
1959	3891.99	1978	2931.31	1997	1500.80
1960	3612.14	1979	2641.39	1998	2930.88
1961	4865.47	1980	4000.23	1999	2116.72
1962	3640.14	1981	3720.36	2000	2630.29
1963	4829.03	1982	3696.77	2001	2254.24
1964	5871.19	1983	5144.38	2002	2448.14
1965	3556.59	1984	4354.81	2003	4829.03
1966	2499.10	1985	3775.90	2004	2302.48
1967	4557.65	1986	2247.00	2005	4770.44
1968	4837.09	1987	3799.90	2006	2439.75
1969	2930.78	1988	3985.97	2007	3212.97
1970	4358.42	1989	4182.51	2008	3492.28
1971	3511.11	1990	3915.02	2009	3439.20
1972	3096.71	1991	2490.08	2010	3966.68
1973	3654.96	1992	2656.96	多年平均	3478.77
1974	3693.71	1993	3650.28		

附表 64　沣河峪口以上径流引水城市供水量（方案八）单位：万立方米

年份	城市供水量	年份	城市供水量	年份	城市供水量
1956	3783.10	1975	5489.42	1994	3155.70
1957	3508.89	1976	3583.00	1995	1516.40
1958	5354.74	1977	2704.74	1996	2601.60
1959	4210.03	1978	3191.49	1997	1535.36
1960	3965.22	1979	2851.50	1998	3390.28
1961	5653.63	1980	4406.07	1999	2361.93
1962	3986.51	1981	4255.39	2000	2882.49
1963	5493.74	1982	4122.73	2001	2400.95
1964	6985.03	1983	6069.44	2002	2629.96
1965	3920.69	1984	4984.23	2003	5493.74
1966	2581.49	1985	4243.99	2004	2489.82
1967	5125.65	1986	2439.12	2005	5125.23
1968	5450.36	1987	4350.33	2006	2602.11
1969	3275.00	1988	4540.83	2007	3550.26
1970	4908.44	1989	4683.65	2008	3804.41
1971	3934.29	1990	4384.31	2009	3819.96
1972	3366.55	1991	2688.90	2010	4391.31
1973	4149.55	1992	2982.09	多年平均	3881.40
1974	4057.53	1993	4045.80		

附表 65　梨园坪水库调节计算成果（合理供水方案）单位：万立方米

年份	来水量	生态用水量	城市供水量	弃水量
1956	8747.65	572.37	8419.38	1705.91
1957	10478.42	570.80	5798.57	4109.04
1958	13198.38	570.80	7841.05	4640.84
1959	5311.53	570.80	4973.79	0.00
1960	5719.77	572.37	5147.40	0.00
1961	9979.63	570.80	9324.89	0.00
1962	5825.95	570.80	5339.09	0.00
1963	10626.60	570.80	9109.94	945.85
1964	15497.91	572.37	10061.18	4217.17
1965	6301.93	570.80	6378.32	0.00

续表

年份	来水量	生态用水量	城市供水量	弃水量
1966	3290.28	570.80	2719.48	0.00
1967	8670.76	570.80	7850.73	249.23
1968	11486.62	572.37	8865.84	1436.61
1969	5219.77	570.80	5260.77	0.00
1970	8165.15	570.80	7594.34	0.00
1971	6456.84	570.80	5886.04	0.00
1972	4976.12	572.37	4403.76	0.00
1973	8170.59	570.80	7599.79	0.00
1974	7991.91	570.80	7367.25	53.86
1975	12698.64	570.80	8792.64	2772.26
1976	5566.58	572.37	5557.15	0.00
1977	3610.31	570.80	3039.51	0.00
1978	6087.14	567.49	5519.65	0.00
1979	3887.22	570.80	3316.42	0.00
1980	8016.36	572.11	7444.26	0.00
1981	10880.52	570.80	6700.15	3609.57
1982	6906.56	570.80	6335.76	0.00
1983	16925.24	570.80	8958.36	6815.88
1984	11124.86	572.37	8664.87	2467.82
1985	6884.18	570.80	6313.38	0.00
1986	4390.24	570.80	3819.44	0.00
1987	12738.38	570.57	7121.62	5046.20
1988	8950.09	572.37	7313.86	1063.86
1989	7944.31	570.80	7373.51	0.00
1990	8061.90	570.80	7424.39	66.71
1991	4566.50	570.80	3995.70	0.00
1992	5311.09	572.37	4738.73	0.00
1993	6465.83	570.80	5895.03	0.00
1994	4561.23	570.80	3990.43	0.00
1995	2171.06	570.73	1600.33	0.00
1996	4115.15	556.75	3558.39	0.00
1997	2038.35	431.65	1606.69	0.00

续表

年份	来水量	生态用水量	城市供水量	弃水量
1998	8304.08	562.52	6700.04	1041.52
1999	4825.87	567.07	4258.80	0.00
2000	4599.07	572.34	4026.73	0.00
2001	3237.49	570.80	2666.69	0.00
2002	3575.92	570.80	3005.12	0.00
2003	10626.60	570.80	9109.94	945.85
2004	3916.51	550.33	3366.18	0.00
2005	8843.21	570.80	7595.43	676.98
2006	3841.08	570.80	3270.28	0.00
2007	6790.95	570.80	6220.15	0.00
2008	5924.79	572.37	5352.43	0.00
2009	7203.95	570.80	6633.14	0.00
2010	8064.66	570.41	7000.54	493.71
多年平均	7268.58	567.69	5967.77	770.16

附表 66　太平峪河峪口以上径流引水城市供水量（方案一）

单位：万立方米

年份	城市供水量	年份	城市供水量	年份	城市供水量
1956	2004.16	1975	2382.22	1994	1531.14
1957	1853.39	1976	2142.46	1995	1048.94
1958	2289.98	1977	1579.79	1996	1484.99
1959	2357.07	1978	1820.84	1997	1089.59
1960	2130.42	1979	1559.53	1998	1556.10
1961	2436.13	1980	2095.06	1999	1261.01
1962	2228.90	1981	1962.59	2000	1639.47
1963	2447.78	1982	2081.06	2001	1494.57
1964	2658.84	1983	2352.82	2002	1473.66
1965	2177.25	1984	2329.63	2003	2447.78
1966	1684.98	1985	2103.92	2004	1440.03
1967	2368.42	1986	1559.12	2005	2774.16
1968	2380.27	1987	1993.87	2006	1690.78
1969	1809.97	1988	2130.51	2007	1807.23
1970	2209.75	1989	2242.52	2008	2116.73

续表

年份	城市供水量	年份	城市供水量	年份	城市供水量
1971	1993.09	1990	2185.60	2009	2048.67
1972	1918.75	1991	1624.91	2010	2226.70
1973	2020.73	1992	1591.04	多年平均	1964.25
1974	2205.72	1993	1989.20		

附表 67　太平峪河峪口以上径流引水城市供水量（方案二）

单位：万立方米

年份	城市供水量	年份	城市供水量	年份	城市供水量
1956	2811.51	1975	3743.21	1994	2257.13
1957	2582.35	1976	2892.46	1995	1332.03
1958	3672.21	1977	2202.72	1996	2091.99
1959	3339.76	1978	2535.91	1997	1410.87
1960	3044.57	1979	2257.14	1998	2377.88
1961	3824.11	1980	3273.29	1999	1779.87
1962	3113.06	1981	2993.04	2000	2270.51
1963	3865.70	1982	3063.58	2001	2000.60
1964	4502.71	1983	3971.48	2002	2115.49
1965	3025.48	1984	3501.78	2003	3865.70
1966	2292.51	1985	3138.69	2004	2009.94
1967	3728.94	1986	1985.06	2005	4147.24
1968	3827.03	1987	3074.28	2006	2182.78
1969	2440.92	1988	3249.04	2007	2692.10
1970	3479.31	1989	3414.78	2008	2969.66
1971	2916.25	1990	3247.80	2009	2901.81
1972	2658.95	1991	2179.68	2010	3348.77
1973	3002.50	1992	2224.14	多年平均	2891.04
1974	3148.96	1993	3027.01		

附表 68　太平峪河峪口以上径流引水城市供水量（方案三）

单位：万立方米

年份	城市供水量	年份	城市供水量	年份	城市供水量
1956	3345.86	1975	4720.09	1994	2833.19
1957	3110.87	1976	3283.92	1995	1449.31

续表

年份	城市供水量	年份	城市供水量	年份	城市供水量
1958	4602.09	1977	2527.54	1996	2386.87
1959	3864.56	1978	2913.60	1997	1490.64
1960	3588.04	1979	2628.39	1998	2919.15
1961	4839.96	1980	3972.76	1999	2109.88
1962	3612.54	1981	3702.43	2000	2616.69
1963	4801.17	1982	3677.97	2001	2242.48
1964	5845.90	1983	5123.19	2002	2435.21
1965	3532.54	1984	4331.47	2003	4801.17
1966	2481.25	1985	3755.27	2004	2287.43
1967	4532.11	1986	2237.06	2005	4727.93
1968	4809.10	1987	3783.47	2006	2429.17
1969	2919.30	1988	3967.41	2007	3195.19
1970	4337.33	1989	4157.20	2008	3470.52
1971	3490.70	1990	3890.90	2009	3418.21
1972	3079.33	1991	2479.26	2010	3941.02
1973	3635.86	1992	2644.63	多年平均	3459.51
1974	3667.53	1993	3626.53		

附表69　太平峪河峪口以上径流引水城市供水量（方案四）

单位：万立方米

年份	城市供水量	年份	城市供水量	年份	城市供水量
1956	1914.48	1975	2319.85	1994	1434.91
1957	1759.25	1976	2054.50	1995	943.88
1958	2227.83	1977	1482.61	1996	1423.27
1959	2284.96	1978	1750.40	1997	1030.59
1960	2050.59	1979	1464.47	1998	1493.37
1961	2377.31	1980	2044.52	1999	1186.25
1962	2148.04	1981	1883.08	2000	1554.45
1963	2385.24	1982	2004.76	2001	1392.39
1964	2616.79	1983	2302.71	2002	1378.87
1965	2092.65	1984	2258.83	2003	2385.24
1966	1590.13	1985	2028.60	2004	1379.46

续表

年份	城市供水量	年份	城市供水量	年份	城市供水量
1967	2314.13	1986	1450.83	2005	2723.21
1968	2322.98	1987	1931.41	2006	1588.08
1969	1708.82	1988	2061.06	2007	1724.27
1970	2140.07	1989	2173.61	2008	2037.05
1971	1909.76	1990	2111.38	2009	1970.82
1972	1829.77	1991	1526.79	2010	2163.51
1973	1944.89	1992	1493.48	多年平均	1887.47
1974	2128.42	1993	1912.38		

附表 70　太平峪河峪口以上径流引水城市供水量（方案五）

单位：万立方米

年份	城市供水量	年份	城市供水量	年份	城市供水量
1956	2705.55	1975	3657.73	1994	2151.95
1957	2474.74	1976	2781.42	1995	1215.82
1958	3584.92	1977	2089.34	1996	2011.20
1959	3235.25	1978	2440.09	1997	1330.66
1960	2940.24	1979	2145.73	1998	2296.45
1961	3739.20	1980	3196.97	1999	1692.14
1962	3006.65	1981	2893.80	2000	2161.89
1963	3781.14	1982	2961.97	2001	1881.93
1964	4433.71	1983	3894.12	2002	2003.22
1965	2919.52	1984	3409.61	2003	3781.14
1966	2174.82	1985	3038.43	2004	1930.33
1967	3637.73	1986	1864.96	2005	4049.26
1968	3743.24	1987	2985.71	2006	2063.76
1969	2331.33	1988	3151.06	2007	2588.21
1970	3390.41	1989	3319.39	2008	2863.35
1971	2812.24	1990	3148.10	2009	2795.52
1972	2548.13	1991	2062.90	2010	3251.79
1973	2900.56	1992	2113.10	多年平均	2791.81
1974	3042.63	1993	2927.01		

附表 71　太平峪河峪口以上径流引水城市供水量（方案六）

单位：万立方米

年份	城市供水量	年份	城市供水量	年份	城市供水量
1956	3232.28	1975	4624.17	1994	2723.22
1957	2997.65	1976	3164.17	1995	1328.91
1958	4504.11	1977	2404.60	1996	2299.91
1959	3748.80	1978	2809.78	1997	1406.08
1960	3472.28	1979	2506.80	1998	2833.55
1961	4744.16	1980	3878.81	1999	2017.80
1962	3496.05	1981	3594.77	2000	2502.96
1963	4701.02	1982	3566.65	2001	2117.59
1964	5764.25	1983	5033.47	2002	2312.54
1965	3416.78	1984	4228.75	2003	4701.02
1966	2353.66	1985	3644.47	2004	2202.67
1967	4428.40	1986	2112.96	2005	4613.05
1968	4707.49	1987	3685.61	2006	2305.01
1969	2803.51	1988	3861.09	2007	3081.18
1970	4232.46	1989	4050.86	2008	3353.39
1971	3377.62	1990	3780.53	2009	3303.89
1972	2961.39	1991	2356.90	2010	3832.28
1973	3526.30	1992	2528.53	多年平均	3350.93
1974	3552.50	1993	3512.52		

附表 72　太平峪河坝址以上径流引水城市供水量（方案一）

单位：万立方米

年份	城市供水量	年份	城市供水量	年份	城市供水量
1956	1839.30	1975	2262.21	1994	1371.86
1957	1680.86	1976	1972.63	1995	882.28
1958	2176.59	1977	1416.03	1996	1365.09
1959	2214.54	1978	1686.96	1997	986.29
1960	1980.03	1979	1404.73	1998	1444.47
1961	2320.10	1980	1994.37	1999	1130.25
1962	2069.76	1981	1826.27	2000	1495.69
1963	2326.53	1982	1943.81	2001	1324.48
1964	2576.86	1983	2266.36	2002	1320.68

续表

年份	城市供水量	年份	城市供水量	年份	城市供水量
1965	2010.86	1984	2193.02	2003	2326.53
1966	1519.15	1985	1967.67	2004	1319.69
1967	2269.92	1986	1368.21	2005	2656.45
1968	2275.17	1987	1881.36	2006	1509.25
1969	1625.56	1988	2008.49	2007	1665.19
1970	2084.12	1989	2112.72	2008	1967.78
1971	1844.16	1990	2046.47	2009	1909.08
1972	1757.10	1991	1456.88	2010	2108.30
1973	1882.57	1992	1427.69	多年平均	1825.17
1974	2058.17	1993	1856.17		

附表73　太平峪河坝址以上径流引水城市供水量（方案二）

单位：万立方米

年份	城市供水量	年份	城市供水量	年份	城市供水量
1956	2596.32	1975	3548.52	1994	2069.94
1957	2367.10	1976	2647.49	1995	1130.28
1958	3474.51	1977	1986.46	1996	1910.34
1959	3098.91	1978	2325.49	1997	1245.42
1960	2818.58	1979	2047.61	1998	2208.21
1961	3632.29	1980	3091.39	1999	1609.42
1962	2875.03	1981	2791.51	2000	2053.71
1963	3670.81	1982	2850.08	2001	1778.20
1964	4331.65	1983	3797.66	2002	1908.01
1965	2794.56	1984	3298.13	2003	3670.81
1966	2048.42	1985	2919.51	2004	1828.88
1967	3512.54	1986	1758.57	2005	3883.02
1968	3640.58	1987	2882.77	2006	1950.05
1969	2231.11	1988	3039.98	2007	2479.37
1970	3291.24	1989	3202.33	2008	2742.28
1971	2701.88	1990	3028.60	2009	2679.16
1972	2428.15	1991	1954.82	2010	3121.82
1973	2786.57	1992	2016.39	多年平均	2681.60
1974	2914.70	1993	2819.30		

附表 74　太平峪河坝址以上径流引水城市供水量（方案三）

单位：万立方米

年份	城市供水量	年份	城市供水量	年份	城市供水量
1956	3096.92	1975	4475.71	1994	2621.86
1957	2869.00	1976	3006.48	1995	1230.08
1958	4357.38	1977	2271.97	1996	2180.25
1959	3572.80	1978	2669.03	1997	1307.49
1960	3310.21	1979	2374.44	1998	2729.27
1961	4595.08	1980	3709.38	1999	1919.65
1962	3330.20	1981	3459.11	2000	2376.86
1963	4534.51	1982	3417.10	2001	1991.54
1964	5619.87	1983	4891.48	2002	2182.15
1965	3258.46	1984	4075.80	2003	4534.51
1966	2201.70	1985	3494.78	2004	2080.87
1967	4260.76	1986	1992.31	2005	4390.50
1968	4539.16	1987	3547.58	2006	2173.25
1969	2677.29	1988	3718.98	2007	2938.10
1970	4077.87	1989	3892.80	2008	3193.02
1971	3235.71	1990	3626.31	2009	3157.07
1972	2815.40	1991	2228.38	2010	3668.47
1973	3385.48	1992	2414.53	多年平均	3207.78
1974	3394.31	1993	3355.43		

附表 75　太平峪河坝址以上径流引水城市供水量（方案四）

单位：万立方米

年份	城市供水量	年份	城市供水量	年份	城市供水量
1956	1931.56	1975	2326.32	1994	1469.66
1957	1776.35	1976	2062.26	1995	989.14
1958	2240.02	1977	1516.54	1996	1434.46
1959	2289.00	1978	1761.25	1997	1049.83
1960	2060.47	1979	1500.53	1998	1512.97
1961	2382.67	1980	2048.44	1999	1208.03
1962	2154.85	1981	1905.98	2000	1583.45
1963	2389.51	1982	2022.21	2001	1427.64
1964	2620.79	1983	2318.66	2002	1416.58
1965	2098.79	1984	2265.75	2003	2389.51

续表

年份	城市供水量	年份	城市供水量	年份	城市供水量
1966	1617.01	1985	2044.90	2004	1388.90
1967	2326.32	1986	1478.03	2005	2710.40
1968	2337.57	1987	1947.42	2006	1613.09
1969	1728.28	1988	2080.36	2007	1749.91
1970	2155.97	1989	2185.54	2008	2051.03
1971	1929.83	1990	2123.92	2009	1990.34
1972	1848.67	1991	1556.53	2010	2175.83
1973	1962.01	1992	1525.67	多年平均	1904.60
1974	2138.68	1993	1933.93		

附表 76　太平峪河坝址以上径流引水城市供水量（方案五）

单位：万立方米

年份	城市供水量	年份	城市供水量	年份	城市供水量
1956	2703.37	1975	3636.46	1994	2175.83
1957	2475.81	1976	2760.70	1995	1247.91
1958	3563.90	1977	2102.22	1996	1998.71
1959	3205.34	1978	2424.38	1997	1328.81
1960	2923.45	1979	2160.83	1998	2293.78
1961	3717.20	1980	3170.45	1999	1699.49
1962	2983.17	1981	2891.95	2000	2164.42
1963	3758.07	1982	2953.12	2001	1897.71
1964	4403.50	1983	3876.80	2002	2021.41
1965	2902.18	1984	3392.44	2003	3758.07
1966	2169.85	1985	3023.22	2004	1916.51
1967	3606.32	1986	1878.75	2005	3984.27
1968	3726.00	1987	2973.11	2006	2069.80
1969	2341.32	1988	3139.07	2007	2585.81
1970	3382.13	1989	3300.10	2008	2850.72
1971	2807.19	1990	3130.36	2009	2786.30
1972	2541.01	1991	2072.25	2010	3222.96
1973	2889.67	1992	2128.78	多年平均	2782.88
1974	3021.43	1993	2920.42		

附表77　太平峪河坝址以上径流引水城市供水量（方案六）

单位：万立方米

年份	城市供水量	年份	城市供水量	年份	城市供水量
1956	3211.23	1975	4574.41	1994	2733.19
1957	2983.31	1976	3126.56	1995	1351.33
1958	4457.29	1977	2397.10	1996	2273.91
1959	3690.01	1978	2774.74	1997	1394.31
1960	3426.62	1979	2497.62	1998	2819.56
1961	4692.33	1980	3805.85	1999	2014.19
1962	3448.07	1981	3568.22	2000	2492.00
1963	4637.21	1982	3530.53	2001	2117.46
1964	5703.19	1983	4983.66	2002	2304.94
1965	3374.94	1984	4181.40	2003	4637.21
1966	2330.38	1985	3606.54	2004	2174.31
1967	4365.76	1986	2116.42	2005	4506.62
1968	4643.83	1987	3647.51	2006	2298.08
1969	2794.14	1988	3826.97	2007	3053.41
1970	4184.56	1989	4001.88	2008	3311.68
1971	3349.16	1990	3737.47	2009	3272.68
1972	2935.51	1991	2351.48	2010	3778.34
1973	3495.76	1992	2531.50	多年平均	3318.11
1974	3509.71	1993	3470.31		

附表78　太平峪水库调节计算成果（合理供水方案）

单位：万立方米

年份	来水量	生态用水量	城市供水量	弃水量
1956	8125.75	543.91	4530.16	3551.69
1957	9729.16	542.42	3955.52	5231.22
1958	12257.57	542.42	5830.04	5885.11
1959	4936.46	542.42	4394.04	0.00
1960	5308.59	543.91	4497.38	267.30
1961	9266.40	542.42	6387.58	2336.40
1962	5408.29	542.42	4628.13	237.74
1963	9871.11	542.42	5582.82	3745.88
1964	14394.84	543.91	7102.21	6748.73
1965	5852.22	542.42	4520.94	788.86

续表

年份	来水量	生态用水量	城市供水量	弃水量
1966	3054.76	542.42	2512.34	0.00
1967	8055.07	542.42	5500.08	2012.57
1968	10671.09	543.91	5965.32	4161.86
1969	4850.06	542.42	3909.41	398.23
1970	7589.20	542.42	5658.92	1387.87
1971	5997.20	542.42	4784.11	670.67
1972	4620.93	543.91	4077.03	0.00
1973	7585.32	542.42	5413.50	1629.39
1974	7424.09	542.42	4812.51	2069.17
1975	11794.90	542.42	6396.42	4856.05
1976	5170.18	543.91	4081.75	544.52
1977	3351.20	542.42	2808.78	0.00
1978	5654.45	538.82	4040.40	1075.22
1979	3611.35	542.42	3068.93	0.00
1980	7447.59	543.39	5162.79	1741.42
1981	10106.04	542.42	4554.43	5009.19
1982	6417.10	542.42	4659.58	1215.11
1983	15721.08	542.42	6486.60	8692.06
1984	10331.71	543.91	5256.35	4531.46
1985	6394.90	542.42	4993.67	858.81
1986	4075.49	542.42	2938.56	594.51
1987	11834.12	542.13	4784.30	6507.69
1988	8315.14	543.91	5198.11	2573.12
1989	7377.87	542.42	5782.36	1053.09
1990	7488.55	542.42	5202.18	1743.94
1991	4241.29	542.42	2969.38	729.49
1992	4930.93	543.91	3362.37	1024.66
1993	6004.11	542.42	5071.10	390.59
1994	4237.23	542.42	3694.81	0.00
1995	2014.59	542.26	1472.33	0.00
1996	3823.37	527.63	3228.19	67.56
1997	1894.49	409.36	1485.13	0.00

续表

年份	来水量	生态用水量	城市供水量	弃水量
1998	7715. 78	533. 62	4158. 86	3023. 30
1999	4480. 53	538. 06	3253. 38	689. 09
2000	4271. 62	543. 85	3505. 82	221. 94
2001	3005. 34	542. 42	2462. 92	0. 00
2002	3320. 96	542. 42	2778. 54	0. 00
2003	9871. 11	542. 42	5582. 82	3745. 88
2004	3637. 18	520. 99	3078. 26	37. 92
2005	8212. 75	542. 42	5561. 52	2108. 81
2006	3570. 39	542. 42	2824. 16	203. 81
2007	6306. 16	542. 42	4333. 48	1430. 26
2008	5505. 06	543. 91	4565. 54	395. 62
2009	6691. 59	542. 42	4522. 31	1626. 87
2010	7492. 78	541. 90	4949. 74	2001. 14
多年平均	6751. 22	539. 33	4406. 14	1814. 83

附表 79　甘峪水库调节计算成果（合理供水方案）　单位：万立方米

年份	来水量	生态用水量	城市供水量	弃水量
1956	1651. 54	98. 03	1534. 30	121. 21
1957	1982. 02	97. 76	1161. 96	722. 29
1958	2494. 37	97. 76	2003. 32	393. 29
1959	1001. 89	97. 76	904. 13	0. 00
1960	1079. 65	98. 03	981. 62	0. 00
1961	1888. 96	97. 76	1791. 20	0. 00
1962	1098. 32	97. 76	1000. 56	0. 00
1963	2008. 11	97. 76	1769. 07	141. 28
1964	2928. 96	98. 03	2650. 47	180. 46
1965	1191. 28	97. 76	1093. 52	0. 00
1966	622. 77	97. 76	525. 01	0. 00
1967	1638. 06	97. 76	1504. 38	35. 91
1968	2168. 47	98. 03	1866. 22	204. 22
1969	988. 07	97. 76	890. 31	0. 00
1970	1543. 62	97. 76	1392. 90	52. 96

续表

年份	来水量	生态用水量	城市供水量	弃水量
1971	1220.92	97.76	1123.16	0.00
1972	939.00	98.03	840.97	0.00
1973	1547.08	97.76	1354.72	94.59
1974	1508.63	97.76	1373.73	37.14
1975	2399.76	97.76	2054.14	247.86
1976	1052.87	98.03	954.84	0.00
1977	677.81	97.76	580.05	0.00
1978	1152.84	97.48	977.94	77.42
1979	736.21	97.76	638.45	0.00
1980	1515.11	97.77	1341.91	75.43
1981	2057.96	97.76	1718.36	241.84
1982	1306.80	97.76	1209.04	0.00
1983	3199.48	97.76	2535.17	566.54
1984	2103.58	98.03	1841.94	163.61
1985	1303.52	97.76	1205.76	0.00
1986	830.39	97.76	732.63	0.00
1987	2407.80	97.70	1668.12	641.97
1988	1691.45	98.03	1548.37	45.05
1989	1500.42	97.76	1365.42	37.24
1990	1525.22	97.76	1427.46	0.00
1991	864.00	97.76	766.24	0.00
1992	1001.29	98.03	903.26	0.00
1993	1222.91	97.76	1125.14	0.00
1994	863.31	97.76	765.55	0.00
1995	407.64	97.69	309.94	0.00
1996	777.34	97.36	679.98	0.00
1997	386.90	74.30	312.60	0.00
1998	1568.16	97.25	1364.65	106.26
1999	911.78	97.57	786.05	28.16
2000	870.91	98.00	772.91	0.00
2001	611.45	97.76	513.69	0.00
2002	676.08	97.76	578.32	0.00

续表

年份	来水量	生态用水量	城市供水量	弃水量
2003	2008.11	97.76	1769.07	141.28
2004	742.18	97.34	644.84	0.00
2005	1672.27	97.76	1405.34	169.17
2006	727.14	97.76	629.38	0.00
2007	1283.73	97.76	1161.95	24.02
2008	1118.71	98.03	1020.68	0.00
2009	1361.40	97.76	1263.64	0.00
2010	1525.31	97.72	1426.81	0.77
多年平均	1373.88	97.35	1195.66	82.73

附表 80　涝河峪口以上径流引水城市供水量（方案一）单位：万立方米

年份	城市供水量	年份	城市供水量	年份	城市供水量
1956	2296.79	1975	2563.40	1994	1681.72
1957	2143.12	1976	2477.88	1995	1128.90
1958	2423.55	1977	1754.82	1996	1650.08
1959	2616.66	1978	2010.03	1997	1181.05
1960	2350.65	1979	1702.84	1998	1670.34
1961	2647.26	1980	2238.97	1999	1386.74
1962	2519.51	1981	2113.40	2000	1787.96
1963	2697.76	1982	2273.60	2001	1684.89
1964	2809.58	1983	2411.84	2002	1595.93
1965	2544.36	1984	2583.77	2003	2697.76
1966	1872.91	1985	2301.37	2004	1603.17
1967	2455.23	1986	1825.65	2005	3048.81
1968	2543.75	1987	2108.59	2006	1971.90
1969	2170.89	1988	2300.83	2007	1961.55
1970	2435.86	1989	2448.96	2008	2312.81
1971	2213.45	1990	2396.10	2009	2230.27
1972	2165.11	1991	1809.68	2010	2368.41
1973	2175.88	1992	1786.65	多年平均	2158.32
1974	2403.77	1993	2150.58		

附表 81　涝河峪口以上径流引水城市供水量（方案二） 单位：万立方米

年份	城市供水量	年份	城市供水量	年份	城市供水量
1956	3388.82	1975	4286.18	1994	2561.35
1957	3102.43	1976	3626.21	1995	1606.16
1958	4165.31	1977	2614.36	1996	2535.10
1959	4114.28	1978	3134.83	1997	1813.28
1960	3692.41	1979	2629.65	1998	2732.45
1961	4414.07	1980	3796.10	1999	2101.21
1962	3826.83	1981	3454.31	2000	2768.57
1963	4419.97	1982	3644.71	2001	2431.95
1964	4991.34	1983	4394.32	2002	2465.03
1965	3702.17	1984	4116.29	2003	4419.97
1966	2804.44	1985	3705.90	2004	2449.47
1967	4335.69	1986	2470.35	2005	5017.69
1968	4338.42	1987	3572.12	2006	2736.82
1969	2959.13	1988	3800.67	2007	3134.83
1970	3952.37	1989	3982.90	2008	3632.12
1971	3439.74	1990	3846.32	2009	3544.93
1972	3256.38	1991	2679.35	2010	3978.28
1973	3549.02	1992	2645.48	多年平均	3420.36
1974	3822.58	1993	3515.36		

附表 82　涝河峪口以上径流引水城市供水量（方案三） 单位：万立方米

年份	城市供水量	年份	城市供水量	年份	城市供水量
1956	4144.50	1975	5580.80	1994	3262.00
1957	3783.39	1976	4286.97	1995	1846.73
1958	5471.66	1977	3192.88	1996	3081.91
1959	4983.97	1978	3749.48	1997	2053.94
1960	4512.46	1979	3273.28	1998	3500.53
1961	5709.86	1980	4887.63	1999	2572.32
1962	4628.97	1981	4417.39	2000	3316.58
1963	5772.60	1982	4536.05	2001	2882.06
1964	6748.21	1983	5923.10	2002	3054.80

续表

年份	城市供水量	年份	城市供水量	年份	城市供水量
1965	4488.15	1984	5211.68	2003	5772.60
1966	3344.15	1985	4651.57	2004	2957.59
1967	5576.67	1986	2861.83	2005	6250.45
1968	5707.00	1987	4559.60	2006	3175.68
1969	3562.89	1988	4822.04	2007	3958.15
1970	5167.91	1989	5077.59	2008	4397.36
1971	4305.97	1990	4823.30	2009	4291.65
1972	3913.23	1991	3165.35	2010	4996.00
1973	4440.80	1992	3225.71	多年平均	4273.45
1974	4684.97	1993	4475.83		

附表 83　涝河峪口以上径流引水城市供水量（方案四）单位：万立方米

年份	城市供水量	年份	城市供水量	年份	城市供水量
1956	4725.96	1975	6617.55	1994	3863.03
1957	4344.90	1976	4727.00	1995	1994.02
1958	6463.26	1977	3576.77	1996	3418.90
1959	5578.09	1978	4177.44	1997	2166.22
1960	5124.78	1979	3715.55	1998	4075.51
1961	6786.10	1980	5694.73	1999	2924.81
1962	5184.69	1981	5168.69	2000	3693.81
1963	6818.49	1982	5202.87	2001	3165.02
1964	8170.84	1983	7157.36	2002	3434.45
1965	5052.27	1984	6099.53	2003	6818.49
1966	3596.02	1985	5334.92	2004	3268.57
1967	6448.01	1986	3136.29	2005	6949.09
1968	6789.14	1987	5327.41	2006	3455.75
1969	4083.02	1988	5591.79	2007	4522.65
1970	6117.15	1989	5892.91	2008	4964.94
1971	4937.03	1990	5530.33	2009	4855.29
1972	4375.23	1991	3497.56	2010	5657.01
1973	5125.75	1992	3673.19	多年平均	4900.07
1974	5261.60	1993	5172.47		

附表 84　涝河峪口以上径流引水城市供水量（方案五）单位：万立方米

年份	城市供水量	年份	城市供水量	年份	城市供水量
1956	5198.52	1975	7509.25	1994	4398.26
1957	4823.37	1976	5059.40	1995	2073.62
1958	7311.25	1977	3824.69	1996	3666.44
1959	6008.98	1978	4490.45	1997	2206.22
1960	5571.94	1979	3995.97	1998	4575.00
1961	7708.12	1980	6237.54	1999	3224.76
1962	5602.68	1981	5805.30	2000	3997.99
1963	7613.14	1982	5740.90	2001	3355.05
1964	9415.26	1983	8199.29	2002	3672.94
1965	5480.11	1984	6842.00	2003	7613.14
1966	3716.91	1985	5871.17	2004	3501.42
1967	7156.79	1986	3355.31	2005	7394.18
1968	7619.01	1987	5955.98	2006	3659.24
1969	4497.69	1988	6241.59	2007	4940.90
1970	6843.61	1989	6538.58	2008	5370.47
1971	5433.97	1990	6090.58	2009	5304.48
1972	4737.12	1991	3751.45	2010	6164.60
1973	5689.56	1992	4054.51	多年平均	5390.08
1974	5703.49	1993	5641.75		

附表 85　涝河峪口以上径流引水城市供水量（方案六）单位：万立方米

年份	城市供水量	年份	城市供水量	年份	城市供水量
1956	5610.06	1975	5332.63	1994	4677.59
1957	5197.70	1976	3968.96	1995	2135.86
1958	8025.49	1977	4745.07	1996	3856.33
1959	6314.30	1978	4196.38	1997	2240.78
1960	5919.18	1979	6634.43	1998	5030.35
1961	8487.61	1980	6333.78	1999	3462.64
1962	5942.44	1981	6152.35	2000	4246.63
1963	8265.03	1982	9112.68	2001	3499.17
1964	10511.05	1983	7461.16	2002	3852.80
1965	5841.00	1984	6330.98	2003	8265.03

续表

年份	城市供水量	年份	城市供水量	年份	城市供水量
1966	3793.60	1985	3546.05	2004	3682.47
1967	7713.31	1986	6499.94	2005	7742.78
1968	8209.54	1987	6785.72	2006	3817.59
1969	4834.96	1988	7026.32	2007	5269.03
1970	7373.76	1989	6552.28	2008	5672.40
1971	5853.22	1990	3942.47	2009	5678.25
1972	4993.33	1991	4371.25	2010	6578.73
1973	6179.64	1992	6032.53	多年平均	5783.57
1974	6056.35	1993	5332.63		

附表 86　涝河峪口以上径流引水城市供水量（方案七）单位：万立方米

年份	城市供水量	年份	城市供水量	年份	城市供水量
1956	2412.17	1975	2640.31	1994	1822.97
1957	2276.47	1976	2582.76	1995	1286.87
1958	2494.44	1977	1894.73	1996	1739.11
1959	2702.66	1978	2098.66	1997	1268.40
1960	2445.60	1979	1843.59	1998	1764.84
1961	2724.00	1980	2297.32	1999	1499.42
1962	2611.22	1981	2219.30	2000	1905.19
1963	2771.91	1982	2371.59	2001	1837.99
1964	2858.22	1983	2476.17	2002	1739.08
1965	2660.08	1984	2671.45	2003	2771.91
1966	2007.38	1985	2399.24	2004	1693.63
1967	2514.69	1986	1974.15	2005	3084.81
1968	2608.47	1987	2189.95	2006	2110.90
1969	2321.50	1988	2398.12	2007	2080.61
1970	2531.57	1989	2537.69	2008	2410.08
1971	2320.89	1990	2485.43	2009	2333.37
1972	2289.00	1991	1945.78	2010	2440.89
1973	2274.36	1992	1930.69	多年平均	2260.23
1974	2486.16	1993	2254.69		

附表 87　涝河峪口以上径流引水城市供水量（方案八）单位：万立方米

年份	城市供水量	年份	城市供水量	年份	城市供水量
1956	3547.13	1975	4406.23	1994	2727.20
1957	3267.70	1976	3784.48	1995	1790.26
1958	4281.43	1977	2785.67	1996	2657.04
1959	4258.45	1978	3270.52	1997	1930.68
1960	3845.47	1979	2795.85	1998	2851.74
1961	4529.73	1980	3896.31	1999	2235.70
1962	3976.82	1981	3594.84	2000	2927.09
1963	4533.09	1982	3790.02	2001	2610.92
1964	5073.64	1983	4492.94	2002	2636.18
1965	3857.00	1984	4248.15	2003	4533.09
1966	2976.27	1985	3844.26	2004	2571.45
1967	4445.30	1986	2657.35	2005	5126.20
1968	4452.73	1987	3693.63	2006	2917.86
1969	3133.92	1988	3935.24	2007	3282.41
1970	4076.02	1989	4113.68	2008	3789.14
1971	3590.04	1990	3983.11	2009	3696.95
1972	3416.60	1991	2854.76	2010	4102.86
1973	3691.72	1992	2813.43	多年平均	3562.23
1974	3968.01	1993	3654.48		

附表 88　涝河峪口以上径流引水城市供水量（方案九）单位：万立方米

年份	城市供水量	年份	城市供水量	年份	城市供水量
1956	4320.17	1975	5720.79	1994	3435.30
1957	3961.20	1976	4471.55	1995	2040.95
1958	5614.27	1977	3381.58	1996	3223.41
1959	5153.92	1978	3909.27	1997	2190.78
1960	4685.83	1979	3456.05	1998	3638.91
1961	5850.78	1980	5013.45	1999	2718.51
1962	4806.17	1981	4579.08	2000	3492.20
1963	5909.28	1982	4703.51	2001	3076.43
1964	6857.14	1983	6048.17	2002	3241.09

续表

年份	城市供水量	年份	城市供水量	年份	城市供水量
1965	4663.01	1984	5364.30	2003	5909.28
1966	3535.80	1985	4814.74	2004	3100.01
1967	5723.31	1986	3060.82	2005	6405.33
1968	5842.47	1987	4702.15	2006	3374.05
1969	3743.73	1988	4983.28	2007	4126.77
1970	5313.08	1989	5230.60	2008	4571.70
1971	4475.35	1990	4985.50	2009	4467.45
1972	4097.04	1991	3359.23	2010	5152.97
1973	4608.63	1992	3409.72	多年平均	4436.74
1974	4859.76	1993	4640.86		

附表89　涝河峪口以上径流引水城市供水量（方案十）单位：万立方米

年份	城市供水量	年份	城市供水量	年份	城市供水量
1956	4911.17	1975	6771.44	1994	4041.74
1957	4528.76	1976	4921.15	1995	2193.68
1958	6619.90	1977	3773.35	1996	3571.29
1959	5763.80	1978	4345.52	1997	2306.79
1960	5308.95	1979	3911.12	1998	4223.39
1961	6934.88	1980	5838.31	1999	3077.90
1962	5370.97	1981	5339.05	2000	3878.50
1963	6975.74	1982	5382.62	2001	3370.05
1964	8300.27	1983	7299.43	2002	3633.56
1965	5238.02	1984	6264.31	2003	6975.74
1966	3805.21	1985	5513.94	2004	3420.19
1967	6611.52	1986	3339.69	2005	7131.74
1968	6943.36	1987	5483.67	2006	3660.64
1969	4269.91	1988	5764.44	2007	4704.52
1970	6279.24	1989	6062.26	2008	5152.10
1971	5118.87	1990	5707.12	2009	5041.53
1972	4567.57	1991	3698.08	2010	5831.05
1973	5301.92	1992	3863.24	多年平均	5075.32
1974	5447.49	1993	5352.27		

附表 90　涝河峪口以上径流引水城市供水量（方案十一）

单位：万立方米

年份	城市供水量	年份	城市供水量	年份	城市供水量
1956	5389.03	1975	7673.75	1994	4583.62
1957	5013.88	1976	5258.99	1995	2276.30
1958	7477.57	1977	4031.86	1996	3821.44
1959	6203.68	1978	4665.27	1997	2350.32
1960	5765.47	1979	4199.28	1998	4725.54
1961	7869.73	1980	6397.61	1999	3381.66
1962	5798.23	1981	5987.16	2000	4186.91
1963	7783.82	1982	5929.10	2001	3564.85
1964	9553.26	1983	8352.43	2002	3878.71
1965	5674.25	1984	7017.58	2003	7783.82
1966	3931.55	1985	6057.04	2004	3657.17
1967	7330.97	1986	3562.15	2005	7587.66
1968	7789.96	1987	6120.65	2006	3867.29
1969	4692.44	1988	6420.38	2007	5132.45
1970	7019.67	1989	6719.78	2008	5568.08
1971	5622.70	1990	6275.65	2009	5496.53
1972	4937.31	1991	3956.36	2010	6346.03
1973	5872.99	1992	4249.39	多年平均	5573.41
1974	5895.21	1993	5833.11		

附表 91　涝河峪口以上径流引水城市供水量（方案十二）

单位：万立方米

年份	城市供水量	年份	城市供水量	年份	城市供水量
1956	5802.99	1975	8417.73	1994	4884.12
1957	5394.64	1976	5537.06	1995	2339.76
1958	8199.07	1977	4180.64	1996	4015.37
1959	6515.72	1978	4923.16	1997	2384.88
1960	6118.76	1979	4404.19	1998	5183.07
1961	8656.43	1980	6801.58	1999	3622.37
1962	6139.88	1981	6519.80	2000	4439.02
1963	8444.35	1982	6346.17	2001	3712.06
1964	10658.64	1983	9273.55	2002	4061.59

续表

年份	城市供水量	年份	城市供水量	年份	城市供水量
1965	6038. 17	1984	7642. 10	2003	8444. 35
1966	4009. 44	1985	6520. 88	2004	3840. 04
1967	7898. 88	1986	3754. 10	2005	7943. 39
1968	8393. 95	1987	6668. 30	2006	4029. 27
1969	5033. 87	1988	6971. 50	2007	5464. 20
1970	7562. 64	1989	7218. 67	2008	5874. 41
1971	6046. 70	1990	6744. 00	2009	5873. 56
1972	5198. 36	1991	4151. 00	2010	6765. 10
1973	6368. 84	1992	4569. 16	多年平均	5972. 37
1974	6253. 61	1993	6226. 99		

附表 92　耿峪河峪口以上径流引水城市供水量（方案一）

单位：万立方米

年份	城市供水量	年份	城市供水量	年份	城市供水量
1956	483. 97	1975	727. 46	1994	309. 57
1957	413. 42	1976	378. 52	1995	128. 44
1958	695. 65	1977	254. 81	1996	285. 91
1959	406. 87	1978	358. 42	1997	133. 24
1960	417. 97	1979	277. 39	1998	463. 81
1961	708. 86	1980	489. 19	1999	278. 53
1962	431. 90	1981	578. 24	2000	311. 44
1963	668. 54	1982	489. 54	2001	222. 49
1964	978. 65	1983	870. 22	2002	250. 74
1965	428. 86	1984	652. 37	2003	668. 54
1966	227. 35	1985	490. 76	2004	272. 33
1967	578. 79	1986	274. 41	2005	545. 12
1968	664. 06	1987	572. 35	2006	251. 71
1969	364. 82	1988	573. 61	2007	412. 78
1970	556. 16	1989	522. 77	2008	416. 47
1971	447. 68	1990	535. 55	2009	471. 88
1972	347. 62	1991	280. 64	2010	515. 74
1973	499. 27	1992	381. 91	多年平均	452. 40
1974	469. 64	1993	445. 20		

附表 93　耿峪河峪口以上径流引水城市供水量（方案二）

单位：万立方米

年份	城市供水量	年份	城市供水量	年份	城市供水量
1956	598.44	1975	923.86	1994	332.66
1957	487.15	1976	414.96	1995	128.44
1958	837.08	1977	255.53	1996	303.67
1959	406.87	1978	407.35	1997	133.24
1960	439.44	1979	280.60	1998	584.39
1961	782.18	1980	560.95	1999	333.97
1962	449.51	1981	732.27	2000	335.63
1963	782.92	1982	539.15	2001	222.49
1964	1181.26	1983	1083.31	2002	252.98
1965	489.17	1984	795.89	2003	782.92
1966	227.35	1985	532.25	2004	287.54
1967	643.45	1986	312.09	2005	601.35
1968	811.07	1987	719.67	2006	268.04
1969	391.90	1988	674.23	2007	477.36
1970	615.16	1989	579.28	2008	457.53
1971	490.10	1990	619.55	2009	561.08
1972	373.24	1991	311.95	2010	599.85
1973	586.12	1992	407.25	多年平均	517.50
1974	562.93	1993	493.69		

附表 94　耿峪河峪口以上径流引水城市供水量（方案三）

单位：万立方米

年份	城市供水量	年份	城市供水量	年份	城市供水量
1956	657.55	1975	1019.68	1994	340.83
1957	539.61	1976	430.19	1995	128.44
1958	920.22	1977	255.53	1996	305.46
1959	406.87	1978	435.01	1997	133.24
1960	443.78	1979	280.60	1998	624.06
1961	812.25	1980	598.99	1999	355.23
1962	453.21	1981	816.05	2000	344.27
1963	839.81	1982	549.72	2001	222.49
1964	1248.24	1983	1219.13	2002	252.98

续表

年份	城市供水量	年份	城市供水量	年份	城市供水量
1965	495.89	1984	860.30	2003	839.81
1966	227.35	1985	547.97	2004	288.40
1967	679.40	1986	320.73	2005	631.20
1968	888.01	1987	807.65	2006	276.68
1969	399.55	1988	706.50	2007	513.87
1970	636.98	1989	607.28	2008	462.23
1971	502.36	1990	643.73	2009	573.97
1972	377.48	1991	329.23	2010	632.01
1973	626.16	1992	407.25	多年平均	546.15
1974	612.51	1993	510.29		

附表 95　耿峪河峪口以上径流引水城市供水量（方案四）

单位：万立方米

年份	城市供水量	年份	城市供水量	年份	城市供水量
1956	691.59	1975	1057.37	1994	340.83
1957	577.93	1976	430.19	1995	128.44
1958	977.99	1977	255.53	1996	305.46
1959	406.87	1978	447.32	1997	133.24
1960	443.78	1979	280.60	1998	645.90
1961	823.83	1980	617.88	1999	364.73
1962	453.21	1981	870.55	2000	344.68
1963	866.02	1982	549.99	2001	222.49
1964	1282.34	1983	1300.95	2002	252.98
1965	495.89	1984	893.32	2003	866.02
1966	227.35	1985	547.97	2004	288.40
1967	701.46	1986	325.37	2005	657.12
1968	929.68	1987	867.45	2006	276.70
1969	399.55	1988	720.56	2007	529.18
1970	645.62	1989	632.14	2008	462.23
1971	509.69	1990	652.37	2009	576.35
1972	377.48	1991	338.68	2010	653.77
1973	643.70	1992	407.25	多年平均	560.68
1974	629.29	1993	510.51		

附表 96　耿峪河峪口以上径流引水城市供水量（方案五）

单位：万立方米

年份	城市供水量	年份	城市供水量	年份	城市供水量
1956	489.94	1975	733.21	1994	315.69
1957	419.52	1976	384.72	1995	133.90
1958	701.56	1977	261.08	1996	290.65
1959	413.18	1978	363.70	1997	137.30
1960	424.21	1979	283.68	1998	468.66
1961	714.89	1980	494.22	1999	283.01
1962	438.10	1981	584.10	2000	316.89
1963	674.55	1982	495.64	2001	228.80
1964	984.21	1983	875.92	2002	256.83
1965	435.02	1984	658.23	2003	674.55
1966	233.64	1985	496.91	2004	277.02
1967	584.77	1986	280.58	2005	551.20
1968	669.95	1987	577.34	2006	257.96
1969	371.00	1988	579.63	2007	418.72
1970	562.24	1989	528.91	2008	422.64
1971	453.81	1990	541.53	2009	477.80
1972	353.84	1991	286.82	2010	521.40
1973	505.34	1992	387.92	多年平均	458.25
1974	475.66	1993	451.33		

附表 97　耿峪河峪口以上径流引水城市供水量（方案六）

单位：万立方米

年份	城市供水量	年份	城市供水量	年份	城市供水量
1956	604.61	1975	929.89	1994	338.85
1957	493.33	1976	421.24	1995	133.90
1958	843.18	1977	261.84	1996	308.49
1959	413.18	1978	412.72	1997	137.30
1960	445.75	1979	286.90	1998	589.51
1961	788.38	1980	566.13	1999	338.52
1962	455.80	1981	738.35	2000	341.17
1963	789.07	1982	545.42	2001	228.80
1964	1187.38	1983	1089.28	2002	259.09

续表

年份	城市供水量	年份	城市供水量	年份	城市供水量
1965	495. 39	1984	802. 03	2003	789. 07
1966	233. 64	1985	538. 50	2004	292. 31
1967	649. 53	1986	318. 38	2005	607. 57
1968	817. 18	1987	724. 91	2006	274. 33
1969	398. 18	1988	680. 41	2007	483. 42
1970	621. 38	1989	585. 52	2008	463. 82
1971	496. 33	1990	625. 77	2009	567. 24
1972	379. 54	1991	318. 21	2010	605. 66
1973	592. 30	1992	413. 47	多年平均	523. 48
1974	569. 09	1993	499. 90		

附表 98　耿峪河峪口以上径流引水城市供水量（方案七）

单位：万立方米

年份	城市供水量	年份	城市供水量	年份	城市供水量
1956	663. 78	1975	1025. 88	1994	347. 04
1957	545. 84	1976	436. 52	1995	133. 90
1958	926. 39	1977	261. 84	1996	310. 30
1959	413. 18	1978	440. 39	1997	137. 30
1960	450. 11	1979	286. 90	1998	629. 23
1961	818. 52	1980	604. 20	1999	359. 84
1962	459. 52	1981	822. 20	2000	349. 81
1963	846. 05	1982	556. 01	2001	228. 80
1964	1254. 46	1983	1225. 23	2002	259. 09
1965	502. 20	1984	866. 52	2003	846. 05
1966	233. 64	1985	554. 27	2004	293. 19
1967	685. 50	1986	327. 02	2005	637. 46
1968	894. 23	1987	812. 94	2006	282. 97
1969	405. 86	1988	712. 79	2007	519. 97
1970	643. 27	1989	613. 54	2008	468. 56
1971	508. 63	1990	650. 02	2009	580. 19
1972	383. 80	1991	335. 49	2010	637. 87
1973	632. 40	1992	413. 47	多年平均	552. 17
1974	618. 76	1993	516. 56		

附表 99　耿峪河峪口以上径流引水城市供水量（方案八）

单位：万立方米

年份	城市供水量	年份	城市供水量	年份	城市供水量
1956	697.86	1975	1063.64	1994	347.04
1957	584.16	1976	436.52	1995	133.90
1958	984.20	1977	261.84	1996	310.30
1959	413.18	1978	452.74	1997	137.30
1960	450.11	1979	286.90	1998	651.10
1961	830.14	1980	623.13	1999	369.35
1962	459.52	1981	876.79	2000	350.24
1963	872.29	1982	556.30	2001	228.80
1964	1288.63	1983	1307.12	2002	259.09
1965	502.20	1984	899.61	2003	872.29
1966	233.64	1985	554.27	2004	293.19
1967	707.61	1986	331.67	2005	663.38
1968	935.97	1987	872.83	2006	283.01
1969	405.86	1988	726.87	2007	535.31
1970	651.91	1989	638.42	2008	468.56
1971	515.98	1990	658.66	2009	582.59
1972	383.80	1991	344.95	2010	659.69
1973	649.97	1992	413.47	多年平均	566.73
1974	635.58	1993	516.79		

参考文献

[1] 钱正英，张光斗．中国可持续发展水资源战略研究综合报告及各专题报告［M］．北京：中国水利水电出版社，2001.

[2] 新华网．2011 年中央一号文件［EB/OL］．2011 – 01 – 30. http：//www. ce. cn/cysc/agriculture/gdxw/201101/30/t20110130_ 20780961. shtml.

[3] 汪党献，王浩，马静．中国区域发展的水资源支撑能力［J］．水利学报，2000（11）：21 – 26.

[4] 张德尧，程晓冰．我国水环境问题及对策［J］．中国水利，2000（6）：14 – 16.

[5] 姜文来．中国 21 世纪水资源安全对策研究［J］．水科学进展，2001，12（3）：66 – 71.

[6] 陈志凯．中国水资源的可持续利用［J］．中国水利，2002（8）：38 – 40.

[7] 曲炜．西北内陆干旱区水资源可利用量研究［D］．南京：河海大学博士学位论文，2005.

[8] 李大军．西南岩溶山区典型小流域水资源可利用量研究［D］．贵阳：贵州大学硕士学位论文，2008.

[9] 彭进平，逄勇．沿海缺水区利用水资源量计算研究［J］．水文，2010，30（3）：80 – 83.

[10] 朱光华．区域地表水资源可利用量问题研究［J］．水文，2007，27（1）：82 – 85.

[11] 胡彩虹，吴泽宁，高军省等．区域水资源可利用量研究［J］．干旱区地理，2010，33（3）：404 – 410.

[12] 贾绍凤，周长青，燕华云等．西北地区水资源可利用量与承载能力估算［J］．水科学进展，2004，15（6）：801 – 807.

[13] Wurbs，R. A. Texas Water Availability Modeling System［J］. Journal of

Water Resources Planning and Management, 2005, 131 (4): 270 – 279.

[14] Wurbs, R. A. Assessing Water Availability under a Water Rights Priority System [J]. Journal of Water Resources Planning and Management, 2001, 127 (4): 235 – 243.

[15] Gleick H. Warer in Crisis: Paths to Sustainable Water Use [J]. Ecological Applications, 1996, 8 (3): 571 – 579.

[16] 刘作荣. 区域地表水资源可利用量计算方法的探讨 [J]. 黑龙江水专学报, 1995 (1): 47 – 49.

[17] 董颖, 赵健. 水资源可利用量计算方法在陕北地区的应用研究 [J]. 干旱区资源与环境, 2013, 23 (3): 104 – 108.

[18] 姚水萍, 郭宗楼, 任佶等. 地表水资源可利用率探讨 [J]. 浙江大学学报 (农业与生命科学版), 2005, 31 (4): 479 – 482.

[19] 付玉娟, 何俊仕, 慕大鹏等. 辽河流域水资源可利用量分析计算 [J]. 干旱区资源与环境, 2011, 25 (1): 107 – 110.

[20] 姜文来, 唐曲, 雷波等. 水资源管理学导论 [M]. 北京: 化学工业出版社, 2005.

[21] Jimenez, B. E., Garduno, H., Dominguez, R. Water Availability in Mexico Considering Quantity, Quality and Uses [J]. Journal of Water Resources Planning and Management, 1997, 124 (1): 1 – 7.

[22] Soliman S. A., Christensen G. S. Application of Functional Analysis to Optimization of Avariable Head Multireservoir Power System for Long – Term Regulation [J]. Water Resources, 1986, 22 (6): 852 – 858.

[23] 陈显维. 国内外水资源可利用量概念和计算方法研究现状 [J]. 水资源研究, 2006, 27 (4): 24 – 26.

[24] Georgakakos, A. P., H. Yao, Y. Y. Control Model for Hydroelectric Energy – value [J]. Journal of Water Resources Planning and Management, 1997, 123 (1): 30 – 38.

[25] Nations U. Sustainable Development of Water Resource in Asia and the Pacific: An Over View [M]. United Nations Publication, 1997.

[26] World Commission on Environment and Development. Our Common Future [M]. Oxford: Oxford University Press, 1988.

[27] Harboe R. Multiobjective Decision Making Techniques for Reservoir Operation [J]. Water Resources Bulletin, 1992, 28 (1): 103 – 110.

[28] Norman J., Dudely. Optimal Interseasonal Irrigation Water Allocation [J].

Water Resources, 1997, 7 (4): 108 - 114.

[29] Willis R. Groundwater System Planning and Management [M]. New Jersey Prentice Hall, 1987.

[30] Afzal J., Noble D. H. Optimization Model for Alternative Use of Different Quality Irrigation Waters [J]. Journal of Irrigation and Drainage Engineering, 1992 (118): 218 - 228.

[31] Watkins W. J., David M. K., Daene C. R. Optimization for Incorporating Risk and Uncertainty in Sustainable Water Resources Planning [J]. IAHS Publication (International Association of Hydrological Sciences), 1995, 231 (4): 225 - 232.

[32] Wang M., Zheng C. Ground Water Management Optimization Using Genetic Algorithms and Simulated Annealing: Formulation and Comparison [J]. Journal of the American Water Resources Association, 1998, 34 (3): 519 - 530.

[33] Aihua T., Larry W. Genetic Algorithms for Optimal Operation of Soil Aquifer Treatment Systems [J]. Water Resources Management, 1998, 12 (5): 375 - 396.

[34] Wardlaw R., Sharif M. Evaluation of Genetic Algorithms for Optimal Reservoir System Operation [J]. Water Resource Plan Manage, ASCE, 1999, 125 (1): 25 - 33.

[35] Atun K., Minocha K. V. Fuzzy Optimization Model for Water Quality Management of a River System [J]. Journal of Water Resources Planning and Management, 1999, 205 (3): 179 - 180.

[36] Johnson V. M., Rogers L. L. Accuracy of Network Approximators in Simulation - optimization [J]. Water Resource Plan Manage, ASCE, 2000, 126 (2): 48 - 56.

[37] Morshed J., Kaluarachchi J. J. Enhancements to Genetic Algorithm for Optimal Groundwater Management [J]. Journal of Hydrologic Engineering, 2000, 51 (1): 67 - 73.

[38] Vasquez A. J., Maier R. H. Achieving Water Quality System Reliability Using Genetic Algorithms [J]. Journal of Environmental Engineering, 2000, 126 (10): 954 - 962.

[39] 叶秉如. 水资源系统优化规划和调度 [M]. 北京：中国水利水电出版社，2001.

[40] 李钰心. 水资源系统运行调度 [M]. 北京：中国水利水电出版社，1995.

[41] 王浩，秦大庸，王建华等．流域水资源规划的系统观和方法论［J］．水利学报，2002（8）：5－9.

[42] 王劲峰，刘昌明．区域调水时空优化配置理论模型探讨［J］．水利学报，2001（4）：7－14.

[43] 常炳炎，薛松贵，张会育等．黄河流域水资源合理分配和优化调度［M］．郑州：黄河水利出版社，1998.

[44] 娄岳．水库调度与运用［M］．北京：中国水利水电出版社，1995.

[45] 游进军，王浩，甘泓．水资源配置模型研究现状与展望［J］．水资源与水工程学报，2003（3）：2－3.

[46] 甘泓．水资源合理配置理论与实践研究［D］．北京：中国水利水电科学研究院，2000.

[47] 方红远．水资源合理配置中的水量调控模式研究［D］．南京：河海大学博士学位论文，2003.

[48] 彭祥，胡和平．黄河可供水量分配方案的制度评价［J］．人民黄河，2006，28（4）：41－43.

[49] 王德智，董增川，童芳．基于 RAGA 的供水库群水资源配置模型研究［J］．水科学进展，2007，18（14）：586－590.

[50] 甘治国，蒋云钟，鲁帆．胡明罡北京市水资源配置模拟模型研究［J］．水利学报，2008，39（1）：91－95.

[51] 屈吉鸿，陈南祥，黄强等．水资源配置决策的粒子群与投影寻踪耦合模型［J］．河海大学学报（自然科学版），2009，37（4）：391－395.

[52] 陈南祥．复杂系统水资源合理配置理论与实践［D］．西安：西安理工大学博士学位论文，2006.

[53] 周丽．基于遗传算法的区域水资源优化配置研究［D］．郑州：郑州大学硕士学位论文，2002.

[54] 西安市黑河引水管渠保护管理办法［S］．陕西省西安市人民政府，2004.

[55] 西安市黑河引水工程简介［J］．水利管理技术，1997（1）：57.

[56] 西安理工大学．陕西省西安市黑河流域综合规划［R］．2011.

[57] 赵利亨．石头河水库与黑河供水工程［J］．陕西水利，1994（1）：29.

[58] 西安市水利建筑勘测设计院．石砭峪水库向西安供水复线工程项目建议书［R］．2004.

[59] 西安理工大学．陕西省西安市涝河流域综合规划［R］．2011.

[60] 西安市水务局．西安市供水“十二五”规划［R］．2011.

［61］西安市水利建筑勘测设计院．西安市引渭济黑调水工程水文水利计算说明书［R］. 2006.

［62］西安市水利建筑勘测设计院．西安市引乾济石调水工程水文水利计算说明书［R］. 2003.

［63］武俊岭，冯新华，相华等．聊城市地表水资源可利用量分析计算［J］. 山东水利，2006（4）：35－36.

［64］杜晓舜，夏自强．洛阳市水资源可利用量研究［J］. 水文，2003，23（1）：14－17.

［65］王建生，钟华平，耿雷华等．水资源可利用量计算［J］. 水科学进展，2006，17（4）：549－553.

［66］王喜诚，许建廷，王焕榜．地表水资源可利用量计算方法探讨［J］. 河北水利水电技术，2002（3）：44－45.

［67］贾保全．国家“九五”重点科技攻关项目（96－912－01－04）．西北地区水资源合理配置和承载能力研究——生态专题［R］. 中国水利水电科学研究院，2000.

［68］王浩，何希吾，陈敏建等．西北地区水资源可持续利用战略研究［R］. 中国水利水电科学研究院，2000.

［69］燕华云，贾绍凤．煌水水资源可利用量研究［J］. 水资源研究，2005，26（1）：10－12.

［70］汤奇成，曲耀光，周聿超．中国干旱区水文及水资源利用［J］. 干旱区资源与环境，1995，9（3）：107－112.

［71］王芳，梁瑞驹，杨小柳等．中国西北地区生态需水研究（1）——干旱半干旱地区生态需水理论分析［J］. 自然资源学报，2002，17（1）：1－8.

［72］钟华平，王建生，徐澎波等．地表水资源可利用量计算原则［J］. 水利水电技术，2004（2）：9－11.

［73］郭周亭．水资源可利用量估算初步分析［J］. 水文，2001，21（5）：23－26.

［74］胡习英，陈南祥．城市生态环境需水量计算方法与应用［J］. 人民黄河，2006，28（2）：48－50.

［75］杨志峰，崔保山．生态环境需水量理论、方法与实践［M］. 北京：科学出版社，2003.

［76］严登华，何岩，邓伟等．东辽河流域河流生态系统生态需水研究［J］. 水土保持通报，2001，15（1）：43－47.

［77］李丽娟，郑红星．海滦河流域河流系统生态环境需水量计算［J］. 地

理学报，2000，55（4）：56－60.

［78］西安市黑河引水灌区续建配套工程可行性研究报告［R］. 陕西省水利电力勘测设计研究院，2007，6.

［79］张蕾，赖国友，刘伟成等．有效水资源可利用量［J］. 水资源保护，2006，22（1）：36－38.

［80］鲍卫锋，黄介生，谢华．西北干旱区水资源需求预测方法与态势分析［J］. 干旱区地理，2006，29（2）：29－34.

［81］张洪刚，张翔，吕孙云等．国内外水资源可利用量计算方法概析［J］. 人民长江，2008，39（17）：18－20.

［82］王建生．水资源可利用量、开发利用潜力与承载能力［A］. 水资源及水环境承载能力学术研讨会论文集［C］. 北京：中国水利水电出版社，2002.

［83］侯晓峰．西安市城市供水水源合理配置研究［D］. 西安：西安理工大学硕士学位论文，2002.

［84］尹明万，谢新民，王浩等．基于生活、生产和生态环境用水的水资源配置模型研究［J］. 水利水电科技进展，2004，24（2）：5－8.

［85］赵建世，王忠静，翁文斌．水资源复杂适应配置系统的理论与模型［J］. 地理学报，2002，57（6）：103－107.

［86］贺北方，周丽．基于遗传算法的区域水资源优化配置模型［J］. 水电能源科学，2002，20（3）：10－12.

［87］李文莉．西安市多种水源联合供水调度管理系统［D］. 西安：西安理工大学硕士学位论文，2003.

［88］曾发琛．西安市水资源供需平衡分析及优化配置研究［D］. 西安：长安大学硕士学位论文，2008.

［89］杨晓茹．陕西省引汉济渭调水工程受水区水资源优化配置研究［D］. 西安：西安理工大学硕士学位论文，2006.

［90］王顺久，张欣莉，倪长健等．水资源优化配置原理及方法［M］. 北京：中国水利水电出版社，2007.

［91］柳长顺．流域水资源合理配置与管理研究［D］. 北京：北京师范大学博士学位论文，2004.

［92］裴源生，赵勇，罗琳．相对丰水地区的水资源合理配置研究［J］. 资源科学，2005，27（5）：84－89.

［93］刘玒玒，汪妮，解建仓等．基于蚁群算法的水资源优化配置博弈分析［J］. 西北农林科技大学学报（自然科学版），2014，42（8）：205－210.

［94］刘玒玒，汪妮，解建仓等．西安市多水源联合调度模型及应用［J］.

水资源与水工程学报，2014，25（5）：37－41.

［95］刘玒玒，汪妮，解建仓等．水库群供水优化调度的改进蚁群算法应用研究［J］．水力发电学报，2014，34（2）：31－36.

［96］Betul Y. H. A Multi－Objective Ant Colony System Algorithm for Flow Shop Scheduling Problem［J］. Expert System with Applications，2010（37）：1361－1368.

［97］Dorigo M.，Birattari M.，Stiitzle T. Ant Colony Optimization：Artificial Ants As a Computational Intelligence Technique［J］. IEEE Computational Intelligence Magazine，2006（11）：28－39.

［98］Hamalalnen R.，Kettunen E.，Marttunen M.，et al. Evaluating a Framework for Multi－Stakeholder Decision Support in Water Resources Management［J］. Group Decision and Negotiation，2001，10（4）：331－353.

［99］Kumar，Arun，Minocha，Vijay K. Fuzzy Optimization Model for Water Quality Management of a River System［J］. Journal of Water Resources Planning and Management，1999，205（3）：179－180.

［100］Carios Perrcia，Gideon Oron. Optimal Operation of Regional System with Diverse Water Quality Source［J］. Journal of Water Resources Planning and Management，1997，203（5）：230－237.

［101］Afzal Javaid，Noble David H. Optimization Model for Alternative Use of Different Quality Irrigation Waters［J］. Journal of Irrigation and Drainage Engineering，1992，118（2）：218－228.

［102］Afzal J.，Noble D. H.，Weatherhead E. K. Optimization Model for Alternative Use of Different Quality Irrigation Waters［J］. Journal of Irrigation and Drainage Engineering，1992，118（2）：218－228.

［103］吴清源．天津市城市水资源大系统供水规划和优化调度的协调模型［D］．天津：天津大学硕士学位论文，1996.

［104］李建勋，解建仓，沈冰等．基于博弈论的区域二次配水方案及其改进遗传算法解［J］．系统工程理论与实践，2010，30（10）：1914－1920.

［105］王冠军．如何发挥市场在水资源配置中的决定性作用［J］．十八届三中全会精神学习体会专栏，2014（1）：21－23.

［106］韩淑芬．价格杠杆在水资源配置中的作用研究——以山西省太原市为例［J］．经济师，2010（6）：41－42.

［107］胡浩．价格杠杆在关中地区水资源配置中的作用研究［D］．西安：西北大学硕士学位论文，2002.

［108］曹永强，王兆华．市场经济条件下水资源优化配置研究［J］．水利发

展研究，2004（10）：18－23.

［109］沈大军．水价理论与实践［M］．北京：科学出版社，1999.

［110］李金昌．资源核算论［M］．北京：海洋出版社，1991.

［111］姜文来．水资源价值论［M］．北京：科学出版社，1998.

［112］徐晓鹏．基于可持续发展的水资源定价研究［D］．大连：大连理工大学博士学位论文，2003.

［113］王修贵，陈协清．基于市场经济条件下的水价模型研究［J］．水利经济，2002（6）：23－26.

［114］姜文来，唐曲，雷波等．水资源管理学导论［M］．北京：化学工业出版社，2005.

［115］何静，陈锡康．水资源影子价格动态投入产出优化模型研究［J］．系统工程理论与实践，2005（5）：49－54.

［116］刘秀丽，陈锡康，张红霞等．水资源影子价格计算和预测模型研究［J］．中国人口·资源与环境，2009（2）：162－169.

［117］田成方，冯利华．基于模糊数学模型的浙江省金华市水资源价值分析［J］．安徽农业科学，2009，37（7）：2827－2828.

［118］杨友孝，蔡运龙．中国农村资源、环境与发展的可持续性评估——SEEA 方法及其应用［J］．地理学报，2000，55（5）：596－605.

［119］王颖倩．区域水资源优化配置与综合效益评价的实证研究［D］．天津：天津大学硕士学位论文，2009.

［120］Thobani. Meeting Water Needs in Developing Countries：Resolving Issues in Establishing Tradable Water Rights［M］. Markets for Water：Potential and Performance，1998.

［121］Thomas C.，Brown. Trends in Water Market Activity and Price in the Western United States［J］. Water Resources Research，2006（42）：67－71.

［122］Seige Garciaa，Arnaud Reynaud. Estimating the Benefits of Efficient Water Pricing in France［J］. Resource and Energy Economics，2004，6（1）：1 －25.

［123］Sheila M.，Olmsteada W.，Michael Hanemannb，et al. Water Demand under Alternativeprice Structures［J］. Journal of Environmental Economics and Management，2007（54）：181－198.

［124］Wichelns D. Motivating Reductions in Drain Water with Bloek－Ratter Prices for Irrigation Water［J］. Water Resources Bulletin，1991，27（4）：23－28.

［125］William Easter，Gershon Feder. Water Institutions，Incentives and Markets［J］. Natural Resource Management and Policy，1997（10）：261－282.

［126］高鑫，解建仓，汪妮等．基于物元分析与替代市场法的水资源价值量核算研究［J］．西北农林科技大学学报（自然科学版），2012，40（5）：224－230.

［127］沈珍瑶，杨志峰．黄河流域水资源可再生性评价指标体系与评价方法［J］．自然资源学报，2002（2）：188－197.

［128］陕西省水利厅．陕西省抗旱规划［R］．2010.

［129］张海滨，苏志诚．抗旱应急备用水源工程建设相关问题分析［J］．中国防汛抗旱，2011，21（3）：18－20.

［130］吴晋青．重庆市应急备用水源研究［J］．人民长江，2013，44（13）：12－24.

［131］倪深海，顾颖，刘学峰等．我国提高抗旱应急供水能力的对策研究［J］．防汛与抗旱，2012（11）：47－51.

后 记

光阴似箭，日月如梭，回首多年的求学之路，心中难免感慨万千，值此即将迎接新阶段之际，最重要的莫过于能交上一份合格的、令人满意的答卷。面对这一时刻，心中总觉得惶恐不安，自己也深知学海无涯、知识无穷尽，在以后的工作学习中尚需不遗余力地去追求和探索。

古人云，“施人慎勿念，受施慎勿忘”，此时此刻需要感恩的人太多。特别是将近六年的硕博学习生活，在导师解建仓教授的指导下，我所懂得的不仅是专业的知识，更重要的是做人的道理、做学问的态度和做事的思想。论文的顺利完成凝聚着导师的心血和汗水，也离不开导师对问题和事物的真知灼见，尤其是导师在极为繁忙的情况下，仍抽出宝贵的时间详审论文，对我个人的发展倾注了大量的心血。导师学识渊博、胸怀宽广、淡泊名利，治学态度严谨，工作作风一丝不苟，对待学生和他人总是面挂慈祥、和蔼的微笑。在论文即将完成之际，对导师的感激之情溢于言表，谨向培育我多年的导师及师母致以最崇高的敬意和最衷心的感谢！

感谢一起参加课题研究的汪妮老师、李建勋老师、罗军刚老师、朱记伟老师、姜仁贵老师等。我非常有幸在学术氛围浓厚、团结奋进、蒸蒸日上的水资源所度过我的博士学习生涯，感谢所里所有老师对我的指导和帮助。感谢一起从事课题研究工作的杨柳、张欣莹等博士，李朦、雷楠、高海东、何国华、刘思源等硕士，感谢你们的支持、鼓励和关心，和你们一起学习、探讨问题给了我温暖和信心，和你们一起工作让我感到身心愉快，并受益匪浅。

感谢我的父母及亲人，感谢你们在我失败和受挫时给我鼓励，谢谢你们的理解、关爱和支持，使我有机会得到宝贵的学习时光并得以继续深造，使我顺利地通过一个个关口，你们是我不断进取、顽强拼搏的巨大动力。

再次深深地感谢一直关心、支持我的老师、朋友和亲人，衷心祝福你们工作顺利、身体健康、万事如意！

本书在本人博士学位论文的基础上整理而成，以上是论文致谢的内容，附上以为后记。本书在研究撰写和出版过程中得到西安财经学院学术著作基金的支持和资助，在此深表感谢！

刘玒玒